立德崇能

网页设计与制作实用项目教程

（第二版）

李国庆　邱　芬　赵志建　主编

苏州大学出版社
Soochow University Press

图书在版编目(CIP)数据

网页设计与制作实用项目教程 / 李国庆,邱芬,赵志建主编. —2 版. —苏州:苏州大学出版社,2020.8(2024.7重印)
ISBN 978-7-5672-3164-1

Ⅰ. ①网… Ⅱ. ①李… ②邱… ③赵… Ⅲ. ①网页制作工具-高等职业教育-教材 Ⅳ. ①TP393.092.2

中国版本图书馆 CIP 数据核字(2020)第 113525 号

网页设计与制作实用项目教程(第二版)
李国庆 邱 芬 赵志建 主编
责任编辑 征 慧

苏州大学出版社出版发行
(地址: 苏州市十梓街 1 号 邮编: 215006)
常州市武进第三印刷有限公司印装
(地址: 常州市武进区湟里镇村前街 邮编: 213154)

开本 787 mm×1 092 mm 1/16 印张 13.75 字数 327 千
2020 年 8 月第 2 版 2024 年 7 月第 3 次印刷
ISBN 978-7-5672-3164-1 定价: 40.00 元

若有印装错误,本社负责调换
苏州大学出版社营销部 电话:0512-67481020
苏州大学出版社网址 http://www.sudapress.com
苏州大学出版社邮箱 sdcbs@suda.edu.cn

《网页设计与制作实用项目教程(第二版)》

编　委　会

主　编　李国庆　邱　芬　赵志建

副主编　尚　博　丁　玲

编　者　周　岚　杨　静　王　振　蒋　勇
邢如意　陈　潇　邓　涛　袁剑锋
吴海花　毛广敏　孙中廷　王　前
刘春蕾　李　洁　杨　涛　陈　芳
沈翔宇　陈高祥　唐　辉　陈思聪
贡国忠

前言 Preface

本书针对网页设计与制作的初学者,遵循学生的认知规律,采用项目式编写体例,以"e 克拉"网站的实现过程组织、安排内容,以任务驱动、案例教学方式编写。

本书在第一版实例的基础上更新了网页开发软件的版本,淘汰了早期表格布局的网页制作方法,更加系统、透彻地讲解了 Div + CSS 技术在网页布局和网页开发中的应用;同时,通过实际案例,深入浅出地介绍了未来 Web 时代中备受欢迎的 HTML5 和 CSS3 的新知识。全书注重实际操作,引导学生不仅掌握扎实的网页编程基础知识,还掌握 Web 开发和设计的精髓,提高动手能力。另外,书中还渗入了 Web 前端开发中的前沿理念和技术,给予读者持续学习的动力,奠定了读者提高综合能力的基础。

本书编写人员根据多年来的教学经验,对教学体系做了精心的设计,按照"效果展示—操作引导—技术支持—拓展实践"的思路对教材内容进行编排。"操作引导"旨在引导学生能够快速地熟悉软件的功能和操作方法,完成教学案例的设计和制作;"技术支持"为学生提供理论知识支持;"拓展实践"可让学生举一反三,在实际工作和生活中应用。

本书共 10 个项目,分为 4 篇,分别为网页基础篇、网页布局篇、网站应用篇和综合实战篇,详细讲解了电商网站各页面从设计到制作的全过程。

网页基础篇(项目一 ~ 项目三):介绍了网页设计中的相关概念,网页开发工具 Dreamweaver CS6 的基本界面与基本操作,站点的创建等知识;结合图文页面,对文本元素、图像元素、列表元素、链接元素和表格元素的设置与应用进行了详细的讲解,并全面、细致地展示了 CSS 基础知识、CSS 选择器及样式设置。

网页布局篇(项目四 ~ 项目六):详细解析了如何利用 Div + CSS 技术实现网

页页面的布局。除此以外，还给出了 AP Div 和框架技术在网页布局中的常见方法。

网站应用篇（项目七～项目九）：通过交互表单页面的制作，展示了 HTML 中常用表单元素的设置方法以及增强 HTML5 表单元素的功能，通过多媒体页面以及模板页面的制作，详细讲解了常见的网页制作技巧。

综合实战篇（项目十）：通过一个综合实例，介绍了制作网站各个页面的基本过程，从策划网站开始，到布局页面、制作网页模板、通过模板创建网页、添加多元化的网页元素等，逐步引导学生系统地掌握设计和制作网页的各项技术，帮助学生了解如何利用软件的各项功能制作完整的商业作品。

本书针对高职高专的教学目标和学生特点，力求避免长篇累牍地介绍理论知识，而是强调学生实际动手操作能力的培养，将各知识点融入实例制作，使学生更易于接受。

本书可作为高职高专院校计算机、网络及电子商务等专业的教学用书，同时也可以作为网页制作的培训教程及网页制作爱好者或相关从业人员的自学用书。

本课程建议学时为 72 课时，项目实训 2 周。各专业也可根据自己的专业需求进行教学内容的选择和课时的安排。

由于编写时间仓促，作者水平有限，书中难免存在疏漏和不足，敬请读者批评指正。

目 录
CONTENTS

网页基础篇

项目一 网页制作基础 …… 1

任务一 网站与网页制作的知识储备 …… 1
任务二 Dreamweaver CS6 简介 …… 9
任务三 站点设置及其管理 …… 25

项目二 网页基本元素应用 …… 30

任务一 制作“DIY 中心”页面 …… 30
任务二 制作“钻石课堂”表格页面 …… 46

项目三 CSS 样式 …… 59

任务一 使用 CSS 样式美化“DIY 中心”页面 …… 59
任务二 利用 CSS 制作水平菜单 …… 82

网页布局篇

项目四 页面布局 …… 89

任务一 制作“婚庆钻饰”页面 …… 89
任务二 制作“爱的礼物”页面 …… 102
任务三 制作“婚庆钻饰”弹性布局页面 …… 121

项目五 AP Div 元素 …… 131

任务 制作“新手上路”页面 …… 131

项目六　框　架 …… 142
任务　制作网站首页 …… 142

网页应用篇

项目七　交互表单 …… 152
任务　制作“新用户注册”页面 …… 152

项目八　多元化网页元素 …… 169
任务一　在“钻石课程”页面中添加视频等多媒体元素 …… 169
任务二　在相关页面中添加常见网页效果 …… 174

项目九　库和模板 …… 186
任务　制作网站模板 …… 186

综合实战篇

项目十　制作欢乐买网站 …… 193
任务一　准备工作 …… 193
任务二　制作网站模板 …… 194
任务三　制作网站首页 …… 197
任务四　制作商品列表页及详情页 …… 199
任务五　制作用户登录及注册页 …… 203

附录 A　Dreamweaver CS6 部分菜单的快捷键 …… 206

附录 B　HTML5 常用标签列表 …… 210

网页基础篇

- 了解 Dreamweaver CS6 的基本工作界面与基本操作。
- 掌握页面的设置与首选参数的设置方法。
- 掌握站点的配置与修改方法。
- 了解网页制作过程中的一些基本概念。

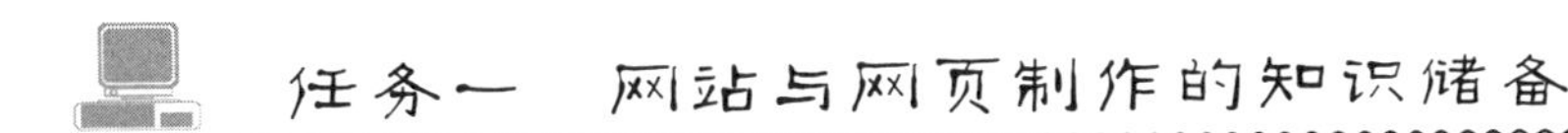

当今社会已经进入网络信息时代,网络已经在不经意间渗透到我们生活的各个角落。在众多的网络应用中,最为常见、与我们生活息息相关的就是网站。企业通过企业网站宣传自己的产品,展示企业形象; 个人通过个人网站向他人介绍自己,让他人了解自己; 企业或个人通过类似于淘宝网这样的网站来进行商品的交易;等等。可以说,网站已经成为我们与外界相互交流的重要桥梁。

在学习网页设计具体知识之前,我们首先熟悉一下什么是网站、什么是网页以及网站建立与网页制作的一些简要知识。

请打开 IE 浏览器,分别输入以下网址,浏览对应的网站:

(1) 新浪网:http://www.sina.com.cn。

(2) 贵州茅台酒股份有限公司:https://www.moutaichina.com。

(3) 淘宝网:http://www.taobao.com。

通过浏览上述三种不同类型的网站,我们需要明确以下基础理论知识:

一、网站与网页

网站与网页是两个不同的概念，网站是由网页构成的，而网页又是由各种各样的元素构成的。

网页就是我们平时在浏览器中看到的页面，也称为 Web 页。比如上面实践操作的过程中，大家在 IE 地址栏中输入新浪网的网址“http://www.sina.com.cn”，回车后出现的页面就是一个网页。而网站实际上是一系列相互关联的网页的集合，所以开发网站的过程也可以理解为制作出相关的网页，然后通过一些技术方法将这些网页关联起来的过程。

二、首页与超级链接

1. 首页

在 IE 地址栏中输入一个网站的地址并回车后，将会出现一个网页，通过这个页面，可以访问该网站的其他网页。把输入网站地址后首先能够访问的网页称为该网站的首页，也称为主页（Homepage）。

2. 超级链接

一个网站是由很多网页构成的，这些网页之间相互关联，这种关联是在网页制作过程中通过“超级链接”来实现的。在访问网页的过程中，当鼠标指针指向某项内容时，鼠标指针会变成一个手形，此时单击此对象，会转向另一个网页或打开一个新的窗口显示另一个网页，我们称这样的现象为超级链接。

3. 超文本与超文本标记语言 HTML

超文本是指包含有超级链接的文本，网页文件就是一个典型的超文本文件。从这个意义上讲，网页文件本身就是一个文本文件。能够进行文本文件编辑的工具软件，如记事本程序等，都可以用来进行网页的制作与编辑。

超文本标记语言 HTML 是专门规定超文本编写规范的语言规定，实际上，每一个网页文件、网页文件中的每一个元素、每一个元素的格式设置等均应该符合 HTML 的规定。图 1-1-1 是一个简单的网页效果，图 1-1-2 是该网页文件的 HTML 代码。由图 1-1-2 可知，HTML代码具有一定的规范性。例如，以 <html> 开始，以 </html> 结束；正文部分包含在 <body> 和 </body> 之间等。

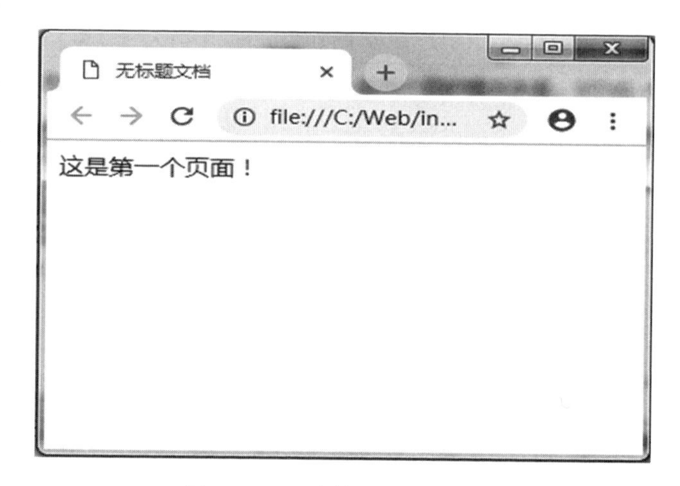

图 1-1-1　一个简单的网页效果

图 1-1-2　该网页的 HTML 代码

三、网站与网页的分类

1. 网站的分类

根据不同的分类方式,可以将网站分为不同的类型,如从功能的角度来看,网站可以分为以下几类:

(1) 综合门户类网站。

这类网站的典型代表有网易(http://www.163.com)、新浪网(http://www.sina.com.cn)、搜狐(http://www.sohu.com)等,这些网站具有内容多(具有实时性)、访问量高、知名度高等特点。一个综合门户级网站在架构上通常划分为多个子网站,网站本身即为一个网站群,每一个子网站都有独立的团队,负责开发、运营。图 1-1-3 展示了网易首页的部分效果。

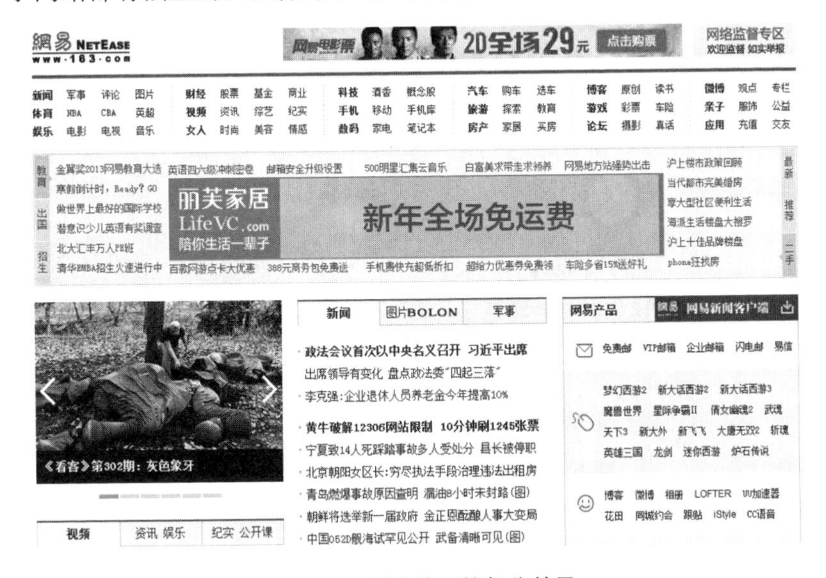

图 1-1-3　网易首页的部分效果

（2）电子商务类网站。

这类网站是市场经济、软件信息技术、互联网技术相结合的产物。电子商务类网站根据参与双方类型不同，可分为企业—企业（B2B）、企业—客户（B2C）、客户—客户（C2C）等类型。典型的代表有阿里巴巴网站（B2B）和淘宝网（C2C）。电子商务类网站通常具有网上洽谈、网上订购、网上支付、交易管理等功能。图 1-1-4 展示了淘宝网首页的部分效果。

图 1-1-4　淘宝网首页的部分效果

（3）企业宣传类网站。

这类网站是企业借助互联网平台进行企业形象推广、产品宣传、网上洽谈生意，从而提高企业的知名度，是一种新型的企业宣传渠道。典型的企业宣传网站通常包括企业新闻资讯、产品资讯、在线客服、咨询留言功能。图 1-1-5 展示了贵州茅台酒股份有限公司的首页效果。

图 1-1-5　贵州茅台酒股份有限公司的首页效果

(4) 社区类网站。

社区类网站的前身可以看作论坛类网站,但随着互联网 Web 2.0 阶段的到来,单纯的论坛模式已不能适应网民的需求,因此在原先的论坛基础上加上了 SNS 元素,结合网民的个人访问习惯、地理区域、个人空间等个性因素形成了新型的社区类网站。根据地理区域,可分为全国性社区网站(代表有天涯网 http://www.tianya.cn、猫扑网 http://www.mop.com)和地方性社区网站(代表有杭州 19 楼 http://www.19lou.com、常州化龙巷 http://www.hualongxiang.com)。按照面向人群不同,可分为综合性社区和垂直社区(代表有面向摩托爱好者的摩托吧网站 http://www.moto8.com、面向摄影爱好者的蜂鸟网 http://www.fengniao.com)。

社区类网站能大大提高用户的黏贴度,通常提供了个人空间、根据地理区域和网上好友关系进行个性推荐等功能。图 1-1-6 展示了天涯网站首页的部分效果。

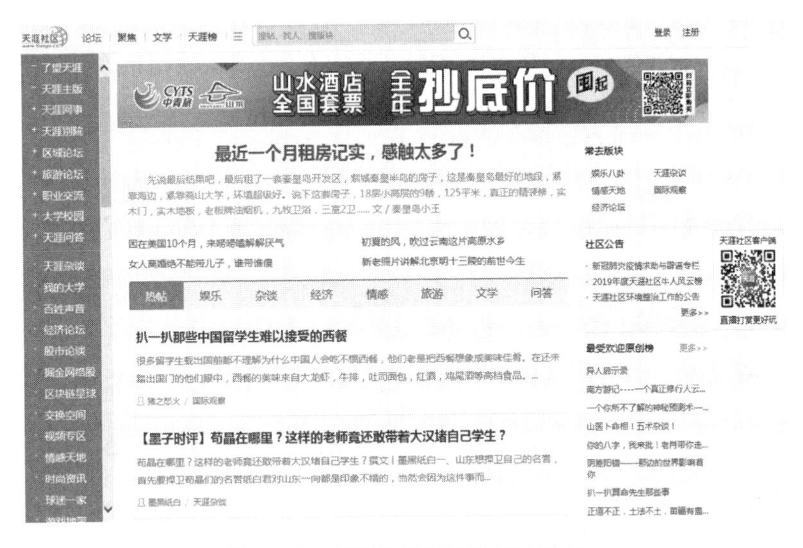

图 1-1-6　天涯社区首页的部分效果

2. 网页的分类

通常,我们将网页分为静态网页和动态网页两类。

(1) 静态网页。

静态网页是指使用各种网页制作与编辑工具,利用 HTML 语言编写的网页,不同的人在不同的时间访问这个网页,所看到的内容是完全一样的。如果要改变该网页的内容,就需要网页的编辑者重新修改该网页文件,然后再重新上传到网络上。

静态网页文件的默认扩展名可以是.htm、.html 等。

(2) 动态网页。

动态网页是指在利用 HTML 语言编写的静态网页的基础上,使用 ASP、PHP 和 JSP 等编程语言为其编写应用程序,这些程序可以处理用户在页面上输入的信息,根据用户输入的不同信息返回给用户不同的页面。其页面会随着用户的要求而发生改变,因此称为动态网页。

根据不同的后台程序设计技术,动态网页文件的扩展名可以是.asp、.php、.jsp、.aspx 等。

四、网页制作的工具

从理论上讲，网页文件就是一个特殊的文本文件，因此，凡是能够进行文本文件编辑的工具都可以用来建立、编辑和修改网页文件。但是，从易用、直观、功能等角度来看，Dreamweaver是网页制作领域的绝对霸主，它与 Flash、Fireworks 一起被称为网页制作的“三剑客”。

五、与网站开发相关的技术

1. HTML、XHTML 与 HTML5

HTML 的英文全称是 Hyper Text Markup Language，中文名称为超文本标记语言。HTML 语言用于编写可在浏览器中查看的网页，编写时本质为一些标签。HTML 作为标准，当前主要使用的是 HTML 4.01 标准，于 1999 年年底成为 W3C 推荐标准。HTML 标准对于代码语法结构检查较为松散，随着浏览器和多种终端设备的发展，浏览器则希望其收到的代码是语法良好的。因此 W3C 组织结合 XML 制定了新的 XHTML（可扩展超文本标记语言）1.0 标准，这个标准使用 XML 的要求来规范 HTML 代码，在 HTML 4.0 基础上进行了优化和改进。采用不同标准制作的网页，浏览器在显示时解释的标准不同，为让浏览器能区分网页制作的标准，在制作网页时第一行应指定所采用的文档标准类型，即 DOCTYPE 类型。当前经常使用的标准如下所示：

HTML 4.01 严格版标准：

```
<! DOCTYPE html PUBLIC "-//W3C//DTD HTML 4.01//EN"
    "http://www.w3.org/TR/html4/strict.dtd">
```

XHTML 1.0 严格版标准：

```
<! DOCTYPE html PUBLIC "-//W3C//DTD XHTML 1.0 Strict//EN"
    "http://www.w3.org/TR/xhtml1/DTD/xhtml1-strict.dtd">
```

XHTML 1.0 过渡版标准：

```
<! DOCTYPE html PUBLIC "-//W3C//DTD XHTML 1.0 Transitional//EN"
    "http://www.w3.org/TR/xhtml1/DTD/xhtml1-transitional.dtd">
```

使用 XHTML 标准，要求开发人员所有标签必须有结束标记，标签名和属性名必须为小写、标签嵌套合理、标签属性必须用双引号括起来等，其语法格式更趋向于 XML。

随着互联网的迅速发展和移动终端的普及，为了能够更快捷地开发网页和实现跨平台特性，W3C 组织于 2008 年发布了新的 HTML5 技术草案，当前 HTML5 还处在征求评价阶段，计划于 2014 年年底发布 HTML5 推荐标准。采用 HTML5 标准开发网页，可非常方便地实现之前需要大量繁琐代码实现的功能。例如，使用 nav 标签向网页插入导航条、使用 autio 和 video 标签向网页中插入音频和视频信息等。虽然 HTML5 正式标准还未推出，但浏览器厂商已经开始在新版本浏览器中提供支持，HTML5 作为下一代 Web 开发标准，将会为互联网的发展带来质的飞跃。

2. CSS 技术

CSS 的中文名称是层叠样式表，当前最新版本是 CSS 3.0。网页制作中使用 CSS 可以实现将网页内容与网页外观表现分离，为相同的网页内容应用不同的 CSS 样式，最终可呈现出不同的外观。这种特性在当前互联网环境下是非常重要的。用户在浏览网页时使用的可能是较大尺寸的显示器，也可能是很小的手机等移动设备，因此，如何使网页与用户端的设备适配，让用户看到良好的展示效果，CSS 在其中发挥了极大作用。

CSS 样式由多个规则组成，每个规则又包括了选择器、属性和值。选择器是指所配置的属性和值应用到哪些页面元素上。例如，ID 选择器为#mydiv，则表明其后配置的属性应用到 ID 属性值为 mydiv 的页面元素上。属性和值是成对的，CSS 3.0 标准规定了包括文本相关、背景相关、位置相关等大量属性。CSS 样式创建完后可以将其嵌入在网页内部（称为内嵌样式）、保存在外部样式表文件中（称为外部样式，应用时采用链接或导入方式）和直接编写在页面元素内部（称为行内样式）。

3. 客户端脚本语言 Javascript

HTML、XHTML 和 CSS 技术主要用于制作网页内容和呈现外观，采用 Javascript 可以实现网页中表单的验证、网页特效和网页 AJAX 应用。Javascript 是嵌入在浏览器内部运行的脚本语言（Javascript 必须运行在 Javascript 引擎中，浏览器内嵌 Javascript 引擎，因此浏览器即为 Javascript 的运行宿主环境）。使用 Javascript 可以方便地获取网页中所有内容，如获取用户在网页中输入的个人信息，用来进行验证，控制网页中的元素实现一些特效，以提高用户浏览时的体验等。使用 Javascript 还可以与服务端进行交互，即当前应用广泛的 AJAX 技术。AJAX 全称为异步的 Javascript 和 XML，其主要用于实现无刷新应用，典型的有互联网地图类、搜索时自动联想类应用。无刷新效果大大提高了用户体验，用户无须刷新页面或跳转页面，即可获取最新的数据信息。AJAX 技术的核心即 Javascript 和 XML，采用 Javascript 技术实现向服务端发送请求和获取响应数据，XML 则作为客户端与服务端数据交换的格式。（注：当前 JSON 正逐渐替代 XML 作为客户端和服务端交换的数据格式。JSON 较 XML 而言，语法更加简练，且同时具有和 XML 相同的跨平台特性）。

当前互联网发展进入 Web 2.0 阶段，Web 2.0 模式下的互联网应用具有用户分享（贡献内容）、信息聚合、开放等特点，网站与用户之间进行更多的交互（信息交换），让用户参与网站的建设和为互联网的发展做出贡献。

4. 服务端编程语言

为了能够实现与用户的交互，网站需要将用户所需的信息存放到数据库（数据库即存放网站数据的文件，这些数据文件由特定的数据库管理系统 DBMS 进行管理）当中，这个数据库保存在服务器端，其对用户而言是隐藏的，为实现对数据库中信息的读写，需要使用服务端代码，编写服务端代码的语言称为服务端动态语言。常见的动态网页编程语言有 PHP、JSP、ASP. NET 等。

采用动态网页编程语言编写的代码文件的保存和运行在服务器端，其可以接收用户发出的请求，然后对数据库进行读写，从而获取用户所需的数据，最后将结果返回给用户，其整体运行流程图如图 1-1-7 所示。

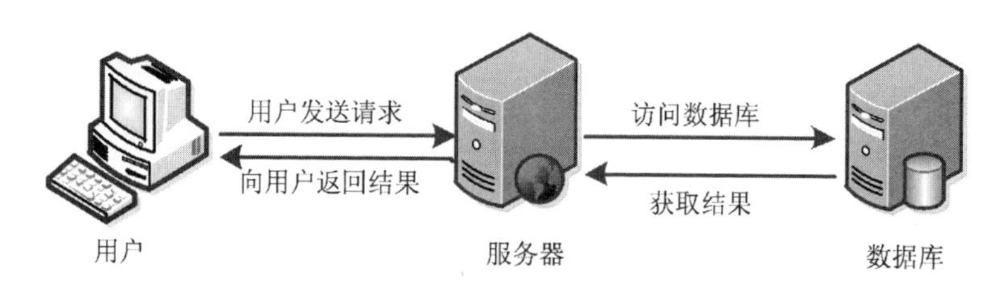

图 1-1-7 用户与服务端交互过程

六、网站建设的流程

在制作网页之前,做好整体的规划是必要的,下面简单介绍网站建设的一般流程(图 1-1-8)。

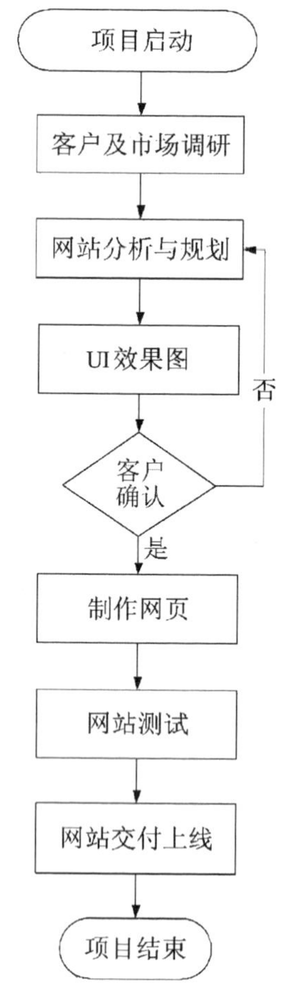

图 1-1-8 网站开发流程

1. 规划好网站的整体结构

首先确定网站的定位,即开发什么类型的网站,网站的服务对象是什么样的群体。确定了网站的主题后,再进一步规划出网站的结构,如包括哪些页面、页面之间如何联系以及各种功能如何实现等。

2. 收集、制作素材

确定网站的主题和结构以后,就要着手收集、制作网站所需的素材,包括文字、图片、音视频等。

3. 创建站点

要有效且有条理地开发网站,创建站点是必要的。创建好站点后,要把制作与收集的相关素材分门别类地存储在站点文件夹中。在开发网站的过程中,所有操作在站点中完成,便于管理和修改。

4. 制作网页

制作网页大约分为以下几步:

(1) 构建页面框架。这是制作网页整体布局的过程。针对网页上的内容把页面划分成几块,等待在后面的制作过程中向其中添加内容。

(2) 制作导航条。

(3) 添加内容。按照规划好的布局向框架中添加准备好的素材。

(4) 编写后台程序。如果设计的是动态网页,就需要在静态网页的基础上再对网页文件的 HTML 代码进行修改,增加相应的程序代码,这点在 Dreamweaver CS6 的编辑界面中就可以直接编辑、修改。

5. 测试站点

网站中的所有网页制作完毕后,需要先在本地计算机上进行一系列的测试工作,确保整个网站中的每个页面能够正常运行,页面之间的链接能够正常执行,动态网页程序能够正常运行。测试完毕没有问题后,才可以发布给用户使用。

6. 发布网站

发布网站实际上就是将制作的网站文件上传到网络上的过程。网站测试完成后,可以在网络上申请一个空间,并申请一个 IP 地址或域名,将网站文件从本地计算机上传到网络上的空间中，用户通过域名或 IP 地址就可访问制作好的网站。

7. 维护网站

网站建立好后，大量的工作是要进行网站的维护，要根据需要定期更新网站内容，检查网站的运行情况，必要情况下对网站进行重新改版，以使网站发挥更大的效能。

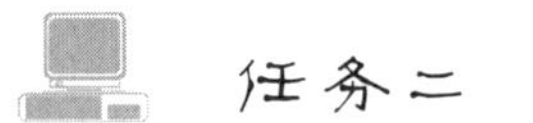

任务二 Dreamweaver CS6 简介

"工欲善其事，必先利其器"，选择一个功能强大、快速高效的开发工具在网站开发中是非常必要的。好的开发工具不但可以极大地提高开发效率，还能有效地保证所开发的程序的正确性和安全性。Dreamweaver CS6 是一款功能强大的可视化的网页编辑与管理软件。利用它，不仅可以轻松地创建跨平台和跨浏览器的页面，还可以直接创建具有动态效果的网页而不用自己编写源代码。这样功能强大、简单易用的工具，非常适合网站开发的初学者。

Dreamweaver CS6 最主要的优势在于能够进行多任务工作，并且在操作方法、界面风格方面更加人性化。用户可以根据自己的喜好和工作方式，重新排列面板和面板组，自定义工作区。本任务将详细介绍 Dreamweaver CS6 的使用方法。

操作引导

一、工作界面及首选参数的设置

（1）执行"开始"/"程序"/"Adobe Dreamweaver CS6"命令，启动 Dreamweaver CS6。

（2）打开 Dreamweaver CS6 后，执行"查看"/"首选参数"命令，打开如图 1-2-1 所示的对话框，进行首选参数的设置。

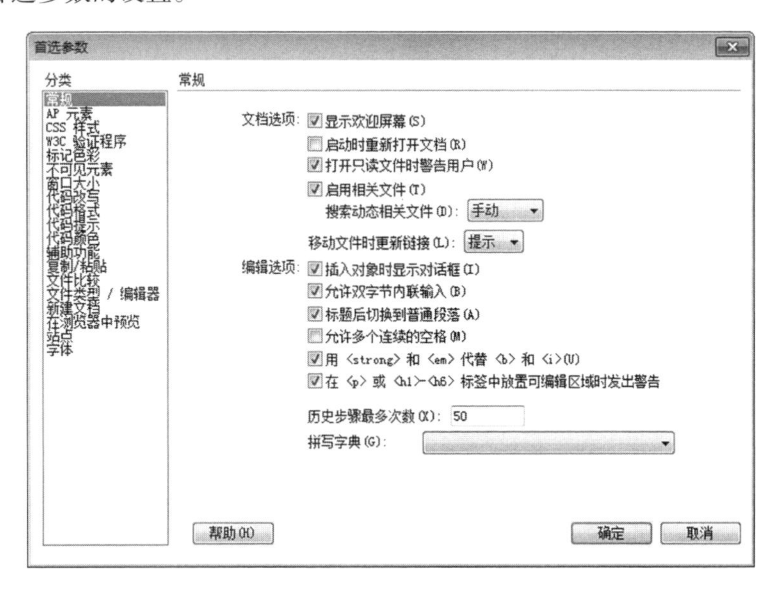

图 1-2-1 "首选参数"的默认对话框

① 在“常规”中勾选“允许多个连续的空格”复选框，如图 1-2-2 所示。

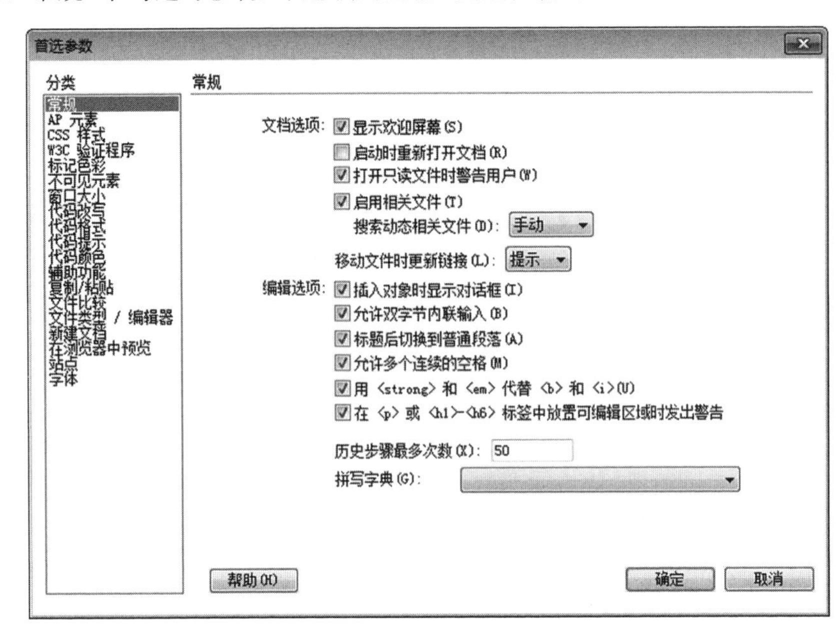

图 1-2-2　设置“首选参数”的“常规”对话框

② 在“不可见元素”中勾选全部选项，显示所有不可见的元素，如图 1-2-3 所示。

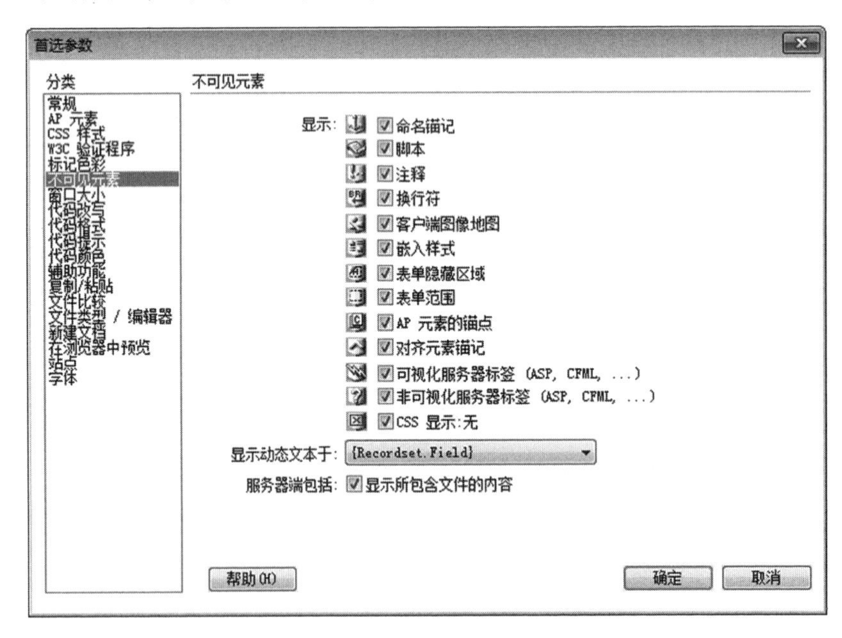

图 1-2-3　设置“首选参数”的“不可见元素”对话框

③ 在“辅助功能”中将全部选项的辅助功能关闭，如图 1-2-4 所示。

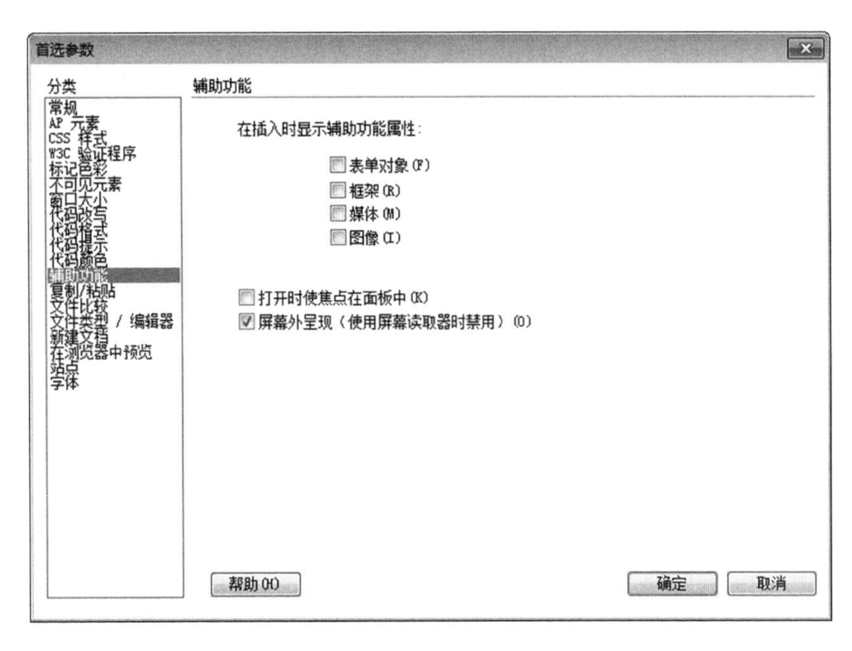

图 1-2-4　设置“首选参数”的“辅助功能”对话框

④ 在“新建文档”中可查看或更改默认文档的类型、扩展名、编码方式等。对此界面,我们保持默认设置,不做更改,如图 1-2-5 所示。

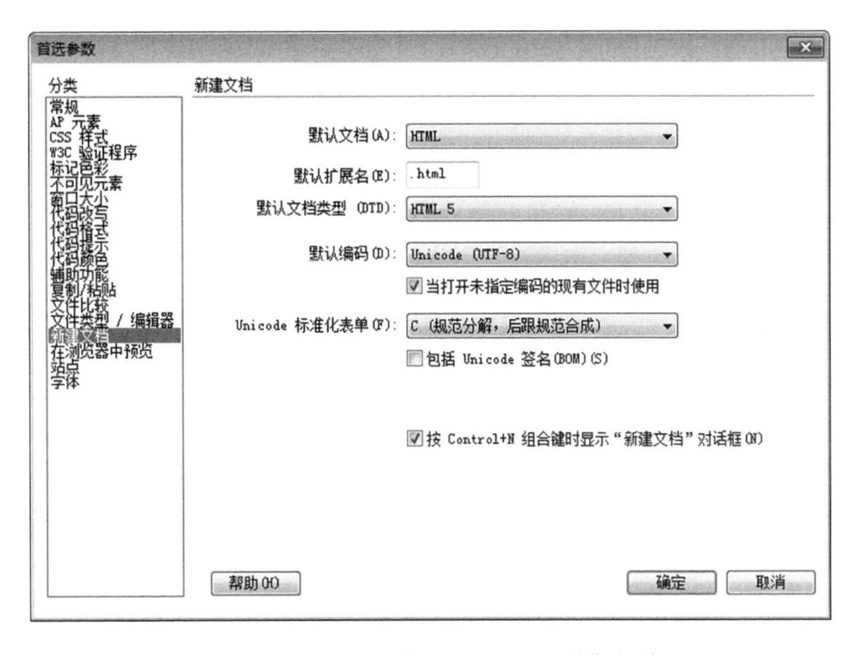

图 1-2-5　设置“首选参数”的“新建文档”对话框

⑤ 在“在浏览器中预览”中可以设置预览网页的默认浏览器,此处将谷歌浏览器设置为默认主浏览器,如图 1-2-6 所示。

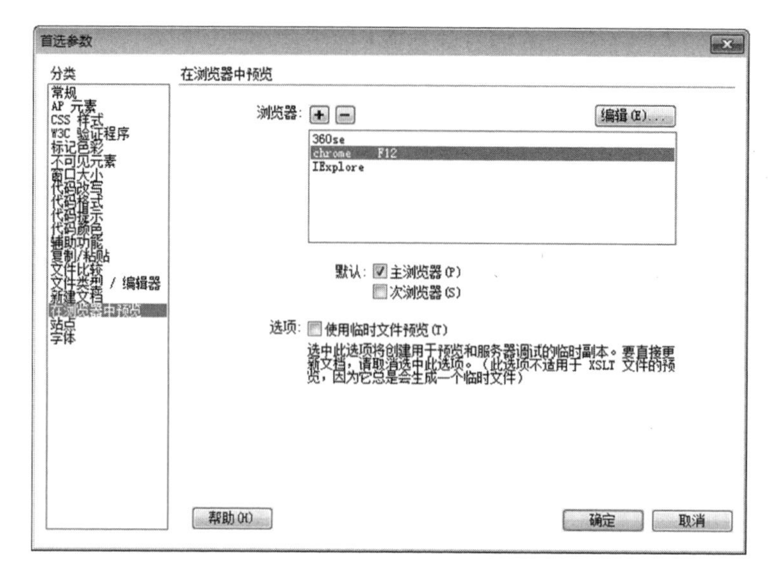

图 1-2-6　设置“首选参数”的“在浏览器中预览”对话框

⑥ 自行了解其他的首选参数。

二、Dreamweaver CS6 基本属性的设置

(1) 在 D 盘根目录下建立一个名为“website”的文件夹,将素材文件夹中的文件复制到该文件夹中。

(2) 启动 Dreamweaver CS6。

(3) 新建一个 HTML 空白页,保存该网页文件至“D:\website”,文件名为“index. html”。

(4) 执行“查看”/“代码和设计”命令,保证是“代码和设计”视图。

(5) 将该网页的“页面属性”/“外观(CSS)”中的“大小”设置为 12 像素;将页面“左边距”“右边距”均设置为 50 像素;将“背景图像”设置为 bj. png,如图 1-2-7 所示。将“页面属性”/“标题/编码”中的网页的标题设置为“首页”,如图 1-2-8 所示。

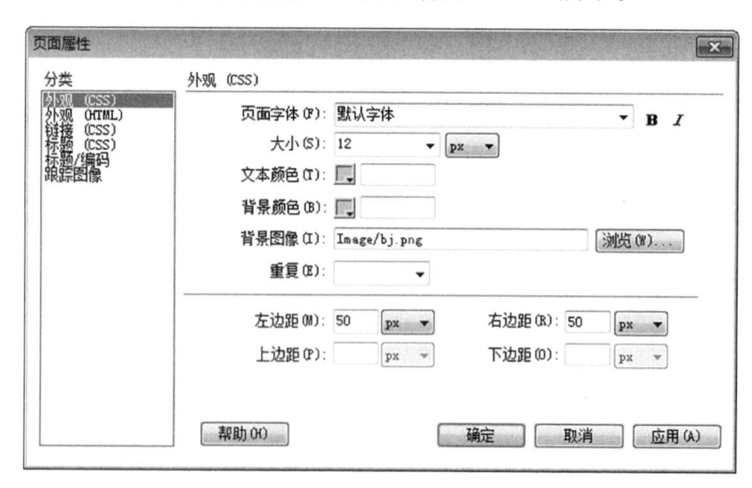

图 1-2-7　设置“页面属性”的“外观(CSS)”对话框

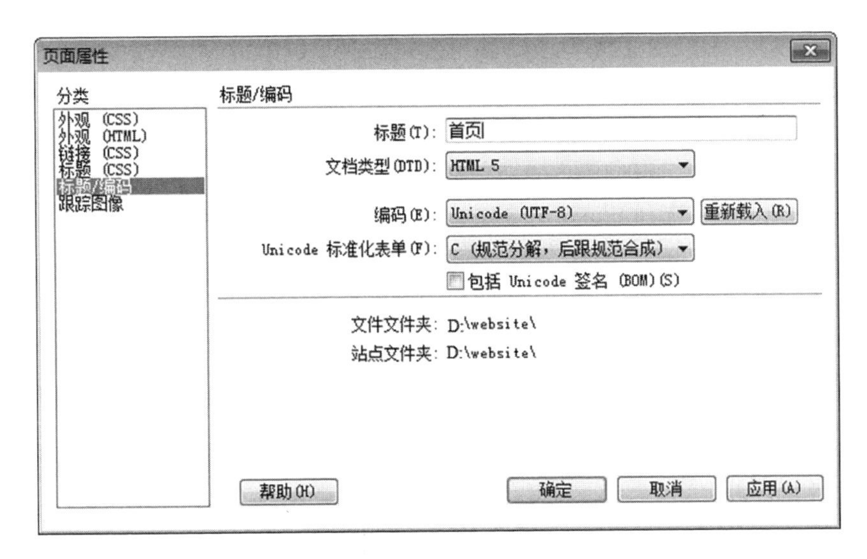

图 1-2-8　设置“页面属性”的“标题/编码”对话框

(6) 在新建网页的设计视图中输入“欢迎访问本网页,这是我的第一个网页文件!”。

(7) 再次保存该网页并预览。

(8) 了解该网页的 HTML 代码的基本结构。

技术支持

一、Dreamweaver CS6 概述

Dreamweaver CS6 是软件厂商 Adobe 推出的一款拥有可视化编辑界面,用于制作并编辑网站和移动应用程序的网页设计软件。由于它支持代码、拆分、设计、实时视图等多种方式来创作、编写和修改网页,因此对于初级人员,无须编写任何代码就能快速创建 Web 页面。其成熟的代码编辑工具更适用于 Web 开发高级人员的创作。

CS6 版本使用了自适应网格版面创建页面,在发布前可使用多屏幕预览审阅设计,大大提高了用户的工作效率,而改善的 FTP 性能可更高效地传输大型文件。“实时视图”和“多屏幕预览”面板可呈现 HTML5 代码,用户能更方便地检查自己的工作。

相对于以前的版本,Dreamweaver CS6 的功能主要在以下几个方面进行了增强。

1. 可响应的自适应网格版面

使用响应迅速的 CSS 3.0 自适应网格版面,可以进行跨平台和跨浏览器的兼容网页设计。利用简洁、业界标准的代码可为各种不同设备和计算机开发项目,提高工作效率。用户可直观地创建复杂页面,无须忙于编写代码。

2. 改善的 FTP 性能

利用重新改良的多线程 FTP 传输工具可节省上传大型文件的时间,而快速高效地上传网站文件可缩短制作时间。

3. 增强型 jQuery 移动支持

使用更新的 jQuery 移动框架支持为 IOS 和 Android 平台建立本地应用程序。借助 jQuery 代码提示加入高级交互性功能。jQuery 可轻松地为网页添加互动内容,建立触及移动受众的应用程序,同时借助针对手机的启动模板,简化移动开发工作流程,快速开始设计。

4. 更新的 Adobe Phone Gap 支持

更新的 Adobe Phone Gap 支持可轻松为 Android 和 IOS 系统建立和封装本地应用程序。在 Dreamweaver 中,借助 Phone Gap 框架,通过改编现有的 HTML 代码来创建移动应用程序,并可利用提供的 Phone Gap 模拟器测试用户的设计。

5. 更新的实时视图

使用更新的实时视图功能,可在发布前测试页面,确保版面的跨浏览器兼容性和版面显示的一致性。实时视图已使用最新版的 WebKit 转换引擎,能够提供绝佳的 HTML5 支持。

6. 更新的多屏幕预览面板

可利用更新的多屏幕预览面板检查智能手机、平板电脑和台式机所建立项目的显示画面。该增强型面板能够帮助用户检查 HTML5 呈现的内容。

7. Adobe Business Catalyst 集成

使用 Dreamweaver 中集成的 Business Catalyst 面板,连接并编辑用户利用 Adobe Business Catalyst(需另外购买)建立的网站。利用托管解决方案建立电子商务网站。

8. CSS 3.0 转换

将 CSS 属性变化制成动画转换效果,可使网页栩栩如生,在用户处理网页元素和创建优美效果时,能保持对网页设计的精准控制。

9. 浏览器兼容性检查

利用 Dreamweaver CS6 中新的浏览器兼容性检查功能,可生成报告,如图 1-2-9 所示,指出各种浏览器中与 CSS 相关的问题。在代码视图中,这些问题以绿色下划线来标记,如图 1-2-10 所示,因此可以准确地知道产生问题的代码位置。确定问题之后,如果知道解决方案,则可以快速地解决问题。

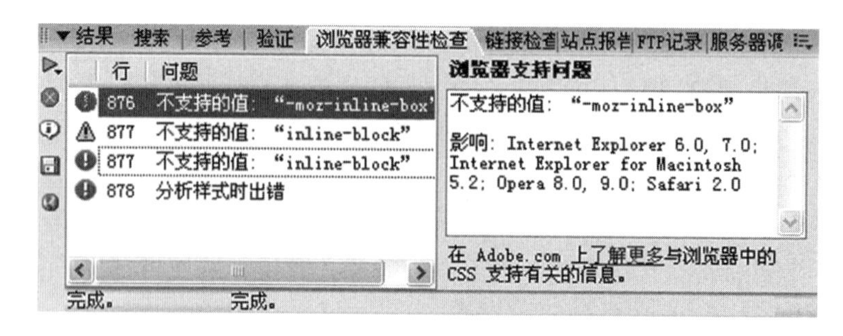

图 1-2-9　浏览器兼容性检查报告

```
874 .btn_orange_input,.btn_blue_input{
875   padding:0px 5px 0px 0px;
876   display:-moz-inline-box;/*for ff*/
877   display: inline-block;/*for Opera*/
878   >display:inline;/*for ie bug*/
879   background:right center no-repeat;
880 }
881 .btn_orange_input{
882   background-image:
    url(../images/button/btn_orange_right.gif);
883 }
884 .btn_blue_input{
```

图 1-2-10　绿色下划线标记

10．CSS 布局

Dreamweaver 提供了一组预先设计的 CSS 布局,可以帮助用户快速设计好页面并开始运行,并且在代码中提供了丰富的内联注释以帮助用户了解 CSS 页面布局,如图 1-2-11 所示。Web 上的大多数站点设计都可以被归类为一列、两列或三列式布局,而且每种布局都包含许多附加元素(如标题和脚注)。Dreamweaver 提供了一个包含基本布局设计的综合性列表,用户可以自定义这些设计以满足自己的需要。

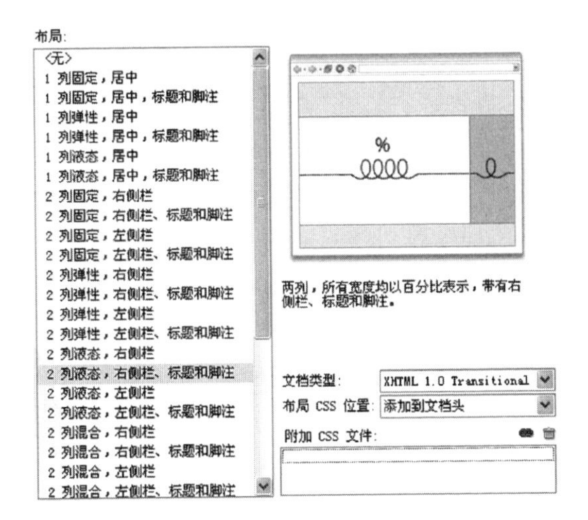

图 1-2-11　CSS 布局

11．管理 CSS

借助管理 CSS 功能,可以轻松地在文档之间、文档标题与外部表之间、外部 CSS 文件之间以及更多位置之间移动 CSS 规则。此外,还可以将内联 CSS 转换为 CSS 规则,并且只需通过拖放操作即可将它们放置在所需位置。

二、Dreamweaver CS6 的安装、卸载、启动和退出

1．系统要求

对于 Microsoft Windows 系统,以下硬件和软件是运行 Dreamweaver CS6 所必需的。

- 处理器:Intel Pentium 4 或 AMD Athlon 64(或兼容处理器)。
- 操作系统:Windows XP SP2 或更高版本,Windows Vista Home Premium、Business、Enterprise 或 Ultimate(仅提供对 32 位版本的认证支持)。
- RAM:512 MB。
- 硬盘:1.3 GB 以上可用空间。
- 媒体:DVD-ROM 驱动器。
- Internet 连接(用于激活)。

2．Dreamweaver CS6 的安装

安装 Dreamweaver CS6 时,首先关闭系统中当前正在运行的所有 Adobe 的应用程序,然后

打开安装文件所在的文件夹，双击“Setup. exe”文件，最后按安装向导进行操作，过程如下：

（1）在“Adobe 软件许可协议”界面中单击“接受”按钮，进入安装位置界面。

（2）在安装位置界面中选择合适的安装位置后，单击“安装”按钮，进入“安装”界面。

（3）进入“安装完成”界面后，单击“关闭”按钮，退出安装。

3．Dreamweaver CS6 的卸载

首先关闭系统中当前正在运行的所有应用程序，包括其他 Adobe 应用程序，然后打开 Windows 系统的“控制面板”窗口，双击“添加或删除程序”图标，打开“添加或删除程序”窗口，选择要卸载的产品“Dreamweaver CS6”，单击“更改/删除”按钮，再按屏幕说明进行操作。

4．Dreamweaver CS6 的启动

在正确安装 Dreamweaver CS6 之后，启动的方式有很多种，但一般用得较多的是以下两种。

方式一：执行“开始”/“程序”/“Adobe Dreamweaver CS6”命令，启动 Dreamweaver CS6。

方式二：在桌面上单击 Dreamweaver CS6 的快捷启动图标，即可启动。

Dreamweaver CS6 的启动界面如图 1-2-12 所示。

首次启动 Dreamweaver CS6 后，会出现如图 1-2-13 所示的欢迎界面，在此界面中，选中“不再显示”复选框，则下次再次启动 Dreamweaver CS6 时将不再出现此界面。

图 1-2-12　启动界面

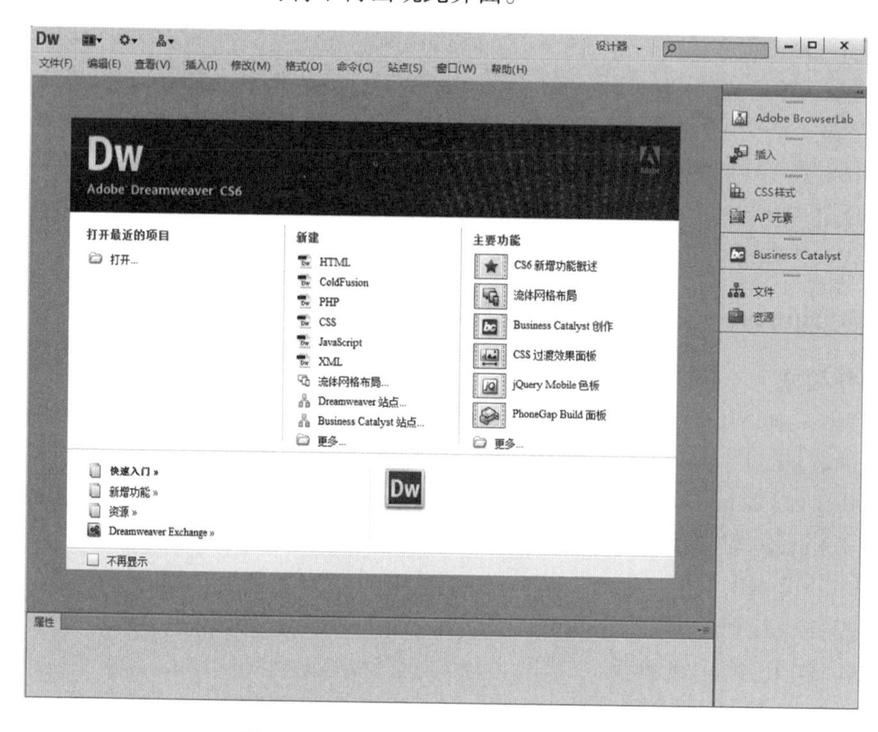

图 1-2-13　Dreamweaver CS6 的欢迎界面

5. Dreamweaver CS6 的退出

退出 Dreamweaver CS6 的方式有很多种,但平时用得最多的不外乎如下几种。

方式一:在 Dreamweaver CS6 主窗口中的“文件”菜单中选择“退出”命令。

方式二:在 Dreamweaver CS6 被激活状态下,直接按【Alt】+【F4】组合键。

方式三:单击 Dreamweaver CS6 主窗口左上角的控制菜单图标,从弹出的菜单中选择“关闭”命令,或者直接双击控制菜单图标。

方式四:单击 Dreamweaver CS6 主窗口右上角的“关闭”按钮。

三、Dreamweaver CS6 的工作界面

Dreamweaver CS6 的工作界面主要包括功能菜单、插入栏、“文档”工具栏、“文档”窗口、状态栏、“属性”面板、“功能”面板等,如图 1-2-14 所示。合理使用这几个板块的相关功能,可以使设计工作更高效、便捷。

1. 功能菜单

所谓功能菜单,就是一些能够实现一定功能的菜单命令。Dreamweaver CS6 菜单栏包含 10 个菜单:“文件”“编辑”“查看”“插入”“修改”“格式”“命令”“站点”“窗口”“帮助”,单击这些菜单可以打开其子菜单。Dreamweaver CS6 的菜单功能极其丰富,几乎涵盖了所有的功能操作,各个菜单的主要作用在以后的任务中会具体说明。

2. 插入栏

插入栏包含用于创建和插入对象的按钮。当鼠标指针移动到一个按钮上时,会出现一个工具提示,其中含有该按钮的名称。

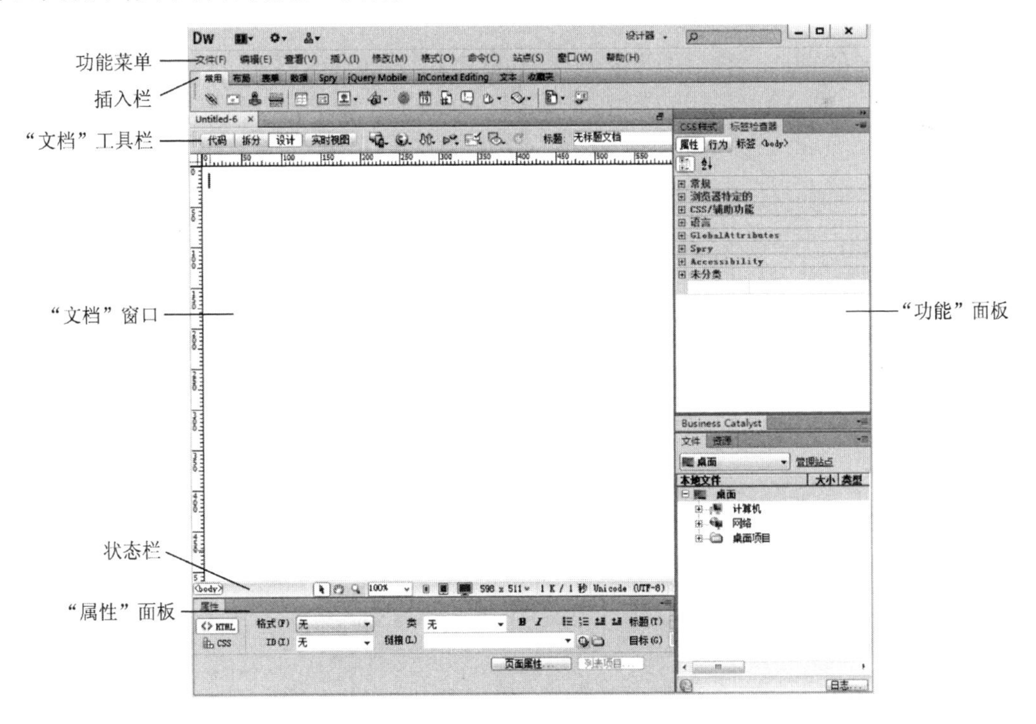

图 1-2-14 Dreamweaver CS6 的工作界面

这些按钮被组织到若干个选项卡中，用户可以单击插入栏顶部的相应选项卡进行切换。当启动 Dreamweaver CS6 时，系统会默认打开用户上次使用的选项卡。

插入栏包含以下选项卡。

（1）“常用”选项卡。

“常用”选项卡包含了最常用的对象，最主要的功能是插入各项最常用的基本网页设计及排版组件，如“图像”按钮、“表格”按钮、“插入媒体”等，如图 1-2-15 所示。

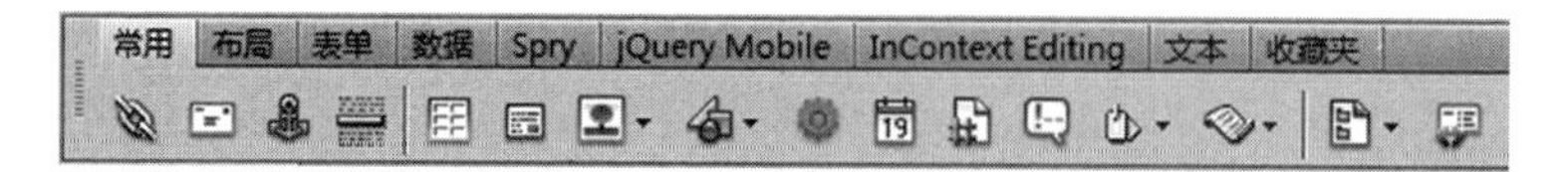

图 1-2-15 “常用”选项卡

（2）“布局”选项卡。

“布局”选项卡包含了表格按钮、Div 等标签，如图 1-2-16 所示，可以帮助用户快速地在网页中绘制不同的表格和框架。这与以往版本的 Dreamweaver 有很大的区别。

图 1-2-16 “布局”选项卡

（3）“表单”选项卡。

“表单”选项卡包含了创建表单域和插入表单元素的按钮，如图 1-2-17 所示。表单是网页设计中最重要却又最难完全掌握的部分，使用表单可以收集访问者的信息，如订单、搜索接口等。

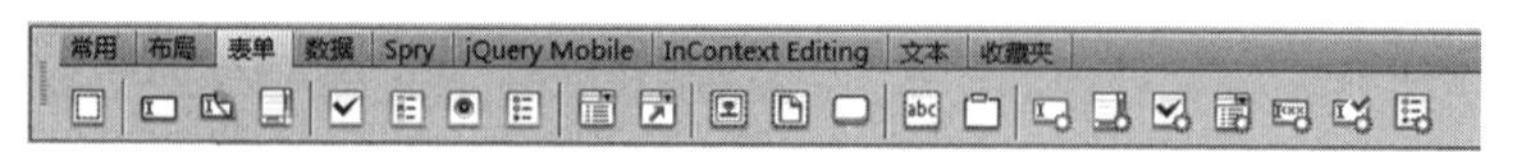

图 1-2-17 “表单”选项卡

（4）“数据”选项卡。

“数据”选项卡可以插入 Spry 数据对象和其他动态元素，如记录集、重复区域以及插入记录表单和更新记录表单，如图 1-2-18 所示。

图 1-2-18 “数据”选项卡

（5）“Spry”选项卡。

“Spry”选项卡包含一些用于构建 Spry 页面的按钮，包括 Spry 数据对象和构件，如图 1-2-19所示。

图 1-2-19 “Spry”选项卡

(6)“jQuery Mobile”选项卡。

“jQuery Mobile”选项卡包含 jQuery Mobile 的页面、文本输入、按钮等元素,如图 1-2-20 所示。

图 1-2-20 “jQuery Mobile”选项卡

(7)“InContext Editing”选项卡。

“InContext Editing”选项卡包含可编辑区域和创建重复区域的内容,如图 1-2-21 所示。

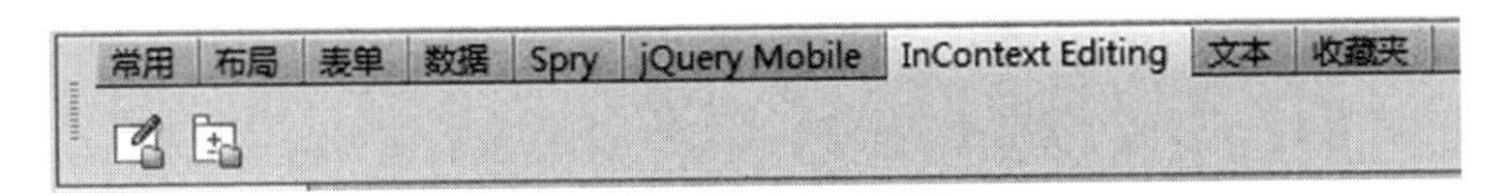

图 1-2-21 “InContext Editing”选项卡

(8)“文本”选项卡。

“文本”选项卡包含了多种特定的字符,如商标、引号等特殊字符,这些字符也可以以 HTML 的方式插入网页中,如图 1-2-22 所示。

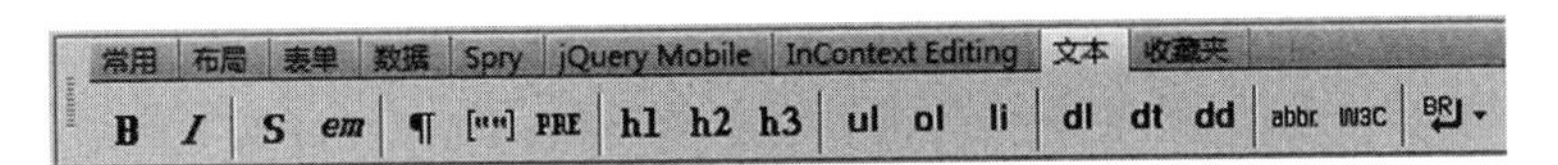

图 1-2-22 “文本”选项卡

(9)“收藏夹”选项卡。

“收藏夹”选项卡用于将插入栏中最常用的按钮分组或将其组织到某一公共位置,如图 1-2-23所示。

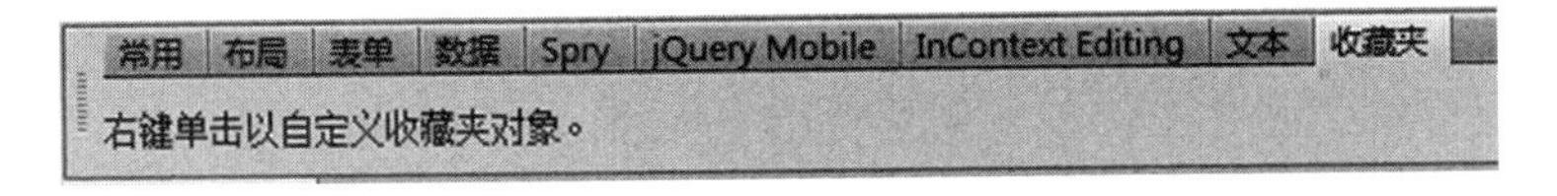

图 1-2-23 “收藏夹”选项卡

3.“文档”工具栏

“文档”工具栏包含了用于选择“文档”窗口的视图方式的“代码”、“拆分”和“设计”按钮,以及多个下拉菜单,如图 1-2-24 所示,它们提供了对于当前文档的一些常用操作,如在浏览器中预览当前网页的效果。

图 1-2-24 “文档”工具栏

- “显示代码视图”按钮 代码 :只在“文档”窗口中显示“代码”视图。
- “显示代码视图和设计视图”按钮 拆分 :将“文档”窗口拆分为“代码”视图和“设计”视图。当选择了这种组合视图时,“文档”左侧显示“代码”视图,右侧显示“设计”视图。

◉ “显示设计视图”按钮 设计 ：只在“文档”窗口中显示“设计”视图。

注意： 如果处理的是XML、JavaScript、Java、CSS或其他基于代码的文件类型，则不能在“设计”视图中查看文件，而且“设计”和“拆分”按钮将会变暗。

◉ “多屏幕”按钮 ：可以根据用户的需要选择屏幕的尺寸、大小和方向等。

◉ “在浏览器中预览/调试”按钮 ：允许用户在浏览器中预览或调试文档，并可从弹出菜单中选择一个浏览器。

◉ “文件管理”按钮 ：显示“文件管理”弹出菜单。

◉ “W3C验证”按钮 ：包括验证当前文档、验证实时文档和设置W3C的功能。

◉ “检查浏览器兼容性”按钮 ：用于检查用户的CSS是否对于各种浏览器均兼容，包括检查浏览器的兼容性、显示浏览器出现的问题、报告浏览器呈现的问题等。

◉ “可视化助理”按钮 ：用户可以使用各种可视化助理来设计页面。

◉ “刷新设计视图”按钮 ：在“代码”视图中对文档进行更改后，单击此按钮，刷新文档的“设计”视图，因为只有在执行某些操作（如保存文件或单击该按钮）之后，在“代码”视图中所做的更改才会自动显示在“设计”视图中。

◉ “标题”文本框：允许为文档输入一个标题，该标题将显示在浏览器的标题栏中。如果文档已经有标题了，则该标题将显示在该区域中。

4.“文档”窗口

“文档”窗口也称为“文档”编辑区，用来显示并编辑当前文档。在“文档”窗口中可以选择下列任一视图：

◉ “设计”视图：一个用于可视化页面布局、可视化编辑和快速应用程序开发的设计环境。在该视图中，Dreamweaver CS6显示文档的完全可编辑的可视化表示形式，类似于在浏览器中查看页面时看到的内容。

◉ “代码”视图：一个用于编写和编辑HTML、JavaScript、服务器语言代码[如PHP或ColdFusion标记语言（CFML）]以及任何其他类型代码的手工编码环境。

◉ “拆分”视图：可以在单个窗口中同时看到同一文档的“代码”视图和“设计”视图。

当“文档”窗口有一个标题栏时，标题栏显示页面标题，并在括号中显示文件的路径和文件名。如果对文档内容做了更改但尚未保存，Dreamweaver CS6将在文件名后显示一个星号“*”。

当“文档”窗口在集成工作区布局（仅限Windows）中处于最大化状态时，它没有标题栏；在这种情况下，页面标题以及文件的路径和文件名显示在主工作区窗口的标题栏中。

此外，当“文档”窗口处于最大化状态时，出现在“文档”窗口区域顶部的选项卡显示所有打开文档的文件名。若要切换到某个文档，则单击它的选项卡即可。

5.状态栏

“文档”窗口底部的“状态栏”提供与正在创建的文档有关的其他信息，如图1-2-25所示。

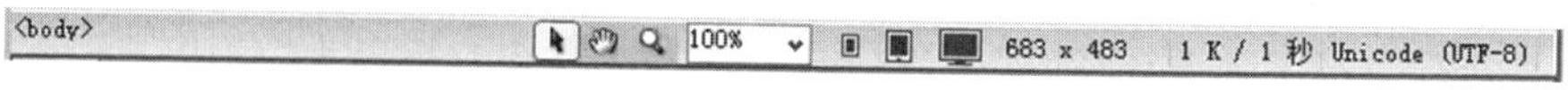

<body> 100% 683 x 483 1 K / 1 秒 Unicode (UTF-8)

图1-2-25 状态栏

◉ “标签选择器”图标 <body> :显示环绕当前选定内容的标签的层次结构。单击该层次结构中的任何标签,可以选择该标签及其全部内容。单击“标签选择器”图标,可以选择文档的整个正文。若要在标签选择器中设置某个标签的 class 或 id 属性,则可右击(适用于 Windows系统)或按住【Ctrl】键并单击(适用于 Macintosh 系统)该标签,然后从弹出的快捷菜单中选择一个“类”或 ID。

◉ “选取工具”图标 :用于启用或禁用手形工具。

◉ “手形工具”图标 :用于在“文档”窗口中单击并拖动文档。

◉ “缩放工具和设置缩放比率”下拉列表框 100% :可以为文档设置缩放比率。

◉ “窗口大小”图标 683 x 483 :用于将“文档”窗口的大小调整到预定义或自定义的尺寸。

◉ “文档大小和下载时间”图标 1 K / 1 秒 :显示页面(包括所有相关文件,如图像和其他媒体文件)的预计文档大小和预计下载时间。

6. “属性”面板

“属性”面板用于查看和修改所选取的对象或文本的各种属性,选取的对象的类型不同,则其“属性”面板显示的属性内容也不同,“属性”面板的内容会随着选取的对象的不同而改变。图 1-2-26 是设置文字属性的“属性”面板。

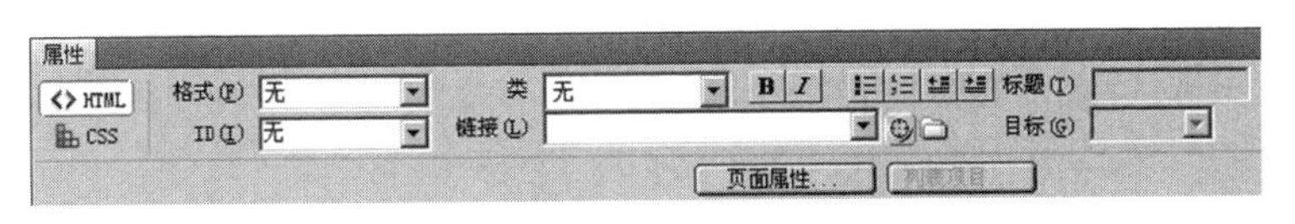

图 1-2-26 设置文字属性的“属性”面板

可以看到,利用这个“属性”面板,我们可以设置文本的格式、样式、字体、大小、颜色、对齐方式等属性。

图 1-2-27 是设置图像属性的“属性”面板。

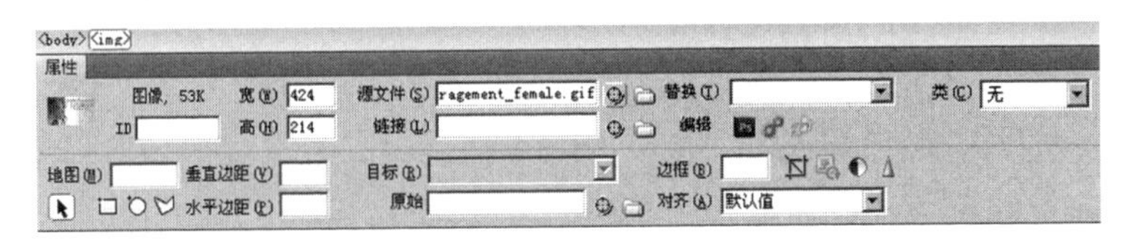

图 1-2-27 设置图像属性的“属性”面板

显然,这个图像“属性”面板与文本的“属性”面板有较大的差异,同样地,对于图像的格式设置与文本的格式设置的内容也有较大差别。

7. “功能”面板

Dreamweaver CS6 的“功能”面板位于文档窗口边缘,包括多个面板,把它们叠加在一起,称为面板组,如图 1-2-28 所示。常见的“功能”面板包括“插入”面板、“CSS 样式”面板、“应用程序”面板、“文件”面板等,各个面板切换方便。

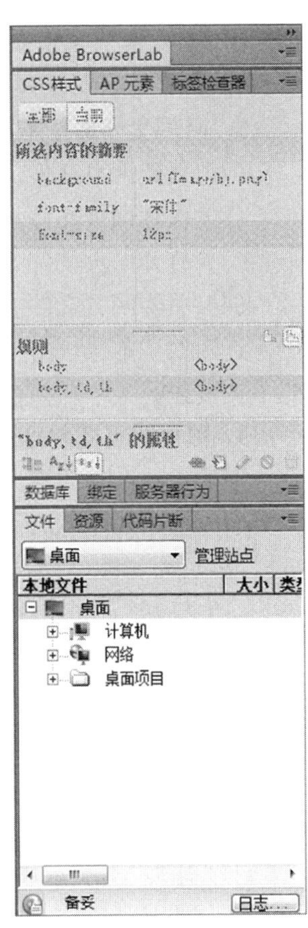

图 1-2-28 Dreamweaver CS6 中的面板组

四、Dreamweaver CS6 的基本操作

1. 设置 Dreamweaver CS6 的首选参数

为了更好地使用 Dreamweaver CS6,学习者可以在使用之前,根据自己的工作方式和习惯,设置 Dreamweaver CS6 的相关参数。

(1) 打开“首选参数”对话框。

执行“编辑”/“首选参数”命令,可以打开“首选参数”对话框,如图 1-2-1 所示。“首选参数”对话框的左侧“分类”列表中列出了 19 种不同的类别,选择一种类别后,该类别中的所有可用的选项将会显示在右边的参数设置区域中,根据需要修改参数值后,单击“确定”按钮即可完成设置。

(2) 常用的首选参数设置。

在日常的网页编辑过程中,常用到的首选参数设置项目主要如下。

◉ “允许多个连续的空格”:“常规”类中的参数,选中此复选框,则在网页编辑时可以输入多个连续的空格,否则不能连续输入多个半角空格。

◉ “不可见元素”类:这一类中的所有参数是指在网页编辑时是否显示不可见元素。所谓“不可见元素”,是指在编辑时可以看到,但是在网页浏览时不能见到的相关元素,如换行符、脚本符号等。对于网页设计的初学者来说,建议大家可以将这一类的参数全部选中。

2. 网页文档的基本操作

(1) 新建网页文件。

(2) 保存网页文件。

(3) 打开网页文件。

(4) 关闭网页文件。

这四项基本操作与 Windows 下的其他应用程序(如 Word 等)的相关操作完全相同,在此不再赘述。

3. 网页的页面属性的设置

在建立一个新的网页文件,输入网页内容之前,我们一般需要根据网页设计的要求,对该页面的基本属性(如标题、背景颜色、图像、文本及链接的颜色、边距等)进行设置,这些均可以在“页面属性”对话框中进行。

(1) 打开“页面属性”对话框的方法。

在正在编辑的网页文件的空白处单击鼠标右键,在出现的快捷菜单中执行“页面属性”命令;或执行“修改”/“页面属性”命令,打开“页面属性”对话框。

(2) “页面属性”设置的主要内容。

“页面属性”对话框中包括“外观(CSS)”、“外观(HTML)”、“链接(CSS)”、“标题(CSS)”、“标题/编码”和“跟踪图像”六类属性,它们的主要作用如下。

① “外观”类。

“外观”类的设置主要包括对网页的页面字体、字的大小、文本颜色、网页背景颜色、网页背景图像、网页的页面边距等进行设置,如图 1-2-29 所示。

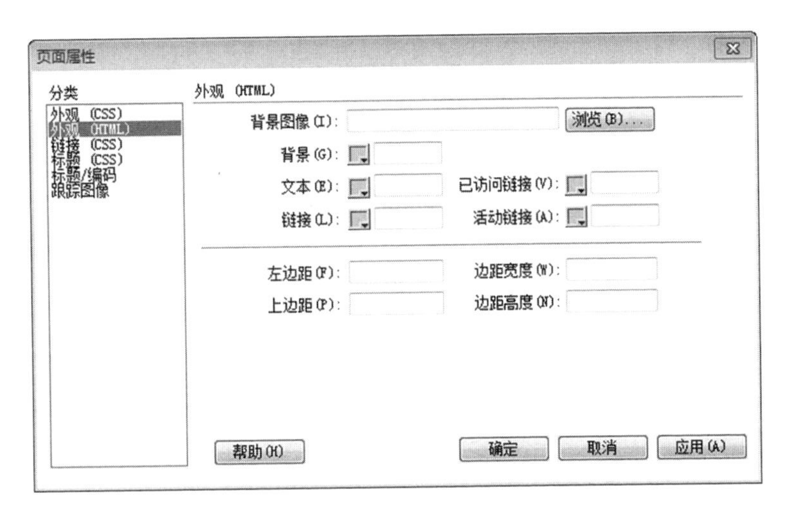

图 1-2-29 “外观”类的设置

② “链接”类。

“链接”类是对网页中使用的超级链接的链接源的字体、字的大小、链接源的颜色、访问过的链接的颜色、链接是否有下划线等进行设置，如图 1-2-30 所示。

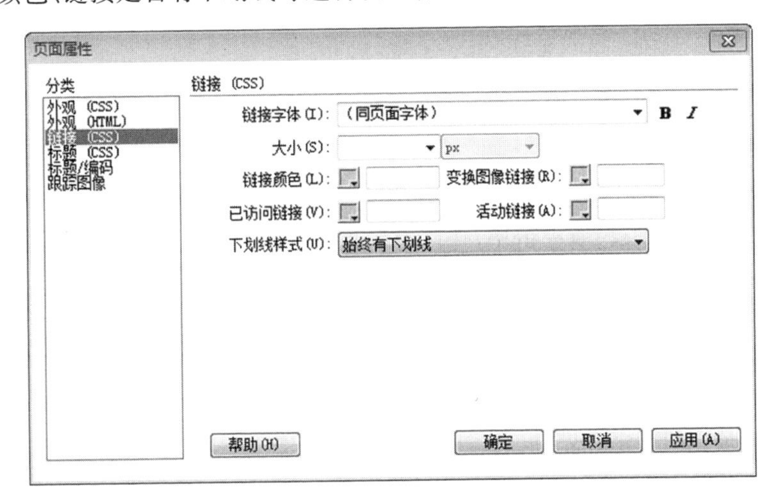

图 1-2-30 “链接”类的设置

③ “标题”类。

“标题”类是一个比较特殊的设置，它与文本属性设置时的“格式”项目直接相关，文本设置的“属性”面板中有一个“格式”项目，它的选项如图 1-2-31 所示。

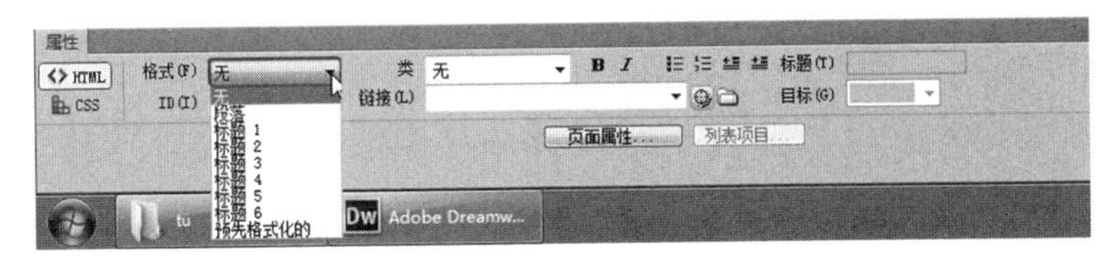

图 1-2-31 文本属性设置时的“格式”项目选项

可以看到，对于文本格式设置的项目可以有类似于“标题 1”到“标题 6”这样的选项，而“标题 1”到“标题 6”的字的大小与字体颜色则可以事先通过“页面属性”设置中的“标题”类来完成。

“标题”类的设置如图 1-2-32 所示。

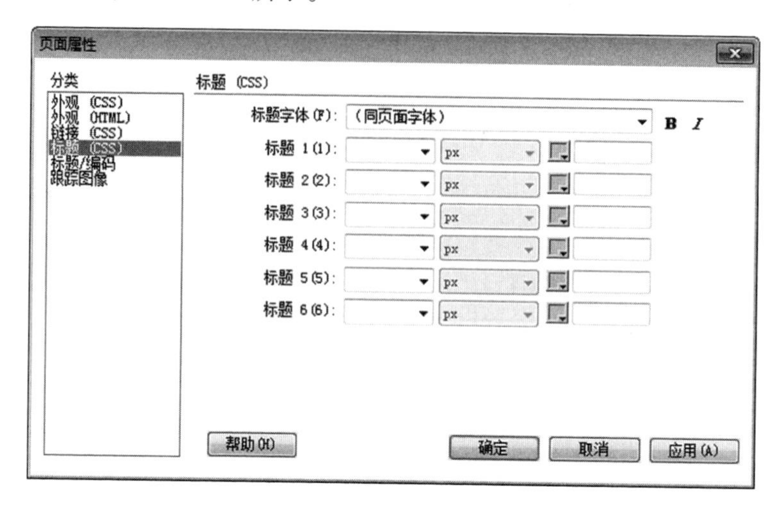

图 1-2-32 “标题”类的设置

④ “标题/编码”类。

“标题/编码”类主要用来设置网页的标题栏内容和编码的类型，其设置比较简单。

⑤ “跟踪图像”类。

“跟踪图像”类的属性设置不常用，在此不做具体介绍。

4. 设置工作界面为经典或设计器模式

菜单栏右侧的 经典 提供了 11 种供用户选择的工作界面，如图 1-2-33 所示。

图 1-2-33 工作界面

◉ 设计器：表示 Dreamweaver CS6 将使用设计器工作界面，这是多数用户所选用的界面，是一种可视化的开发界面。

◉ 编码器：表示 Dreamweaver CS6 将使用编码器工作界面，该界面是代码编辑界面，适合于对网络编程非常熟悉的，具有较高代码编写水平的程序开发者使用。

在本书中，我们主要介绍设计器工作界面的应用，选择“经典”或者“设计器”模式。

任务三 站点设置及其管理

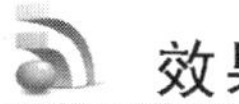

效果展示

设计与制作网页时,我们通常利用站点资源进行管理和应用。本任务要在 Dreamweaver CS6 中完成站点的设置和简单管理,效果如图 1-3-1 所示。

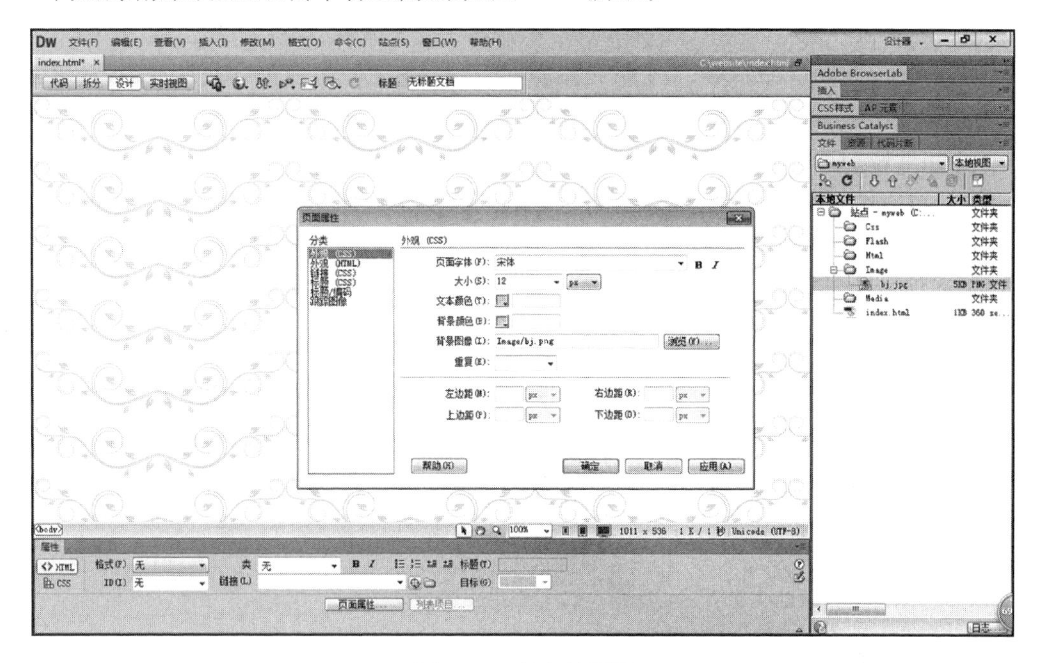

图 1-3-1 任务效果图

操作引导

(1) 在 D 盘根目录下建立名为"website"的文件夹。

(2) 启动 Dreamweaver CS6。

(3) 创建本地站点"myweb",站点本地目录为"D:\website",不需要连接到远程服务器,其余使用默认值。

(4) 在站点下建立以下文件夹:

Html	存放站点中的网页文件
Css	存放站点的 CSS 样式文件
Image	存放站点的图片素材
Media	存放站点中的媒体文件
Flash	存放站点中的动画文件

(5) 将素材文件夹下的 bj. png 复制到站点文件夹下的 Image 文件夹中。

（6）在站点根文件夹下建立一个网页文件 index. html。

（7）在 Html 文件夹下建立以下网页文件：music. html、study. html、movie. html、sport. html、bbs. html、about. html。

各文件的内容暂时均为“网页正在建设中！”。

技术支持

一、站点的基本知识

在任务一中我们已经介绍，一个网站是由很多个网页之间相互关联而构成的，每个网页中可以包括文字、图像、音视频等元素，因此，在建设一个网站时，我们一般是将建设网站所需要的素材先集中放在一起（放在本地计算机上的一个文件夹中），然后在本地计算机上进行网站的设计，设计完成并进行测试后，再上传到网络上的远程服务器上发布。

在 Dreamweaver CS6 中，我们称放在本地磁盘上的网站为本地站点；处于网络上的远程服务器上的网站为远程站点。Dreamweaver CS6 提供了管理本地站点和远程站点的强大功能。

在网站建设的实际工作过程中，我们一般是在本地计算机上先建立一个文件夹，然后在 Dreamweaver CS6 中将该文件夹设置为本地站点，从此，在 Dreamweaver CS6 中就可以使用这个站点来进行网站资源的管理与应用了。例如，先将建设这个网站所需要的素材分别存放入该站点文件夹下的相关文件夹中，然后再在这个站点中进行相关的网页设计，网页设计过程中需要用到的相关素材都应在站点中被运用到。

二、创建本地站点

1. “文件”面板

网站是一个由多个网页、图像、动画和程序等文件有机联系的整体，要管理这些文件，需要一个有效的工具，“文件”面板就是这样的工具，如图 1-3-2 所示。

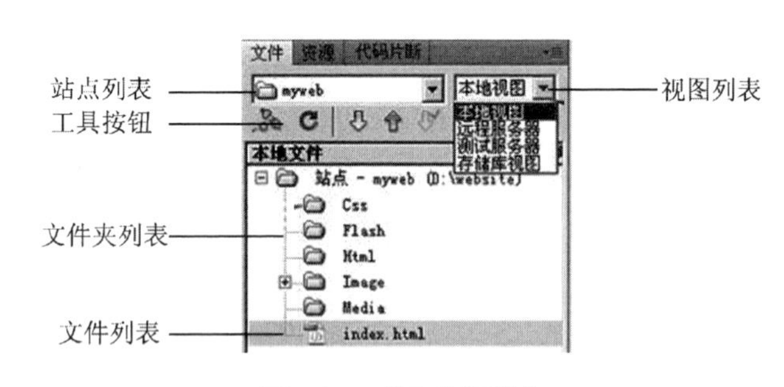

图 1-3-2 “文件”面板

“文件”面板主要有三个方面的功能：

（1）管理本地站点，包括建立文件与文件夹、对文件及文件夹进行重命名等操作，也可以管理本地站点的结构。

（2）管理远程站点，包括文件上传、文件更新等。

（3）连接网络应用服务器，预览动态网页。

“文件”面板中“站点列表”可以选择在 Dreamweaver CS6 中定义的所有站点；“视图列表”中显示了可以选择的四种站点视图类型：本地视图、远程服务器、测试服务器和存储库视图。在本任务中，我们主要学习“本地视图”的应用，其他几种视图在以后的学习中再做介绍。

2. 本地站点

本地站点就是编辑和存放站点文件的本地场所，在本地站点中完成站点的设计，上传到远程服务器，供网络上的其他人浏览。

启动 Dreamweaver CS6 后，执行“站点”/“管理站点”命令后，会出现如图 1-3-3 所示的对话框。

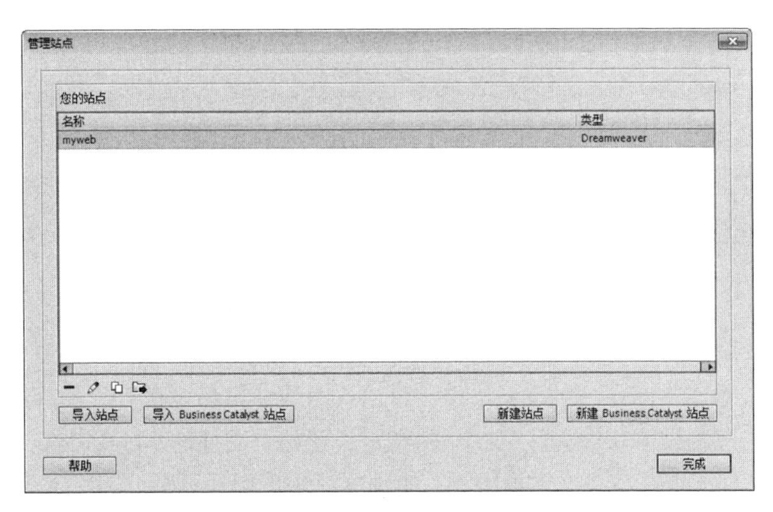

图 1-3-3 **“管理站点”对话框**

在图 1-3-3 中单击“新建站点”按钮，或者执行“站点”/“新建站点”命令，均会出现如图 1-3-4所示的对话框。

选择“站点”选项，在“站点名称”中输入“myweb”，选择“本地站点文件夹”，本案例中为“D:\website”，单击“保存”按钮。

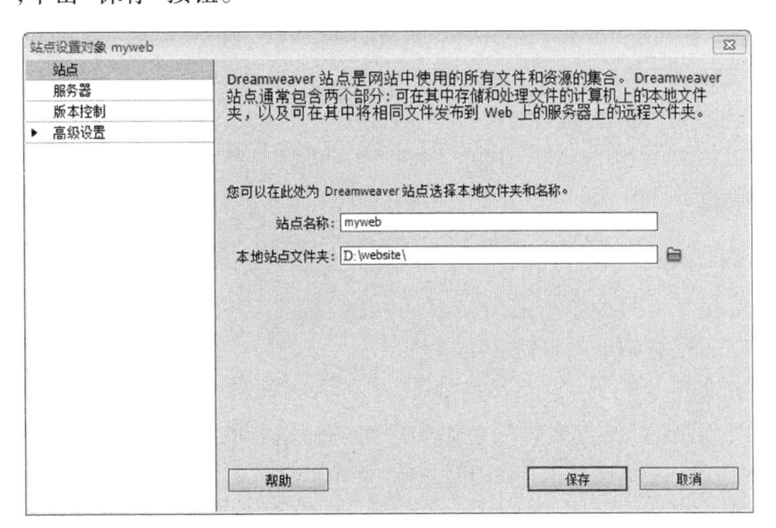

图 1-3-4 **静态站点定义**

选择“高级设置”选项，在“本地信息”选项界面中设置本地文件夹，如图 1-3-5 所示。

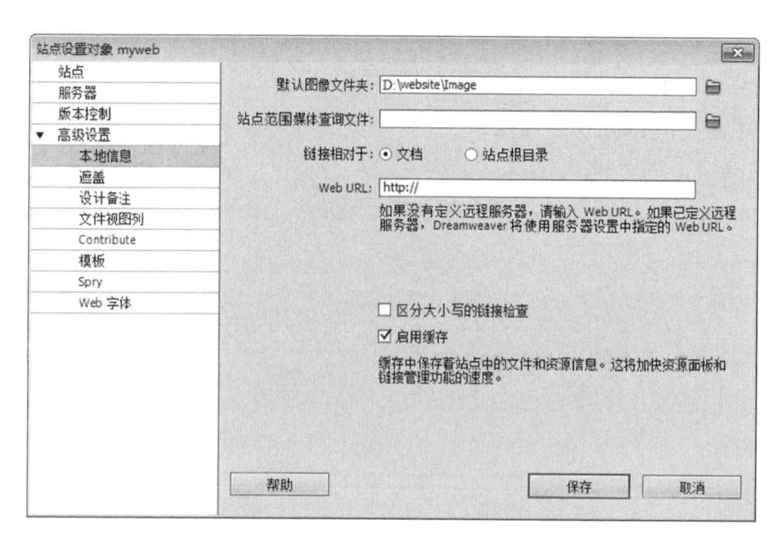

图 1-3-5　设置本地文件夹

在“本地信息”选项界面中可设置本地文件夹的下列属性。

(1)“默认图像文件夹”文本框:指定放置站点图像文件的目录。

(2)“站点范围媒体查询文件”文本框:指定放置站点文件的本地文件夹,可单击右侧按钮,选择本地文件夹或直接在文本框中输入本地文件夹的路径,例如,“D:\website”。

(3)“Web URL”文本框:指定站点的 URL 地址。

(4)“启用缓存”复选框:选中该复选框,可创建本地缓存,这样有利于提高站点的链接和站点管理任务的速度,而且可以有效地使用“资源”面板管理站点资源。

然后回到“管理站点”对话框,单击“完成”按钮,即可实现本地站点的创建。在“文件”面板中将显示刚创建的本地站点。

温馨提示

由于是定义静态站点,设置相对简单,不涉及的操作此处暂不做介绍,直接保存即可。

三、管理站点

在 Dreamweaver CS6 中可以建立多个站点,但是在某个时刻,只能对其中一个站点进行操作,因此,就需要专门的命令来进行站点的切换、编辑、删除等操作。执行“站点”/“管理站点”命令,可以实现对站点的管理。

1. 站点的切换

利用“文件”面板的“站点列表”,可以实现对当前站点的切换;或在图 1-3-3 的“管理站点”对话框中选中站点,然后单击“完成”按钮,也可完成站点的切换。

2. 编辑站点

利用编辑站点功能,可重新打开前面所述的站点定义对话框(图 1-3-4),并可对站点的相关参数进行修改。

3．复制站点

复制站点就是将某一个站点复制为另一个站点，省去了重复建立多个结构相似的站点的操作。

4．删除站点

删除站点就是把本地站点删除，但是要注意的是，这个操作只是删除 Dreamweaver 站点管理器中的站点，站点的文件仍保存在本地硬盘的原来的位置上，并没有被删除。

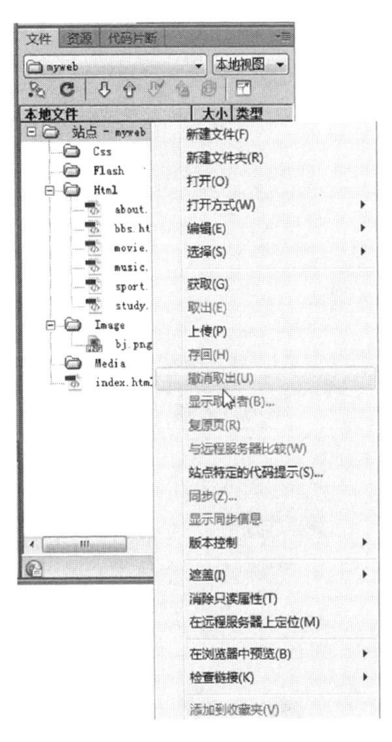

图 1-3-6 “文件”面板的快捷菜单

四、管理站点中的文件与文件夹

利用“文件”面板，可以对本地站点的文件夹和文件进行创建、删除、移动、复制等操作。其基本操作方法是：首先将鼠标指向要操作的对象，然后右键单击，将出现相应的快捷菜单，如图 1-3-6 所示。

利用该快捷菜单，可方便地在本地站点中建立、删除、复制、移动、重命名文件及文件夹，其操作方法基本同于 Windows 中的文件管理，因此不再赘述。

温馨提示

在“文件”面板的快捷菜单中，复制、移动、删除等常见操作被集中在了“编辑”命令中。

除了利用“文件”面板来进行站点的文件与文件夹的管理外，我们也可以使用 Windows 资源管理器或“计算机”命令直接对本地站点的文件夹进行操作，同样也可以实现对本地站点资源的管理。但一般情况下，我们不赞成使用这样的操作方法。

五、使用“资源”面板管理站点中的资源

网页中包含了大量的图片、动画、视频等元素，这些元素统称为“资源”。使用“资源”面板可以有效地管理和组织网站中的资源。“资源”面板与“文件”面板在同一个面板组中，如果我们单击“资源”选项卡，则会出现“资源”面板，如图 1-3-7 所示。

利用“资源”面板，可以方便地将站点中的资源添加到正在编辑的网页中去，方法为：选中需要添加的资源，然后右键单击，在出现的快捷菜单中执行“插入”命令，或直接拖动资源文件到正在编辑的网页的某个位置上，即可在网页中插入相应的资源，详细内容和应用将在之后用到时逐一介绍。

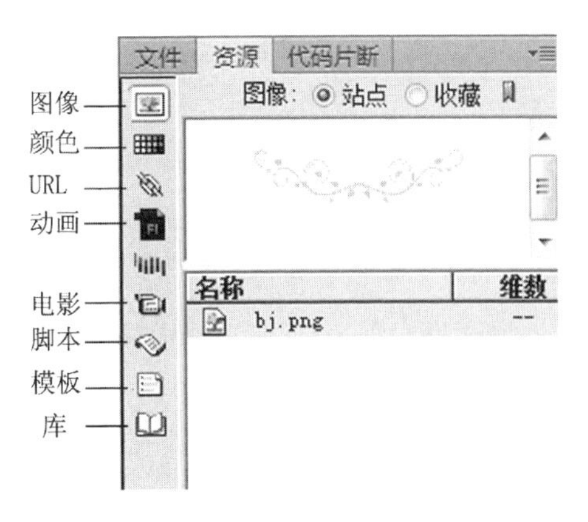

图 1-3-7 “资源”面板

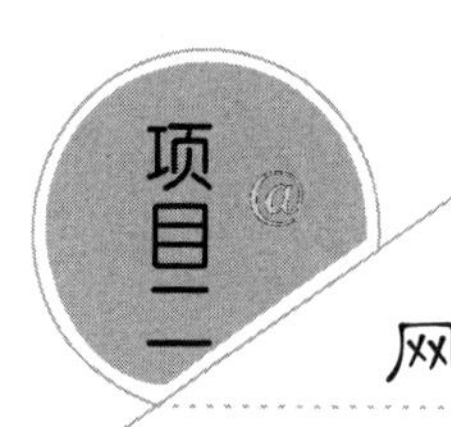

项目二 网页基本元素应用

知识目标

➢ 掌握网页中文本的编辑与格式设置方法。
➢ 掌握图像的插入及属性设置方法。
➢ 了解链接的种类。
➢ 掌握不同类型链接的实现方法。

任务一 制作"DIY 中心"页面

效果展示

制作的"DIY 中心"网页效果图如图 2-1-1 所示。

欢迎来到e克拉DIY中心
在这里，您可以点燃灵感，自由创作

钻石工艺

钻石是世上最坚硬的天然物质，而世界上所有开采出来的钻石中只有20%可作首饰用途，极为罕有。其价值品质主要以4C衡量，包括色泽（Colour）、净度（Clarity）、卡拉重量（Carat）及车工（Cut），是世界公认为衡量钻石的标准。一般人认为南非出产的钻石最好，其实钻石的生产地对其质素和价值影响不大，经得最后教您更易分辨它的原产地，反而购买钻石时应留意其4C质素。

克拉

钻石以克拉（卡）计算，1卡相等于100份，例如一颗0.50卡的钻石，可写成50份。逾大的钻石当然愈罕有，但是，纵使两颗相同重量的钻石，价值亦会因其色泽、净度及车工而改变。

0.05克拉 0.50克拉 1克拉 1.50克拉 2克拉

车工

失天形成了每颗钻石的色泽、净度及重量，但是我们可凭后天的精湛车工，令光芒经过不同部面的折射，凝聚于钻石的顶部，将钻石深层的闪烁光芒引发出来，散发出惊人光采。例如足够切磨是钻石常用的切磨法，共有57或58镜面。钻石的常见形状有圆形、椭圆形、欖尖形、心形、方柱形、梨形及方形等。

色泽

大部份钻石的色泽，可划纳为「无色透明」至「接近无色」，当中最高色泽「无色透明」以英文字「D」开始命名，直至Z色级「淡黄色」钻石，而售价亦随着黄色色泽的增加而下调。对于彩钻而言，Colour在4C中对值影响最大。品质分级则以色彩、色调、色泡和饱度为最重考虑。例如Fancy Light、Fancy Deep、Fancy Intense、Fancy Vivid等级之分，愈彩愈罕，价值愈高。

净度

每颗钻石均藏有内含物，其数量、大小、形状及颜色将会决定每一颗钻石的净度及特性。群庭愈少，净度愈高，光芒折射则愈多，令其加倍耀映。利用10倍放大镜观察内含物，净度分级标准有：FL、IF、VVS1、VVS2、VS1、VS2、SI1、SI2、I1、I2、I3，FL为最高，顺序依次递减。与上文提的钻石4C章节字有，每颗钻石都会有独一无二的瑕疵和内含物，这些瑕疵会成为日后你识别钻石的特性。

我们的定制优势

1. 克里稳稳定的货源
 我们以依值庞大的钻石供应商的货源支持，始终致力于经营经国际权威鉴定机构鉴定的高品牌钻石和戒托，全面现货销售。您可以在这里找到您想要的钻石和戒托，进行DIY组合，让每一颗都凝聚着您的生命力，让每个细节都彰显您的与众不同。
2. 国际一流的设计师
 我们拥有国际一流的珠宝设计师，可以随时为您提供设计指导和帮助。
3. 专业团队
 我们拥有专业的团队、专业的咨询和设计、为您贴心的服务，专业分析，力求完美您的需求。
 如有任何问题，请拨打我们的客服热线800-828-1022，400-828-1022；或者访问我们的网站http://www.ekala.com，点击在线咨询进行咨询；也可以发邮件联系我们，地址是postmaster@ekala.net
 «克拉诚诚为您服务

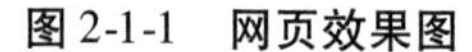

图 2-1-1 网页效果图

操作引导

（1）在D盘根目录下建立文件夹“ekela”，将素材复制到“D:\ekela”下。

（2）启动Dreamweaver CS6，以“D:\ekela”为站点根目录，新建一个本地站点ekela，不使用服务器技术，不需要测试服务器。

（3）在站点根文件夹下新建一个网页文件“DiyCenter.html”，然后双击打开它。

（4）在文档编辑区右键单击，设置页面属性，分别如图2-1-2、图2-1-3、图2-1-4、图2-1-5所示。

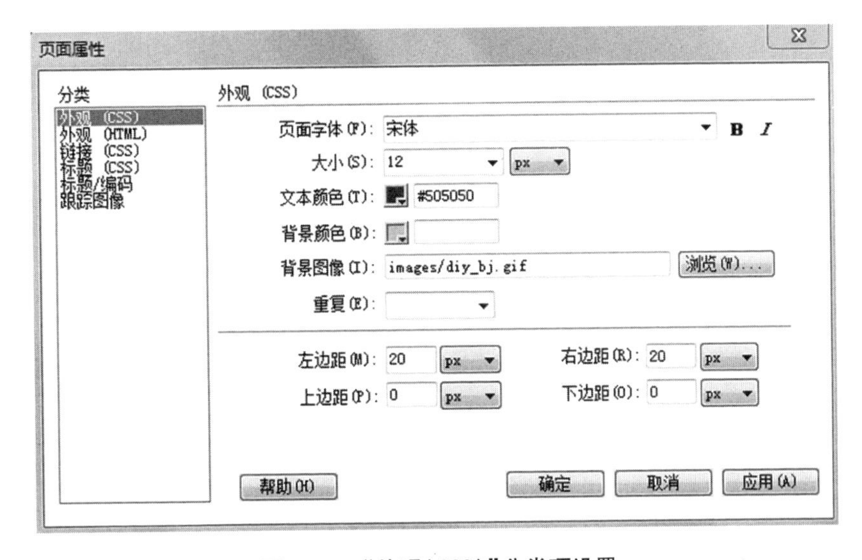

图2-1-2 “外观(CSS)”分类项设置

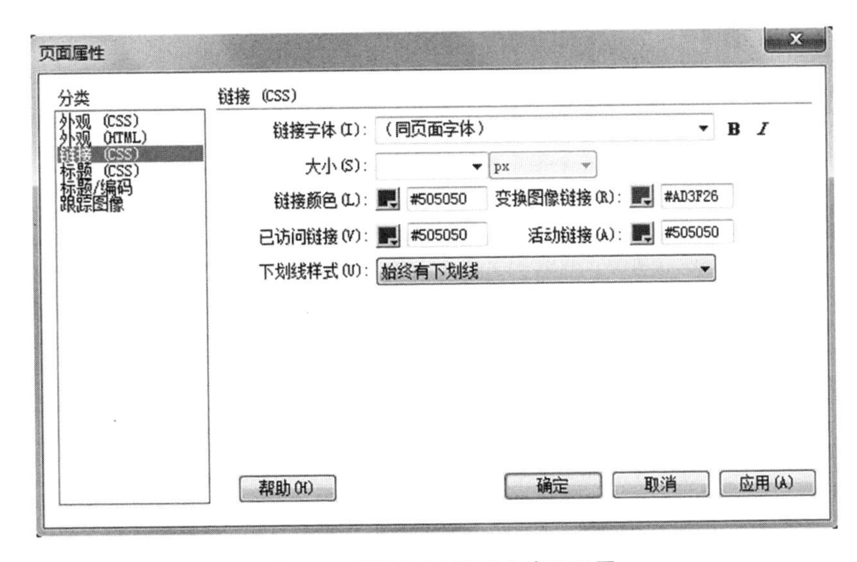

图2-1-3 “链接(CSS)”分类项设置

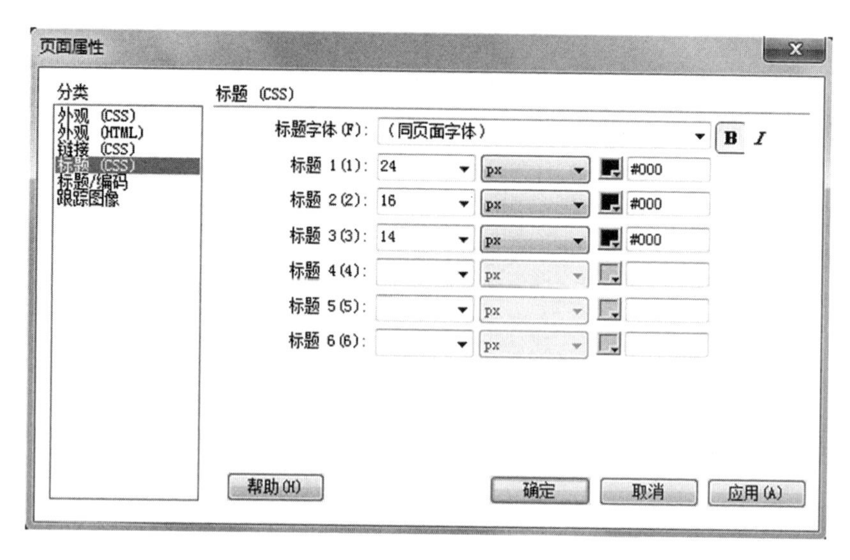

图 2-1-4 “标题(CSS)”分类项设置

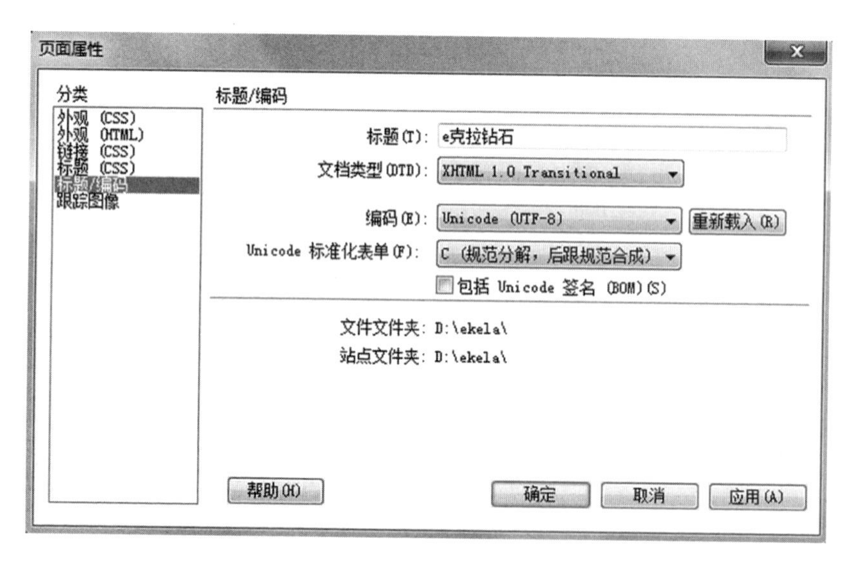

图 2-1-5 “标题/编码”分类项设置

（5）将素材中的“文本.txt”中的内容复制并粘贴到页面中，如图 2-1-6 所示。

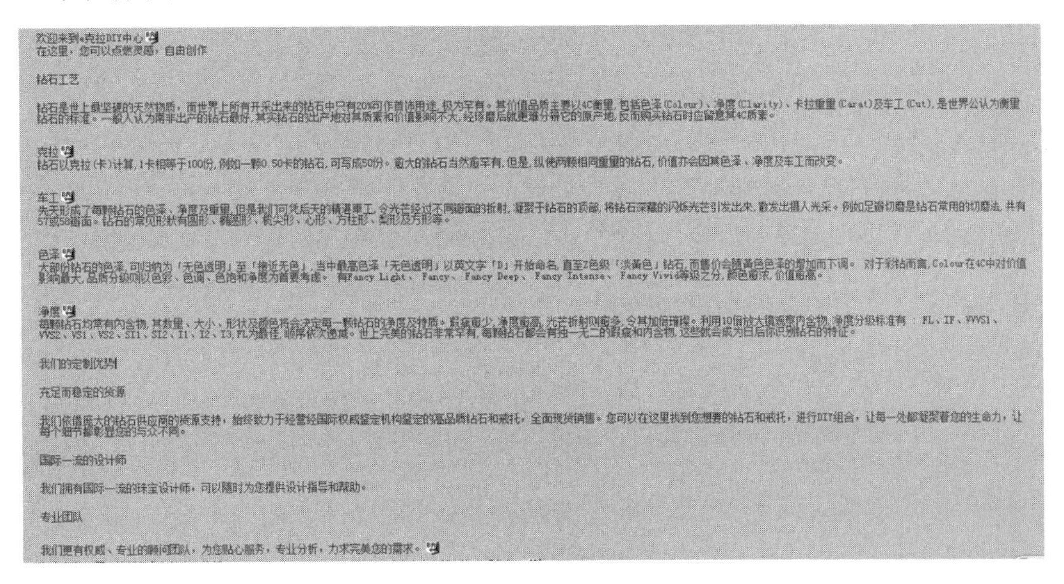

欢迎来到e克拉DIY中心
在这里，您可以点燃灵感，自由创作
钻石工艺
克拉
钻石以克拉(卡)计算，1卡相等于100份，例如一颗0.50卡的钻石，可写成50份。
车工
色泽
净度
我们的定制优势
充足而稳定的货源
我们依借庞大的钻石供应商的货源支持，始终致力于经营经国际权威鉴定机构鉴定的高品质钻石和戒托，全面现货销售。
国际一流的设计师
我们拥有国际一流的珠宝设计师，可以随时为您提供设计指导和帮助。
专业团队
我们更有权威、专业的顾问团队，为您贴心服务，专业分析，力求完美您的需求。

图 2-1-6　粘贴文本内容

（6）对文本进行格式设置。

① 将光标定位在第一段，在“属性”面板中设置“格式”属性为“标题 1”，如图 2-1-7 所示，然后在“标签检查器”面板中将“align”属性设置为“center”，如图 2-1-8所示。

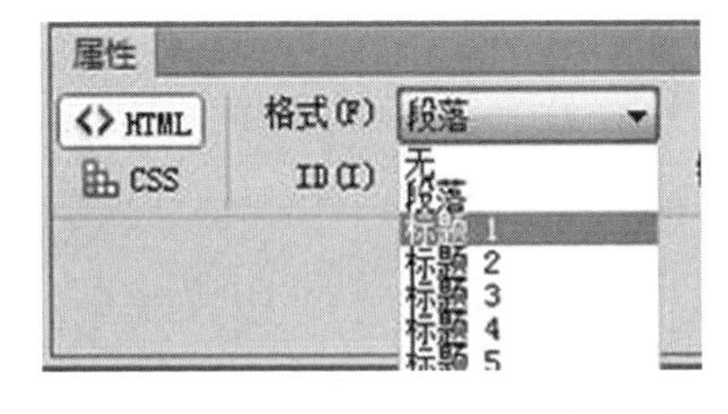

图 2-1-7　设置“格式”属性为“标题 1”

② 按照同样的方法，分别将“钻石工艺”“我们的定制优势”设置为“标题 2”，“克拉”“车工”“色泽”“净度”的格式设置为“标题 3”。

（7）设置项目列表样式。

① 在“充足而稳定的货源”标题后插入换行符，然后将下面两段合并为一段。同理，合并“国际一流的设计师”和“专业团队”段落，如图 2-1-9 所示。

说明：可通过组合键【Shift】+【Enter】插入换行符。

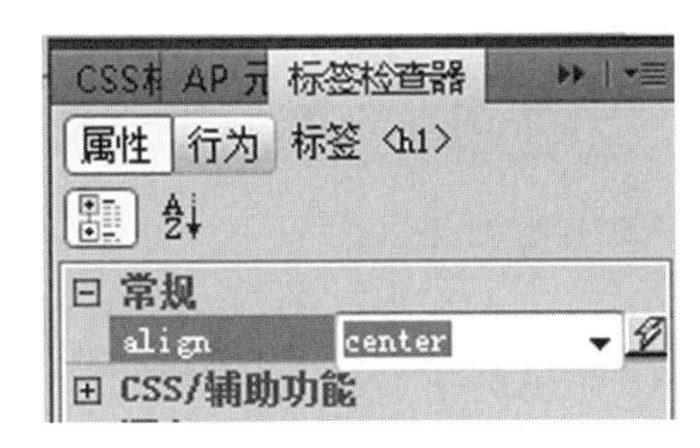

图 2-1-8　设置“align”属性

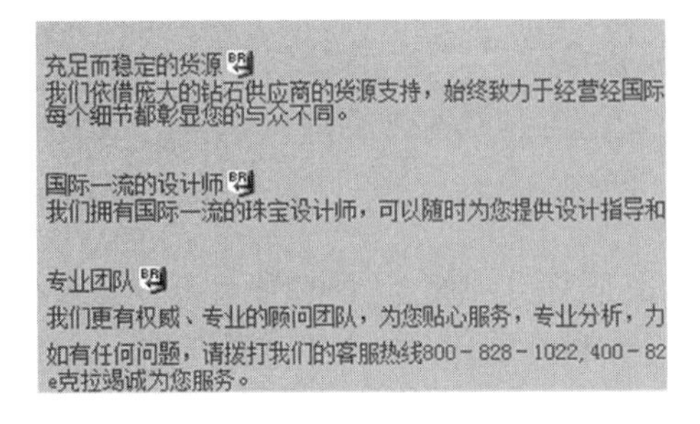

图 2-1-9　合并段落

② 选中此三段文本，执行“格式”/“列表”/“编号列表”命令，效果如图 2-1-10 所示。

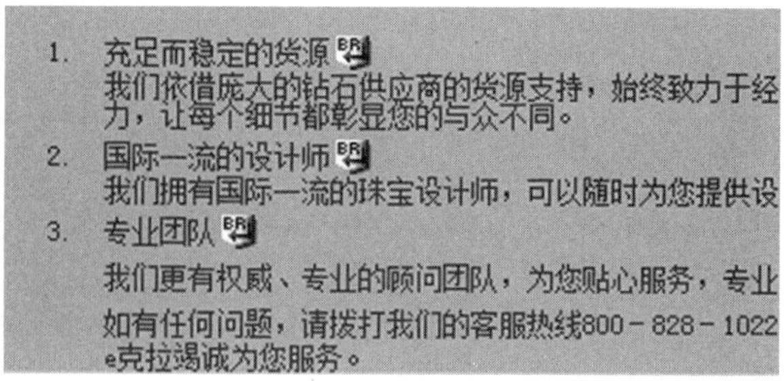

1. 充足而稳定的货源
我们依借庞大的钻石供应商的货源支持，始终致力于经力，让每个细节都彰显您的与众不同。
2. 国际一流的设计师
我们拥有国际一流的珠宝设计师，可以随时为您提供设
3. 专业团队
我们更有权威、专业的顾问团队，为您贴心服务，专业
如有任何问题，请拨打我们的客服热线800－828－1022
e克拉竭诚为您服务。

图 2-1-10　添加“编号列表”

（8）插入图像并进行格式设置。

① 将光标定位在“克拉”所在段落的结尾，输入换行符，选择“插入”/“图像”命令，打开“选中图像源文件”对话框，选中图像“diy_kela. jpg”，如图 2-1-11 所示，单击“确定”按钮，将图像插入在页面指定位置。

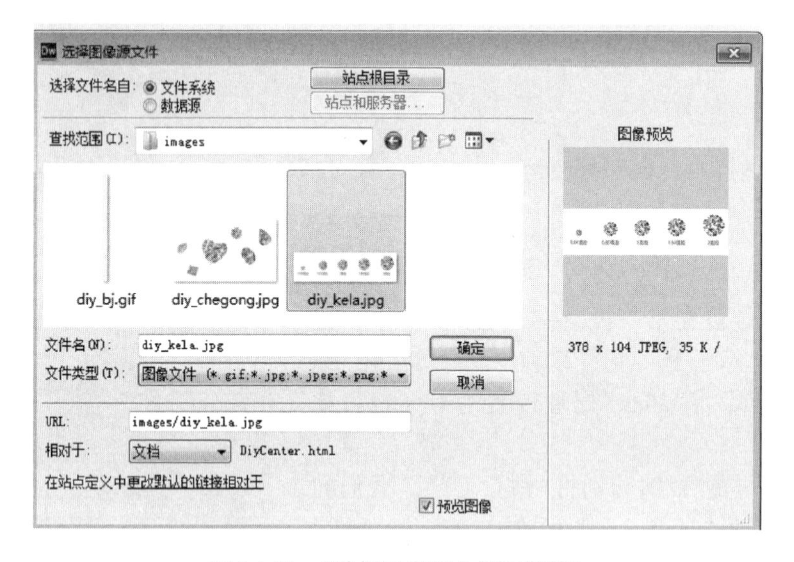

图 2-1-11　“选择图像源文件”对话框

② 在页面中单击插入的图像或者在页面底部单击 <img> 标签，选中图像，在“属性”面板中设置“垂直边距”为 10 像素，如图 2-1-12 所示。

图 2-1-12　图像“diy_kela. jpg”的“属性”面板

③ 同理，在“车工”所在段落下方插入图像“diy_chegong. jpg”，选中图片，在“属性”面板中设置“垂直边距”与“水平边距”均为 10，设置“对齐”为“右对齐”。

（9）插入水平线。

将光标定位在“钻石工艺”文本前，执行“插入”/“HTML”/“水平线”命令，在标题下方插入一条水平线。

（10）设置超级链接。

① 选中倒数第 2 行的“http://www. ekela. com”，设置“属性”面板中的“链接”为“http://www. ekela. com”，“目标”为“_blank”，如图 2-1-13 所示。

图 2-1-13　设置超级链接之一

设置链接还可以通过执行“插入”/“超级链接”命令来实现，其对话框如图 2-1-14 所示。

图 2-1-14　“超级链接”对话框

② 选中“postmaster@ ekela. net”，设置“属性”面板中的“链接”为“mailto:postmaster@ ekela. net”，如图 2-1-15 所示。

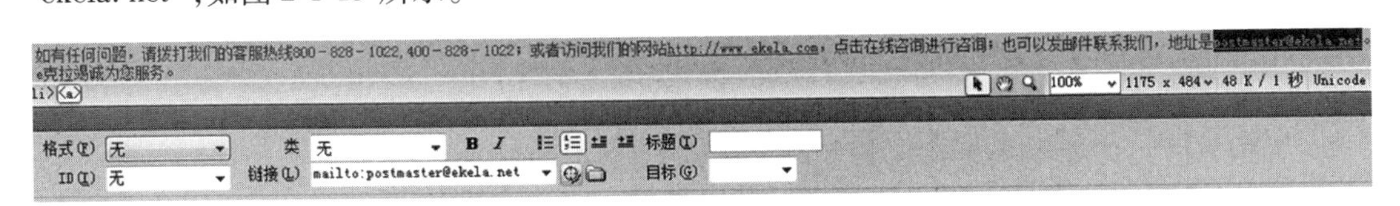

图 2-1-15　设置超级链接之二

（11）保存网页文件，并进行预览。

技术支持

一、文本的输入与编辑

在网页的设计视图方式下，我们可以直接输入文本，也可以将来自其他网页、其他程序中的文本复制到当前网页中，对于网页中的文本，我们也可以进行诸如复制、移动、删除、修改等操作，其基本方法与 Word 中的操作类似，在此不再赘述。

在网页文本输入与编辑的过程中，要注意以下几个方面的问题：

1. 输入连续空格的问题

默认情况下,在网页中是不允许输入多个连续的空格的。当需要在网页中输入连续的多个空格时,可以采取以下方法:

(1) 将输入法切换成全角方式,输入空格,此时可以输入多个连续的空格。

(2) 先设置 Dreamweaver CS6 的首选参数,执行“编辑”/“首选参数”命令,出现如图 2-1-16所示的对话框。

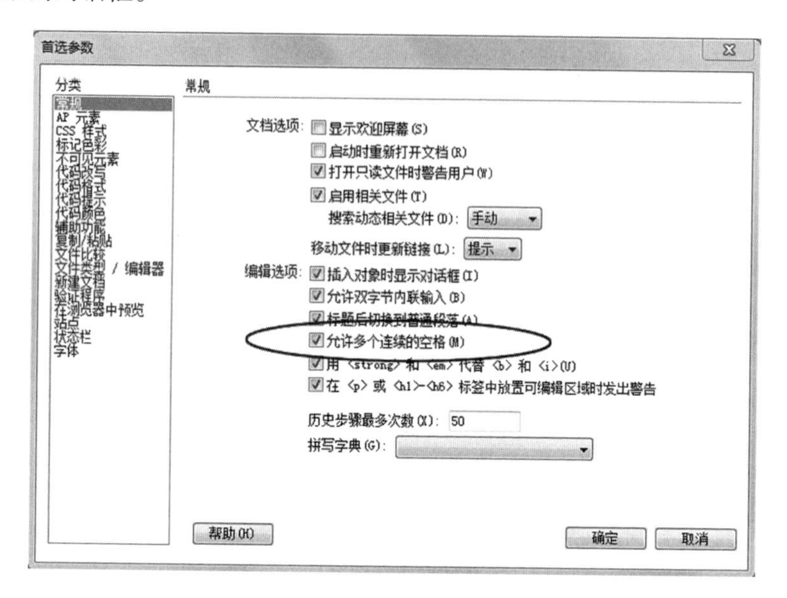

图 2-1-16 “首选参数”对话框

在该对话框中选中“允许多个连续的空格”复选框,则以后的网页编辑过程中就可以输入多个连续的空格了。

2. 关于段中换行的问题

在输入文本的过程中,当需要换行时,可以采用以下两种方式进行。

(1) 直接输入回车键【Enter】:这表示分段换行,实际上这是在网页的 HTML 代码中添加一个段落标签 p,即表示下一行内容与上一行内容属于两段内容。在设计网页时,显示的段间距有一定的距离,如图 2-1-17 所示。

利用【Enter】键换行,段与段之间的距离较大

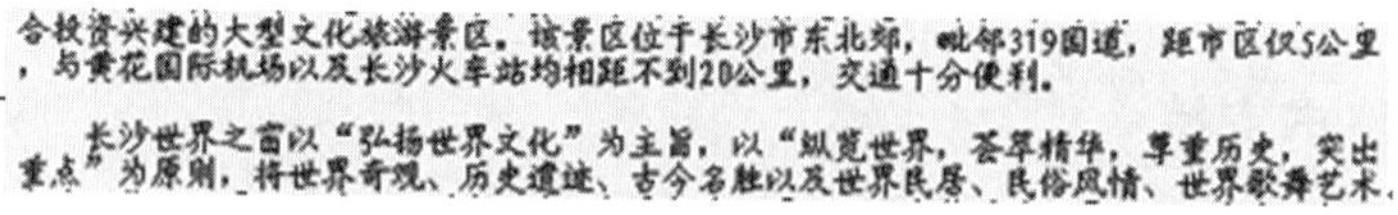

合校资兴建的大型文化旅游景区。该景区位于长沙市东北郊,毗邻319国道,距市区仅5公里,与黄花国际机场以及长沙火车站均相距不到20公里,交通十分便利。

长沙世界之窗以“弘扬世界文化”为主旨,以“纵览世界,荟萃精华,尊重历史,突出重点”为原则,将世界奇观、历史遗迹、古今名胜以及世界民居、民俗风情、世界歌舞艺术.

图 2-1-17 利用【Enter】键换行效果

(2) 输入【Shift】+【Enter】进行换行:这表示段中换行,实际上这是在网页的 HTML 代码中添加一个标签 br,并不分段,下一行内容与上一行内容属于一段。

在输入文本的过程中,我们可根据需要进行选择。

3. 从其他程序中复制文本

在制作网页的过程中,可能会有大量的文本是从其他的网页、Word 文档或其他应用程

序中复制到正在编辑的网页中来的，其复制与粘贴的方法与一般文档处理方法相同，不再赘述。

注意：如果对于复制过来的文本需要重新进行格式设置的话，建议在复制后进行粘贴时，选择“选择性粘贴”命令，然后再选择粘贴“仅文本”，而不要直接选择“粘贴”命令。

二、文本的格式设置

1. 文本一般格式的设置

文本的格式设置可以通过“属性”面板完成。选择要设置格式的文本后，“属性”面板如图 2-1-18 所示。

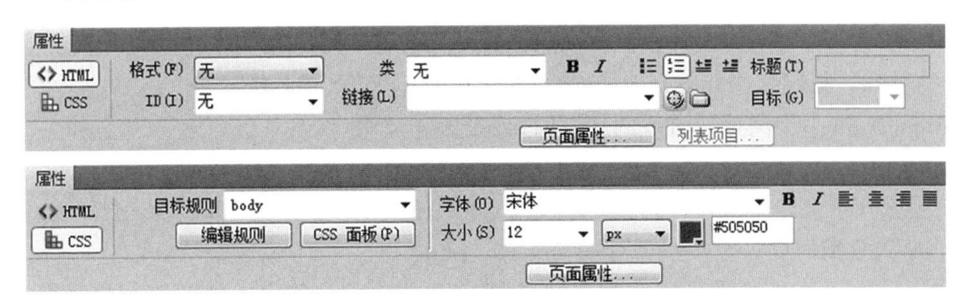

图 2-1-18　设置文字格式的“属性”面板

◉ “格式”：用来设置事先在页面属性中定义的文字标题格式。

◉ “类”：设置文字格式为在 CSS 中定义过的样式。

◉ “链接”和“目标”：设置文本作为链接源的相关设置，具体参见超级链接部分。

其他属性的操作与一般的文字处理系统中的格式设置一致，不再赘述。

对于文字格式的设置，还可以通过“格式”菜单中的相关命令来实现，如图 2-1-19 所示，具体不再详述。

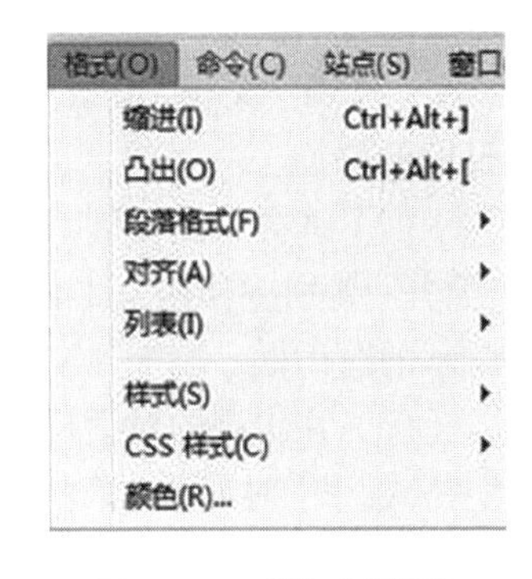

图 2-1-19　“格式”菜单

2. 文本列表格式的设置

选中要设置列表格式的文本，执行“文本”/“列表”菜单中相应的子命令，可实现列表格式的设置。

三、在网页中输入特殊内容

1. 插入水平线

水平线对于组织信息很有用。在页面上，可以使用一条或多条水平线以可视方式分隔文本和对象。

(1) 创建水平线。

在“文档”窗口中，将插入点放在要插入水平线的位置。执行下列操作之一：

◉ 执行“插入”/“HTML”/“水平线”命令。

◉ 在“插入”栏的“HTML”类别中单击“水平线”按钮。

(2) 设置水平线属性。

具体操作步骤如下:

① 在“文档”窗口中选择水平线。

② 在“属性”面板中根据需要对属性进行修改,如图 2-1-20 所示。

图 2-1-20 设置水平线属性

◉ “宽”和“高”:以像素为单位或以页面尺寸百分比的形式指定水平线的宽度和高度。

◉ “对齐”:指定水平线的对齐方式(“默认”、“左对齐”、“居中对齐”或“右对齐”)。仅当水平线的宽度小于浏览器窗口的宽度时,该设置才适用。

◉ “阴影”:指定绘制水平线时是否带阴影。取消选择此复选框,将使用纯色绘制水平线。

2. 插入日期时间

Dreamweaver CS6 提供了一个方便的日期对象,该对象使您可以以任何喜欢的格式插入当前日期(包含或不包含时间都可以),您可以选择在每次保存文件时都自动更新该日期。

要将当前日期插入文档中,可以执行以下操作步骤:

(1) 在“文档”窗口中,将插入点放在要插入日期的位置。

(2) 选择“插入”/“日期”,或在“插入”栏的“常用”类别中单击“日期”按钮,出现如图 2-1-21 所示的对话框。

(3) 在出现的对话框中选择“星期格式”、“日期格式”和“时间格式”。如果希望在每次保存文档时都更新插入的日期,请选中“储存时自动更新”复选框。如果希望日期在插入后变成纯文本并永远不自动更新,则取消选中该复选框。单击“确定”按钮,插入日期。

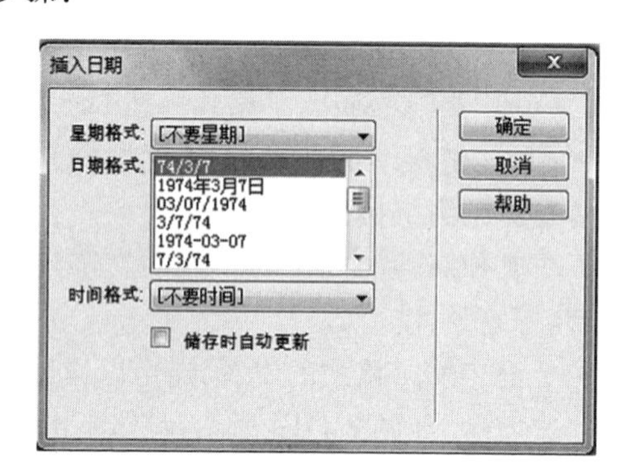

图 2-1-21 “插入日期”对话框

注意:“插入日期”对话框中显示的日期和时间不是当前日期,也不反映访问者在显示站点时所看到的时期/时间。它们只是说明此信息的显示方式的示例。

3. 插入特殊符号

在编辑网页的过程中,经常会在输入文本时输入一些键盘上无法输入的字符或一些固定的特殊符号,如版权符号、“与”符号、注册商标符号等,这些操作均可以通过插入特殊符号来实现。

若要将特殊字符插入文档中,请执行以下操作步骤:

(1) 在“文档”窗口中,将插入点放在要插入特殊字符的位置。

(2) 从“插入”/“HTML”/“特殊字符”子菜单中选择字符名称,或在“插入”栏中的“文本”类别中单击“字符”按钮,选择需要的字符。

四、图像的基本操作

1. 网页中常用图像的格式

目前在 Internet 上支持的图像格式主要有 GIF、JPEG 和 PNG 三种,其中,GIF 和 JPEG 两种格式的文件由于文件较小,比较适合在网络上传输,而且能够被大多数的浏览器所支持,所以是网页制作中常用的图像文件格式。

◉ GIF(图形交换格式)文件最多使用 256 种颜色,最适合显示色调不连续或具有大面积单一颜色的图像,如导航条、按钮、图标、徽标或其他具有统一色彩和色调的图像等。

◉ JPEG(联合图像专家组标准)文件格式是用于摄影或连续色调图像的高级格式,这是因为 JPEG 文件可以包含数百万种颜色。随着 JPEG 文件品质的提高,文件的大小和下载时间也会随之增加。通常可以通过压缩 JPEG 文件在图像品质和文件大小之间达到良好的平衡。

2. 图像的操作

(1) 插入图像。

在 Dreamweaver CS6 中,在网页中插入图像的方法主要有以下两种。

方法一:执行“插入”/“图像”命令。

① 确定插入点光标。

② 执行“插入”/“图像”命令,会出现如图 2-1-22 所示的对话框。在该对话框中选择需要插入的图像文件。其中,在“相对于”下拉列表中,可以选择图像文件是相对于正在编辑的文档还是相对于站点根目录以确定其路径。一般情况下,我们要选择相对于“文档”(默认值)。

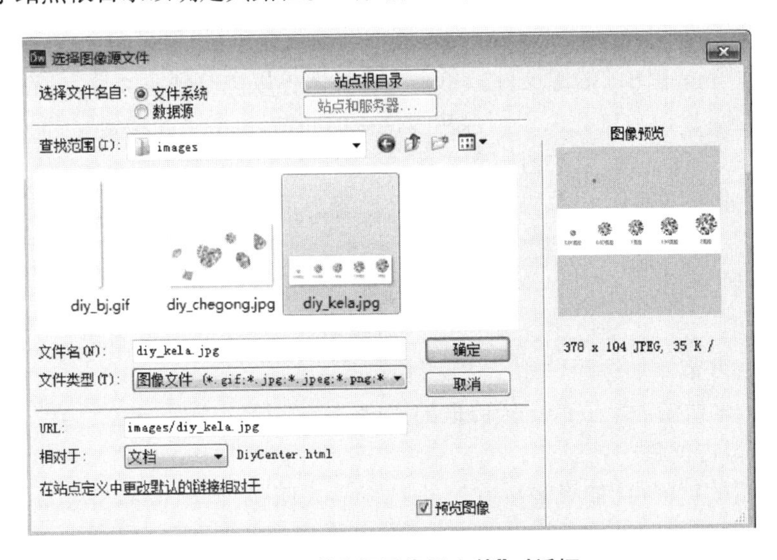

图 2-1-22 “选择图像源文件”对话框

③ 选择需要插入的文件后,单击“确定”按钮,则会出现如图 2-1-23 所示的对话框,要求设置图像标签的辅助功能,“替换文本”中输入的内容会在图像无法显示时显示在图像的位

置上。若不想出现此步骤，可通过更改“编辑”/“首选参数”/“辅助功能”中的参数设置实现。

方法二：使用“资源”面板进行图像的插入。

① 确定插入点光标。

② 将图像从“资源”面板拖到“文档”窗口中的所需位置，会出现如图 2-1-23 所示的对话框。

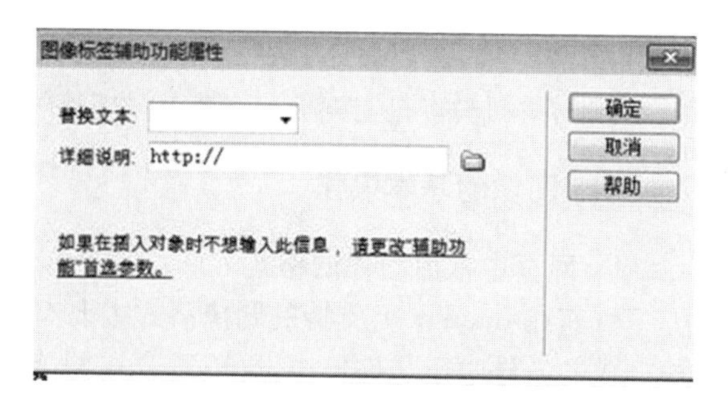

图 2-1-23 “图像标签辅助功能属性”对话框

插入图像的操作还可以通过“插入”工具栏中的“图像”命令来实现，操作方法同①，不再赘述。

（2）图像属性的设置。

选中要设置属性的图像，则“属性”面板如图 2-1-24 所示。

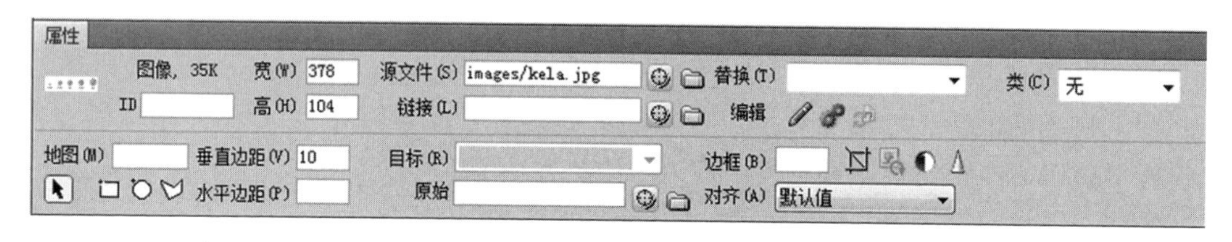

图 2-1-24 图像的“属性”面板

各属性的具体作用如下：

◉ “宽”和“高”：以像素为单位指定图像的宽度和高度。当在网页中插入图像时，Dreamweaver自动用图像的原始尺寸更新这些文本框。如果设置的“宽”和“高”的值与图像的实际宽度和高度不相符，则该图像在浏览器中被缩放显示，效果可能会变形。

◉ “源文件”：指定图像的源文件。单击文件夹图标以浏览到源文件，或者键入路径。

◉ “链接”和“目标”：这是关于图像超级链接的问题，可参考超级链接部分。

◉ “对齐”：对齐同一行上的图像和文本。

◉ “替换”：指定只显示文本的浏览器或已设置为手动下载图像的浏览器中代替图像显示的替代文本。

◉ “地图”和“热点工具”：允许标注和创建客户端图像地图。

◉ “垂直边距”和“水平边距”：沿图像的边缘添加边距（以像素为单位）。“垂直边距”沿图像的顶部和底部添加边距，“水平边距”沿图像左侧和右侧添加边距。

◉ “边框”：以像素为单位的图像边框的宽度，默认为无边框。

3. 插入图像占位符

在设计网页的过程中，如果需要在某个位置插入图像，而图像素材本身又没有制作完毕，此时我们就需要将插入图像的位置先占据下来，等图像素材制作完成后再插入该位置上，这就需要用到图像占位符。

插入图像占位符的具体操作步骤如下：

（1）确定插入点光标。

（2）执行“插入”/“图像对象”/“图像占位符”命令，会出现如图 2-1-25 所示的对话框。

（3）设置相应的“名称”、“宽度”与“高度”（应与将制作的图像素材保持一致）、“颜色”、“替换文本”（在浏览时该位置显示的文本），单击“确定”按钮，即可以插入一个图像占位符。

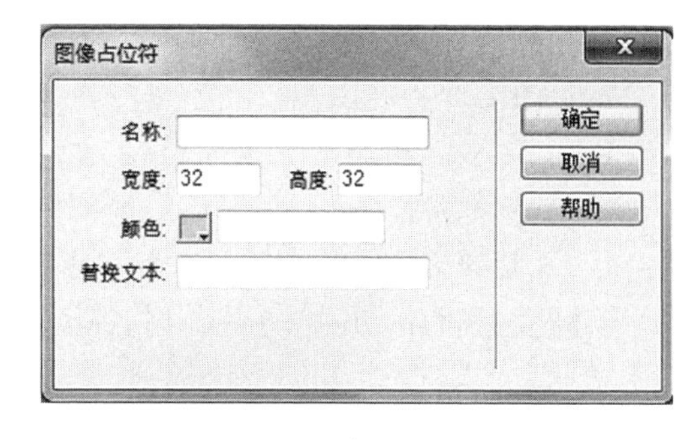

图 2-1-25 “图像占位符”对话框

4. 插入鼠标经过图像

鼠标经过图像是指浏览网页时显示的是一幅图像，当把鼠标指向该图像时显示的是另一幅图像，当鼠标离开时又显示原来的图像。

设置鼠标经过图像的具体操作步骤如下：

（1）确定插入点光标。

（2）执行“插入”/“图像对象”/“鼠标经过图像”命令，会出现如图 2-1-26 所示的对话框。

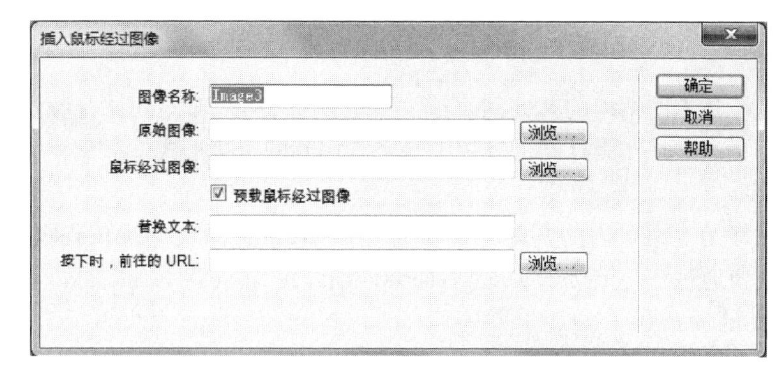

图 2-1-26 “插入鼠标经过图像”对话框

- “图像名称”用以指定该图像的名称，以后编程时可以使用。
- “原始图像”用以指定初始显示的图像。
- “鼠标经过图像”用以指定当鼠标在图像上停留时显示的图像。

五、超级链接的使用

前面已经介绍过，网站是由很多个网页和相关素材组成的，而网页之间是通过一定的组织形式相互关联的，这种组织形式就是超级链接。

1. 超级链接的相关概念

超级链接是无形的，用户可以在图片、文字和其他网页元素上创建超级链接。在浏览网页时，当鼠标指针移动到超级链接时，鼠标指针将变成手形，单击该超级链接，就可以跳转到指定的位置。

（1）源端点与目标端点。

一个超级链接有源端点和目的（目标）端点，源端点（链接源）是指在设计网页时选中的要创建链接的内容，即有超级链接的内容；而目的端点则是指在浏览时单击该超级链接后会跳转到的地方。

(2) URL。

URL是“统一资源定位器”的英文缩写,是描述网络上资源位置的一段具有约定格式的字符串,其基本格式是:

[协议名://]IP地址或域名[/路径][/文件名][:端口号]([ ]表示为可选项)

实际上,我们在访问一个网站时,在浏览器的地址栏中经常输入的地址就是一个典型的URL表示。

(3) 链接源的类型。

在设计网页的过程中,链接源端点可以是一段文字、一个图片、一幅图像中的一部分(热区)或其他的网页元素。

(4) 链接目标的类型。

在设计网页的过程中,可以使用的链接目标的类型主要有:

① 外部链接。

链接到的目标是本网站之外的其他网站中的页面或文件。例如,从搜狐网的某个网页链接到新浪网的某个页面。

② 内部链接。

链接到的目标是本网站内的其他网页或文件。例如,从搜狐网的体育频道的网页跳转到娱乐频道的网页。这是在设计网页过程中最经常用到的链接形式。

③ 页内链接。

链接到的目标是本网页内的其他某个位置。例如,从页面底部跳转到页面的最上面。这种链接方式主要通过锚记链接来实现(后面会详细介绍)。

④ 电子邮件链接。

单击电子邮件链接,会自动打开设置好的电子邮件程序(如Outlook Express),可以写邮件并发送到指定的邮箱中。

(5) 路径的表示。

在创建超级链接时,要为超级链接设置好链接的路径,即目标端点的位置,从表示上看,路径分为绝对路径、根目录相对路径和文档相对路径三种形式。

① 绝对路径。

绝对路径是指被链接目标的完整路径,一般是用URL的完整形式来表示,如“http://www.sina.com.cn”就是一个绝对路径表示。

绝对路径表示的是一个具体地址,一旦目标文件的位置被移动,该路径就会无效。在表示外部链接时必须使用绝对路径。

② 根目录相对路径。

根目录相对路径是指从站点根目录开始到达目标文件所在位置的路径,它是从站点根目录开始一层一层表示的。

在进行链接表示时,一般不使用这种形式。

③ 文档相对路径。

文档相对路径是指从当前正在编辑的文档所在的位置开始到达目标文件所在位置的路

径。在设置内部链接时,必须使用这种路径表示形式,以便网站上传到网络时也能正常访问。

2. 创建文本或图像链接

创建源端点是文本或图像的链接,步骤如下:

(1) 选中要创建链接的文本或图像。

(2) 使用“属性”面板,设置链接,如图 2-1-27 所示。

图 2-1-27 “属性”面板

“链接”:指定链接的目标。将“指向文件”图标拖到“站点”面板中的某个文件,或单击图标,浏览站点上的某个文档,或手动键入链接目标位置。

“目标”:指定链接的页应当在其中载入的框架或窗口中,该设置有以下四个选项。

- _blank:将链接的文件载入一个未命名的新浏览器窗口中。
- _parent:将链接的文件载入含有该链接的框架的父框架集或父窗口中。如果包含链接的框架不是嵌套的,则链接文件加载到整个浏览器窗口中。
- _self:将链接的文件载入该链接所在的同一框架或窗口中。此目标是默认的,所以通常不需要指定它。
- _top:将链接的文件载入整个浏览器窗口中,因而会删除所有框架。

最常用的是_blank 和_self,其他两个因为涉及框架内容,因而不太常用。

实际上,插入超级链接还可以通过执行“插入”/“超级链接”命令来实现,在选中源内容后,执行“插入”/“超级链接”命令,会出现如图 2-1-28 所示的对话框,其设置方法基本同前,不再赘述。

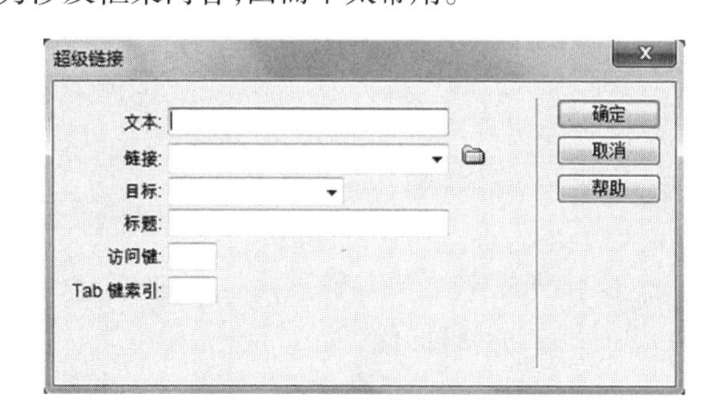

图 2-1-28 “超级链接”对话框

3. 创建电子邮件链接

设置电子邮件链接的方法同前,只是要注意在“链接”处需要输入“mailto://”加上电子邮件地址的形式,如“mailto://users@163. com”,而“目标”处通常不做设置。

4. 创建图像热区链接

上面所述的图像链接的链接源是整个一幅图像,在设计网页的过程中,我们经常会遇到需要将一幅图像分隔成多个区域,然后每个区域设置不同的链接的情况,这种情况可以通过设置图像热区(地图区域),并通过创建热区链接来实现。

创建热区链接的步骤如下:

(1) 插入图片,选中该图片,其“属性”面板如图 2-1-29 所示。

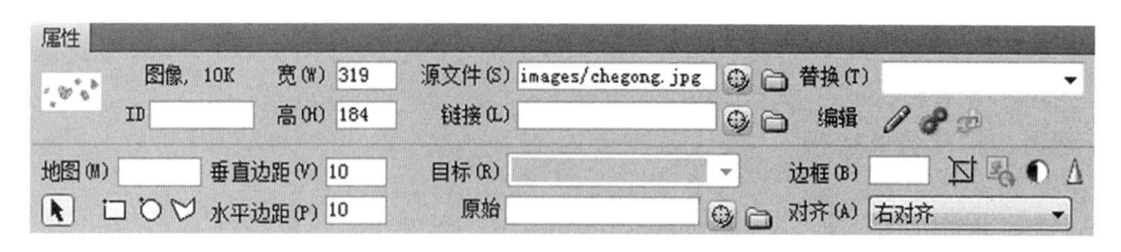

图 2-1-29　图像的“属性”面板

（2）创建热区。

“属性”面板左下角为热区工具。

◉ 选择圆形工具，并将鼠标指针拖至图像上，创建一个圆形热点。

◉ 选择矩形工具，并将鼠标指针拖至图像上，创建一个矩形热点。

◉ 选择多边形工具，在各个顶点上单击一下，定义一个不规则形状的热点。然后单击箭头工具，封闭此形状。

（3）为热区创建链接。

创建好热区后，单击某个热区，就可选中该热区，其“属性”面板如图 2-1-30 所示。

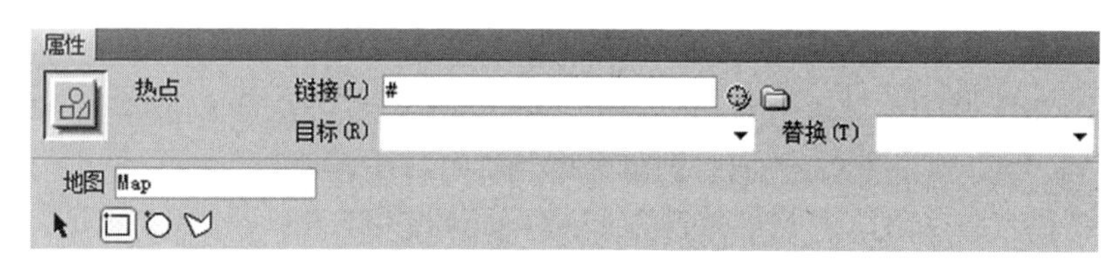

图 2-1-30　热区的“属性”面板

在该“属性”面板中就可以为选中的热区设置超级链接了。

5．创建锚点链接（网页内部链接）

锚点链接用于在一个页面较长、内容较多的网页中使用，用于在网页中的某个位置跳转到本网页的另一个位置。

创建锚点链接的具体步骤如下：

（1）插入锚点（命令锚记）。

① 将光标定位到需要插入锚点的位置（注意：这是跳转的目标开始处）。

② 执行“插入”/“命名锚记”命令，出现如图 2-1-31所示的对话框。在该对话框中输入锚记名称（建议不用汉字名称），如“mj1”。

图 2-1-31　“命名锚记”对话框

（2）选中要设置超级链接的源内容。

（3）在“属性”面板中的“链接”处输入“#”加上锚记名称。如“#mj1”（注意：在此输入的链接内容必须以#开头，否则浏览时无法解释为锚记）。

锚记链接的使用基本上遵循这样的步骤：① 在被链接的目标处先插入命名锚记，并指定锚记名称；② 设置链接源的“链接”项目为指向锚记的链接。

6．插入空链接

空链接也是一种超级链接，但是它没有目的端点，通常用于在设计网页时做测试用。

创建空链接时，要注意在“属性”面板中的“链接”项目中输入符号“#”即可。其余操作与其他链接相同，不再赘述。

7．删除链接

删除超级链接比较简单，只要选中链接源内容，然后将“属性”面板中的“链接”项目的内容删除即可。

在超级链接源内容处单击鼠标右键，在出现的快捷菜单中选择“移除链接”命令，也可以删除超级链接，如图 2-1-32 所示。

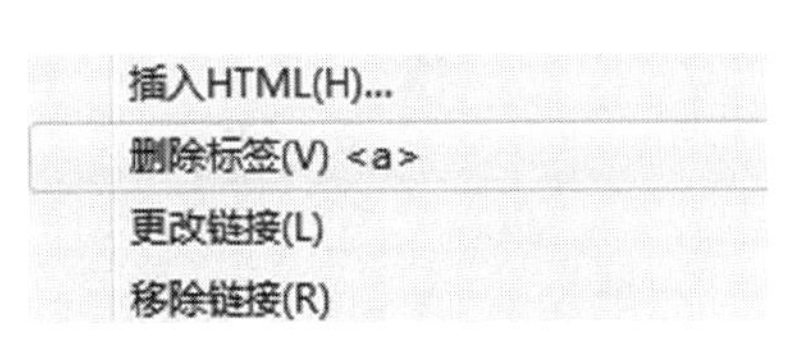

图 2-1-32　删除链接

拓展实践

利用本项目所学知识制作如图 2-1-33 所示的页面。

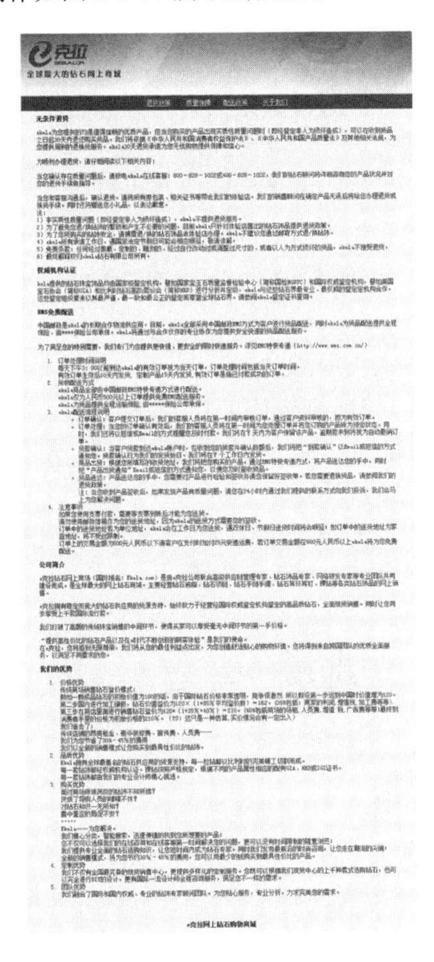

图 2-1-33　“拓展实践”效果图

参考操作如下：

（1）复制素材，定义好本地站点，设置首选参数。

（2）打开“commitment. html”，设置页面属性，设置字的大小为“12px”、文本颜色为“#505050”，标题与链接的设置分别如图 2-1-34 和图 2-1-35 所示。

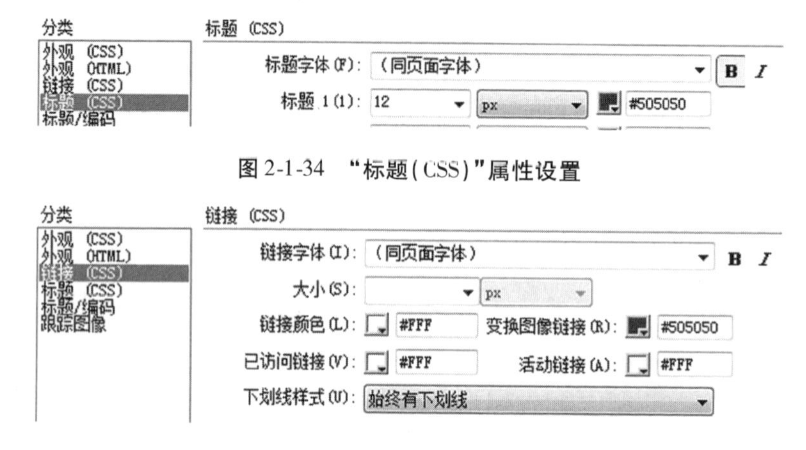

图 2-1-34 “标题（CSS）”属性设置

图 2-1-35 “链接（CSS）”属性设置

（3）在表格第一行中插入图片，设置第二行背景颜色为#AD3F26，并输入文本。

（4）设置表格 <table> 背景色，将光标定位在表格内部，选中页面下方的 <table> 标签，在右侧的“标签检查器”面板中设置“bgcolor”属性值为“#FDF3F2”，如图 2-1-36 所示。

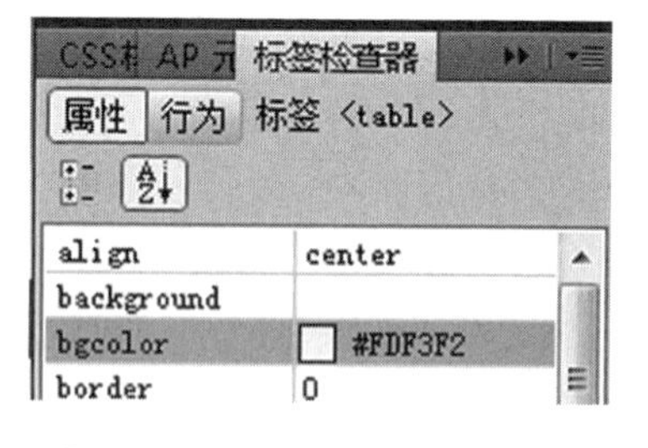

图 2-1-36 设置“标签检查器”中的“bgcolor”

（5）在第三行中间单元格中输入文本。

（6）设置“无条件退货”“权威机构认证”“EMS 免费配送”“公司简介”“我们的优势”为“标题 1”格式。

（7）设置项目列表及编号列表格式。

（8）分别在“无条件退货”“权威机构认证”“EMS 免费配送”“公司简介”标题行前插入命名锚记，设置第二行单元格中文本的锚点连接。

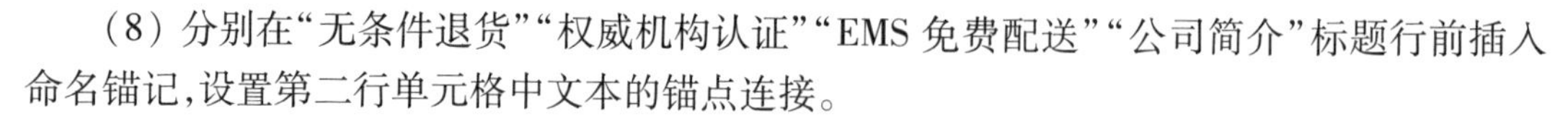

任务二 制作“钻石课堂”表格页面

效果展示

本任务主要利用表格作为布局工具来制作一个钻石课堂页面，并通过该网页的制作学会表格的基本操作方法以及利用表格对文本、图像等网页元素进行定位。制作完成后的网页效果如图 2-2-1 所示。

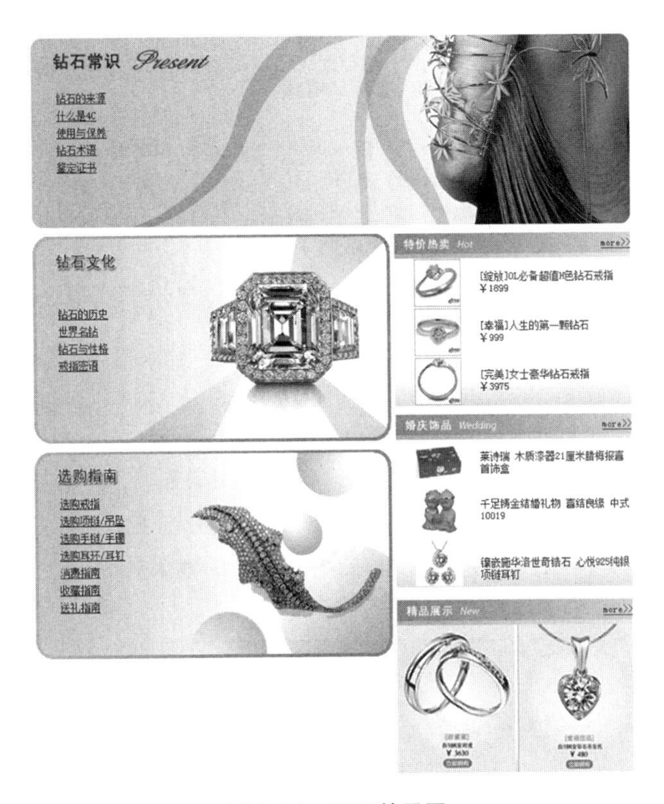

图 2-2-1　网页效果图

操作引导

（1）定义站点，将素材复制到站点根目录“D:\ekela”下，然后在站点中新建页面“DiamondLesson.html”，设置页面属性，如图 2-2-2 和图 2-2-3 所示，设置“标题/编码”分类中“标题”为“e 克拉钻石”。

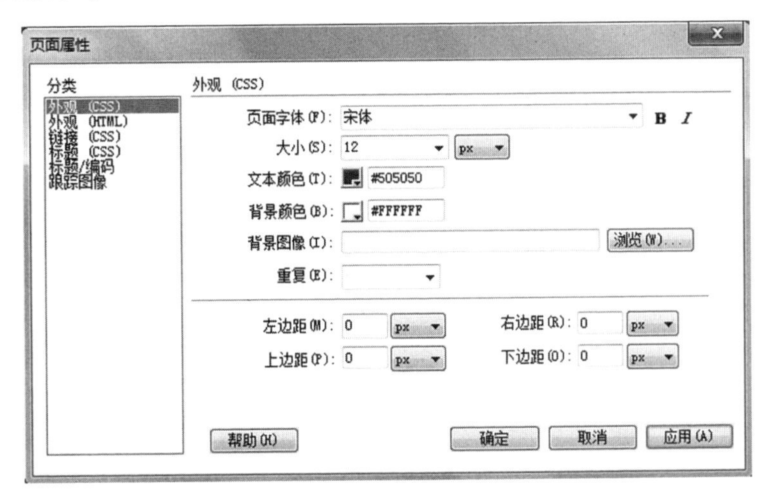

图 2-2-2　“外观(CSS)”属性设置

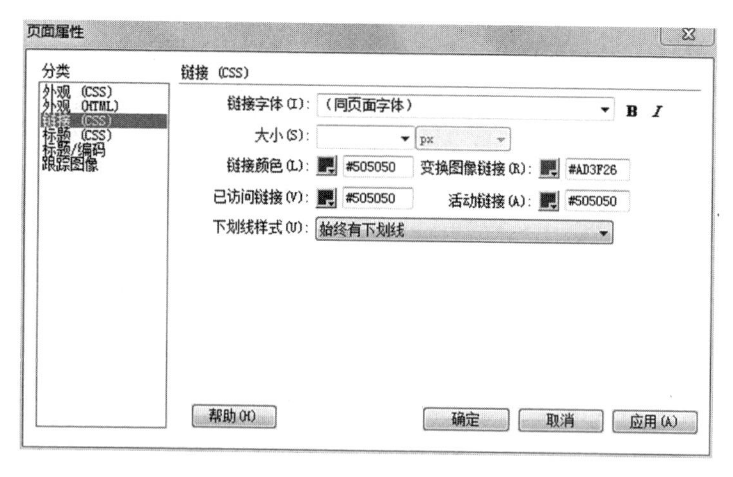

图 2-2-3 **“链接(CSS)”属性设置**

(2) 执行“插入”/“表格”命令,在文档中插入表格(1 行 1 列,宽 716 像素,其他参数均为 0),如图 2-2-4 所示,单击“确定”按钮。插入表格后的效果如图 2-2-5 所示,设置表格“对齐”属性为“居中对齐”,如图 2-2-6 所示。

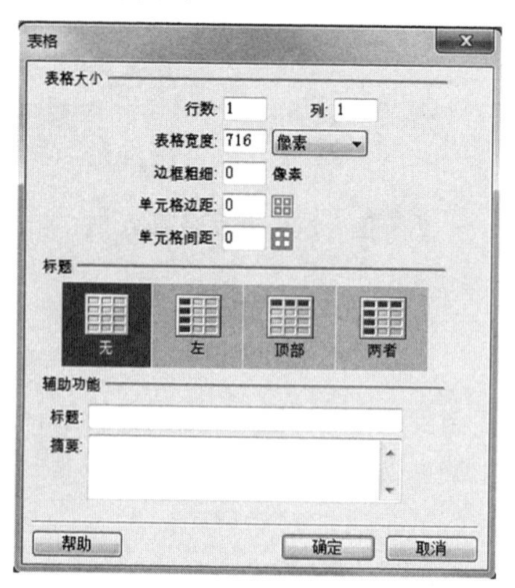

图 2-2-4 **“表格”对话框**

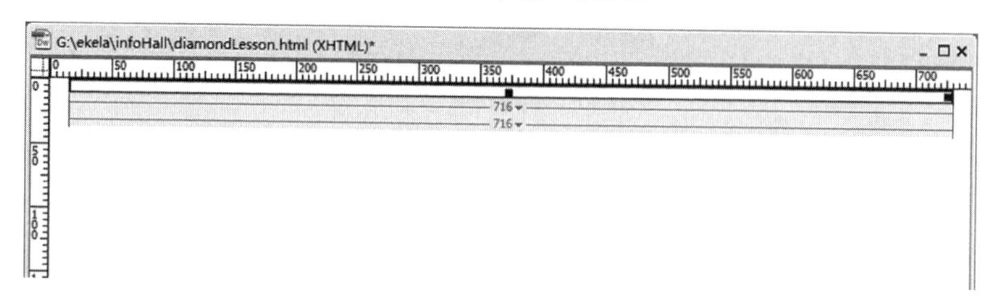

图 2-2-5 **插入表格后的效果**

图 2-2-6 **表格属性面板**

说明:还可以选择打开“窗口”/“插入”面板,在“常用”分类中选择 表格 来插入表格。

(3) 将光标定位到单元格中,在“属性”面板中设置单元格“高”为 220 像素,如图 2-2-7 所示,这是根据其背景图像的尺寸设定的。然后设置单元格的背景图像为“images/classroom_01. gif”,设置完成后如图 2-2-8 所示。可通过以下方法设置表格或者单元格的背景图像。

① 将光标置于单元格中,在右侧“标签检查器”/“属性”面板中选择“浏览器特定的”,将“background”参数值设为“images/classroom_01. gif”,可以通过“指向文件”按钮 ,将之拖曳到站点中相应图像处,如图 2-2-9 所示;或选择“文件夹”按钮 来选择图像,如图 2-2-10 所示。

图 2-2-7 “单元格”属性

图 2-2-8 设置单元格“背景图像”

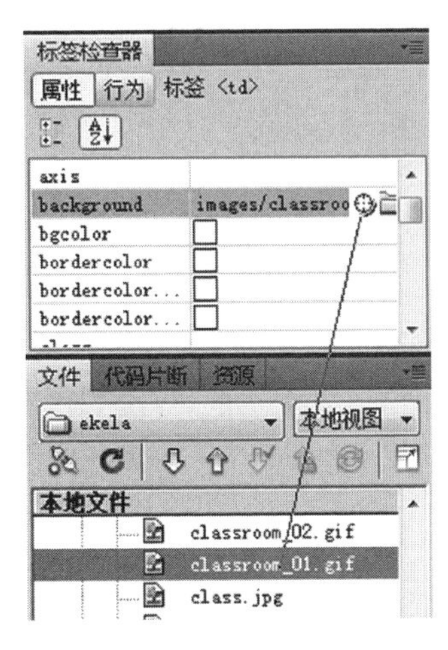

图 2-2-9 “标签检查器”面板中的“background”属性

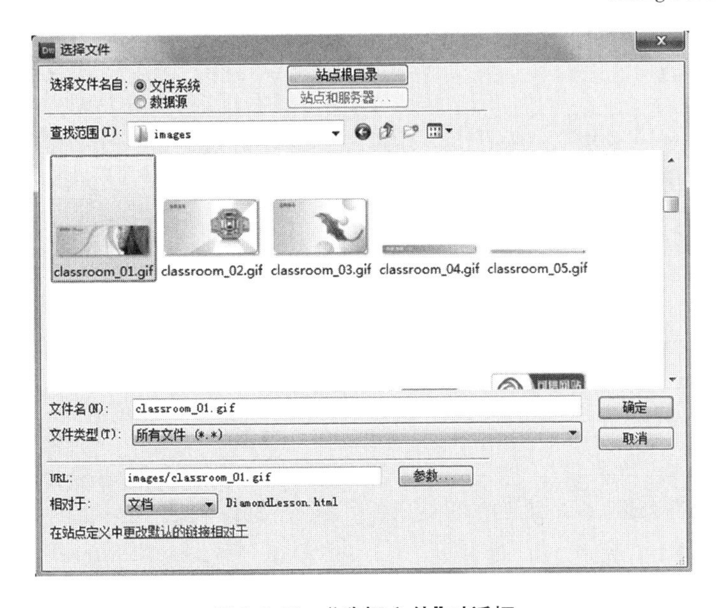

图 2-2-10 “选择文件”对话框

② 右击单元格，在弹出的快捷菜单中选择“编辑标签”命令，如图 2-2-11 所示；打开“标签编辑器 - td”对话框，设置“背景图像”，如图 2-2-12 所示。

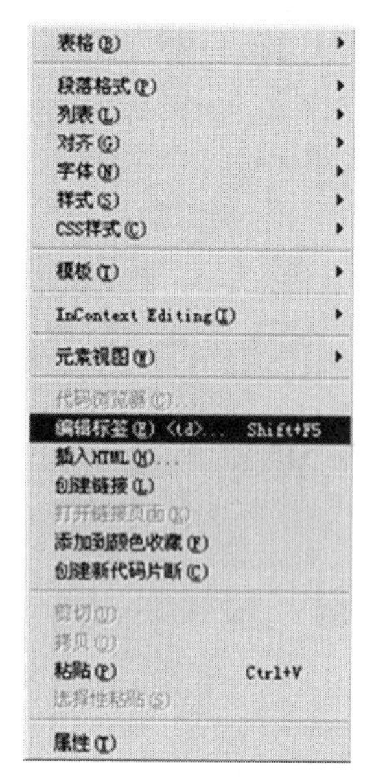

图 2-2-11 **“编辑标签”命令**

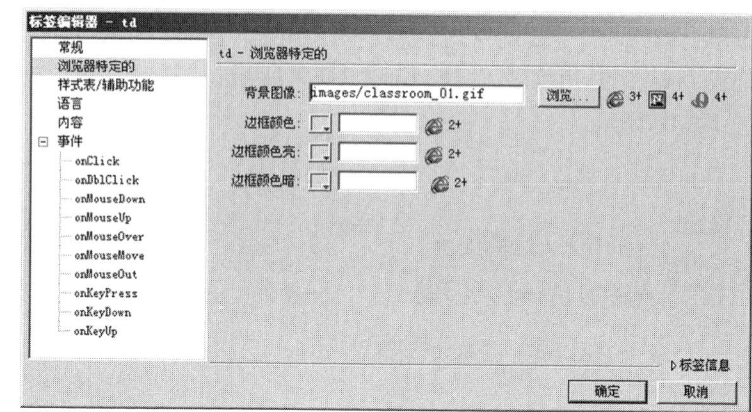

图 2-2-12 **“标签编辑器 - td”对话框**

（4）将光标定位到该单元格中，选择“插入”/“常用”面板中的▦按钮，在该单元格中继续插入一个表格(5 行 2 列，宽 100 像素，其他参数均为 0)。设置左列“宽”30 像素，“高”20 像素，通过下列方法选定左列，然后在“属性”面板中设置宽度和高度。

① 将光标置于左列顶部，当光标形状变为黑色箭头时，单击鼠标选定该列，如图 2-2-13 所示。

② 按住鼠标左键从顶部单元格向下拖曳，选定左列，然后在“属性”面板中设置宽度和高度，如图 2-2-14 所示。

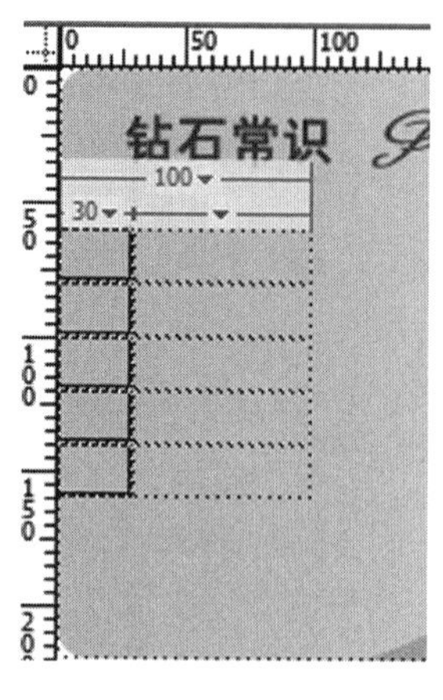

图 2-2-13 **选定左列**

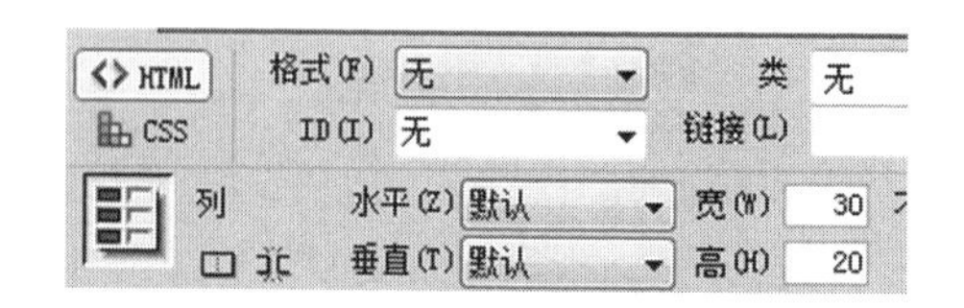

图 2-2-14 **选中列后的“属性”设置**

（5）在右列中输入文本，并为每段文本添加空链接，即在“链接”属性值中输入“#”，如

图 2-2-15 所示。

图 2-2-15　为文本添加空链接

(6) 选中最外层表格,可通过以下方法选中。

① 将鼠标移至表格的任意一条边框线,当鼠标变为上下或左右箭头时单击鼠标左键,则选中该边框线所在的表格,此时表格以黑色粗边框显示,并出现控制点,如图 2-2-16 所示。

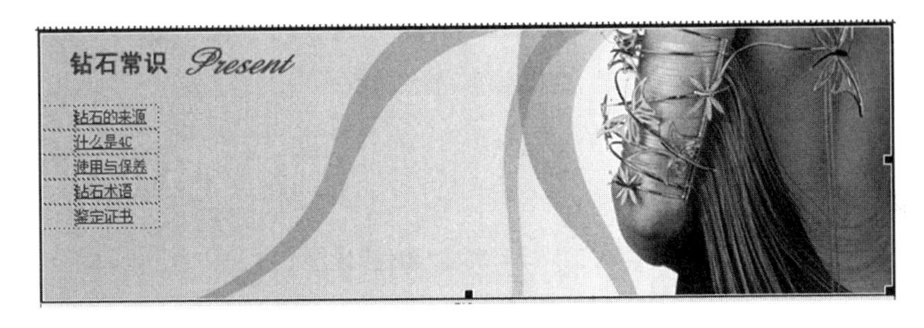

图 2-2-16　选中表格

② 将鼠标定位到该表格中的任意位置,选择窗口下方 body 右侧最近的 table 标签,则选中了该表格,如图 2-2-17 所示。

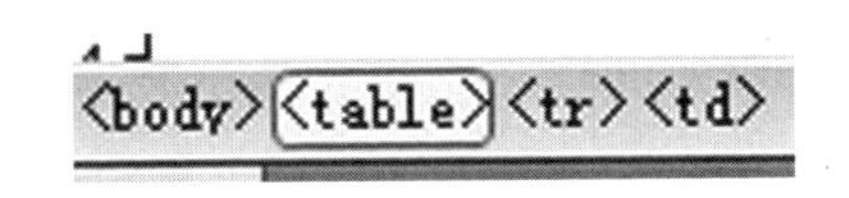

图 2-2-17　选中 table 标签

(7) 然后在页面中继续插入一个表格(1 行 1 列,宽 716 像素,其他参数均为 0),设置表格居中对齐,如图 2-2-18 所示。插入表格后的效果如图 2-2-19 所示。

图 2-2-18　表格"属性"设置

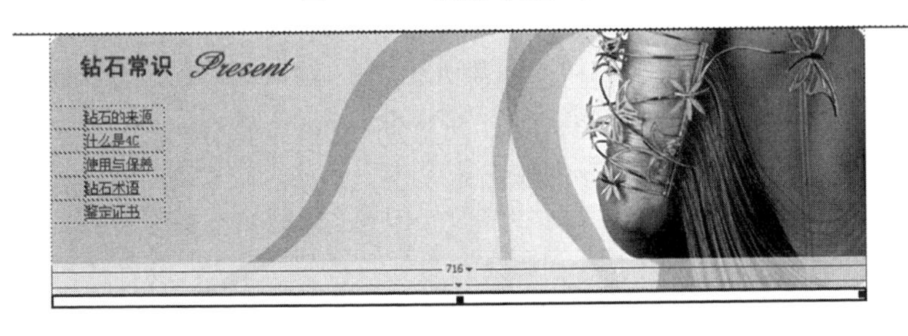

图 2-2-19　插入表格后的效果

说明:此时插入的表格在原表格下方,该表格在页面中起到分隔作用。

（8）将光标置于该表格中，在“属性”面板中设置“高”为 10 像素，然后单击 拆分 按钮，打开“代码”视图，在“代码”视图中确定光标所在位置后，删除该单元格中的不换行空格字符“ ；”，如图 2-2-20 所示。

图 2-2-20 删除不换行空格字符

（9）返回“设计”视图，继续在表格下方插入一个表格（1 行 2 列，宽 716 像素，其他参数均为 0），设置表格“对齐”为“居中对齐”，如图 2-2-21、图 2-2-22 所示。

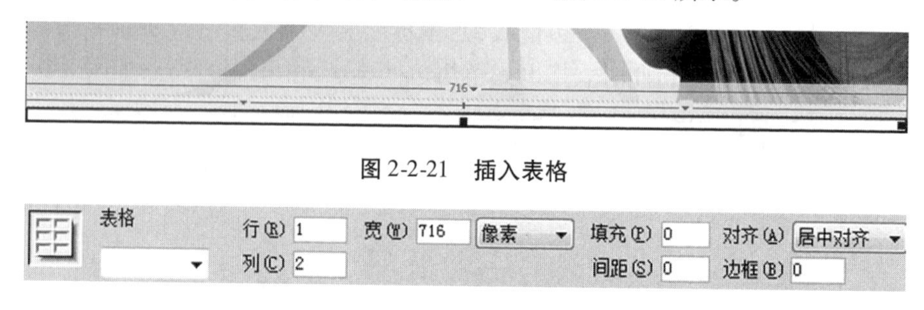

图 2-2-21 插入表格

图 2-2-22 表格“属性”设置

（10）将光标置于左列单元格中，在“属性”面板中设置“垂直”为“顶端”，“宽”为“428”像素，这是根据背景图像的尺寸设置的，如图 2-2-23 所示。然后在其中嵌套插入一个表格（3 行 1 列，宽 100%，其他参数均为 0），如图 2-2-24 所示。插入表格后的效果如图 2-2-25 所示。

图 2-2-23 单元格“属性”设置

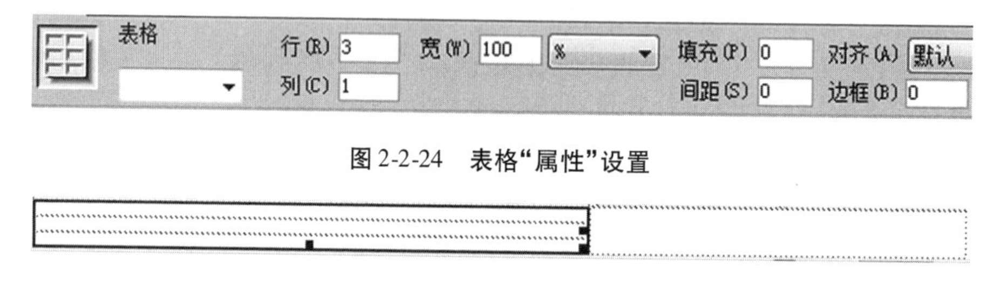

图 2-2-24 表格“属性”设置

图 2-2-25 插入表格后的效果

（11）设置嵌入表格的第 1 行和第 3 行单元格“高”为 240 像素，这是根据其背景图像的尺寸设定的，然后分别设置这两个单元格的“background”为“images/classroom_02. gif”和“images/classroom_03. gif”，如图 2-2-26 所示。

（12）设置嵌入表格的第 2 行单元格“高”为 10 像素，删除空格字符，起到分隔作用。

（13）根据效果图，分别在第 1 行和第 3 行单元格中插入表格，设置链接文本。

（14）将光标定位于外层表格的右列单元格，设置单元格“垂直”为“顶端”，然后插入嵌套表格（5 行 1 列，宽 283 像素，其他参数均为 0），如图 2-2-27 所示，其中表格的宽度是根据其背景图像的尺寸设定的。设置表格“对齐”属性为“右对齐”，如图 2-2-28 所示。

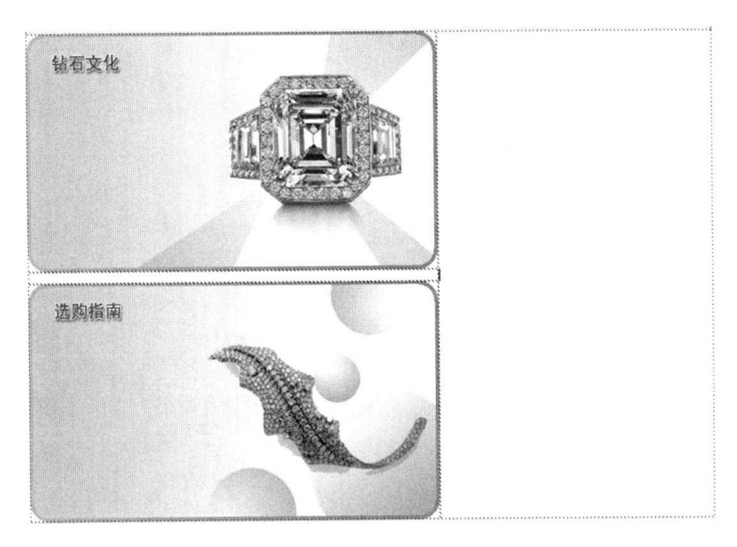

图 2-2-26 设置单元格“背景图像”

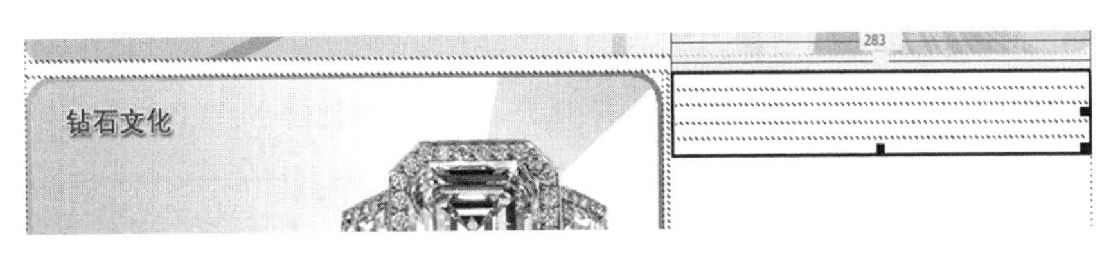

图 2-2-27 插入表格

图 2-2-28 表格“属性”设置

(15) 在嵌入表格的第 1 行中插入表格(2 行 1 列,宽 100%,其他参数均为 0),设置第 1 行单元格“高”为 24 像素,“background”为“images/classroom_04. gif”,设置单元格“水平”为“右对齐”,输入文本“more >>”,并为该文本添加空链接“#”。表格设置后的效果如图 2-2-29 所示。

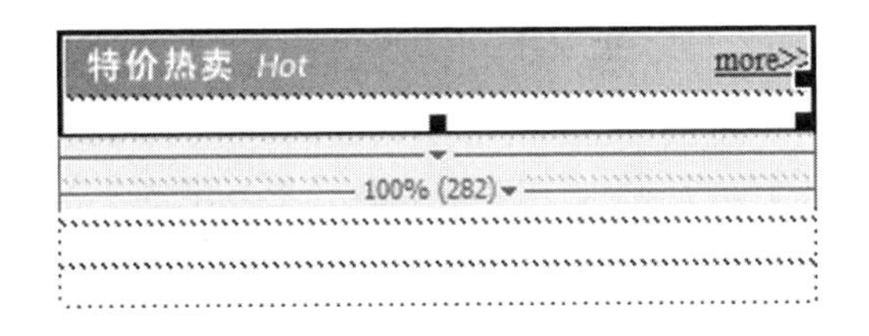

图 2-2-29 表格设置效果

(16) 继续在该表格的第 2 行中插入表格(3 行 2 列,宽 100%,其他参数均为 0),设置表格“高”为 171 像素,这也是根据其背景图像的尺寸设定的。可通过以下方法设置表格的高度。

① 选中表格,在“标签检查器”/“属性”面板中选择“浏览器特定的”,将“height”属性值设为“171”,如图 2-2-30 所示。

② 选中表格,单击鼠标右键,在弹出的快捷菜单中选择“编辑标签”命令,如图 2-2-31 所示,打开“标签编辑器-table”对话框,在“浏览器特定的”中设置“高度”为“171”,如图 2-2-32 所示。

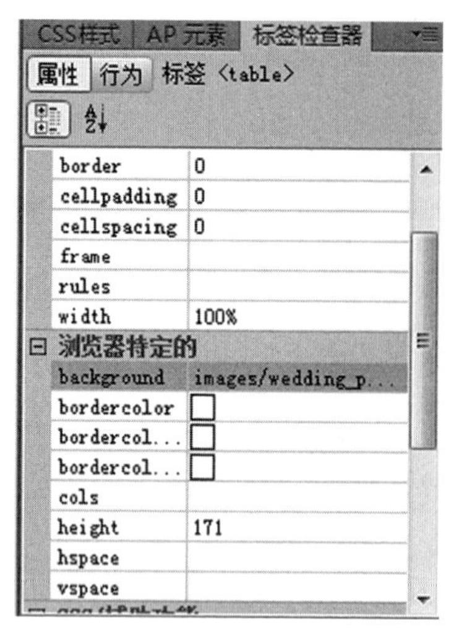

图 2-2-30 “标签检查器”面板

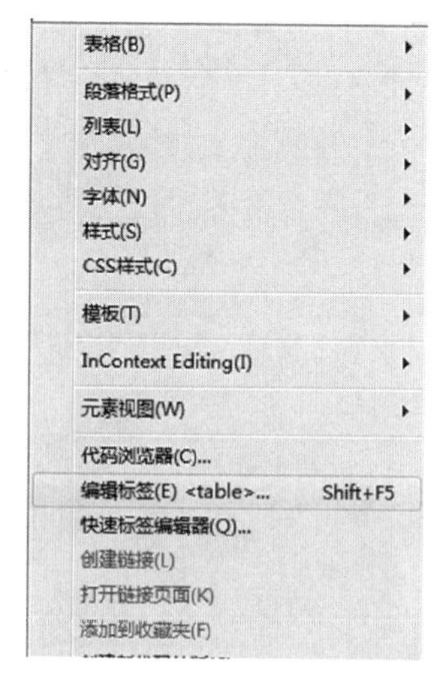

图 2-2-31 “编辑标签”命令

（17）同时，设置表格的“background”为“images/wedding_product_bg. gif”。

（18）在表格的相应单元格中插入文本和图片，制作效果如图 2-2-33 所示。

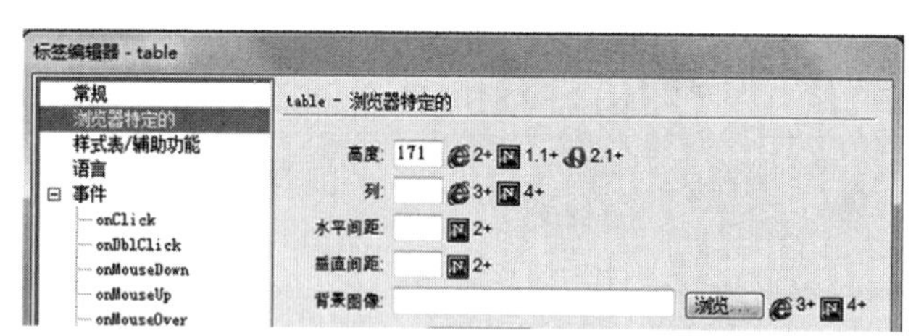

图 2-2-32 “标签编辑器-table”对话框

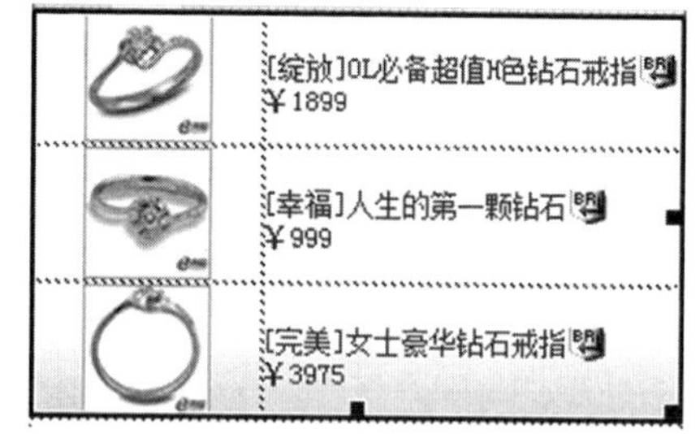

图 2-2-33 “特价热卖”区域完成效果

（19）同理，外层表格的第 3、第 5 行的“婚庆饰品”和“精品展示”区域可仿照同样的操作方法完成，制作完成后的效果参考图 2-2-1。

技术支持

一、表格

表格是常用的页面元素，制作页面经常要借助表格进行排版。在网页布局方面，表格起着举足轻重的作用，通过设置表格及单元格的属性，可对页面中的元素进行准确定位。表格既能有序地排列数据，又能对页面进行更加合理的布局。灵活地使用表格的背景、框线等属性，可以得到更加美观的效果。

1. 表格的组成元素

（1）设置表格属性。

表格的“属性”面板如图 2-2-34 所示。

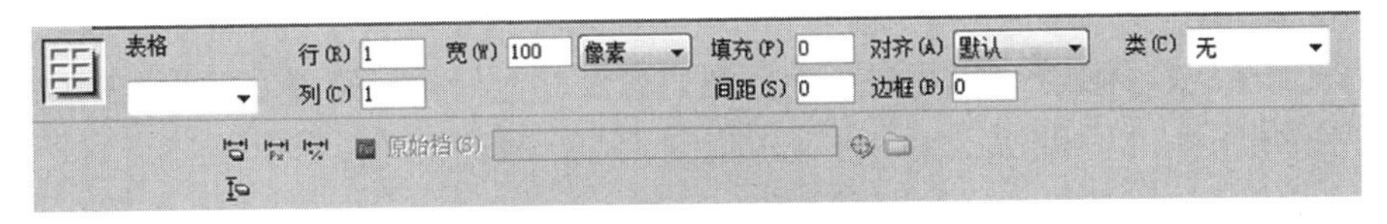

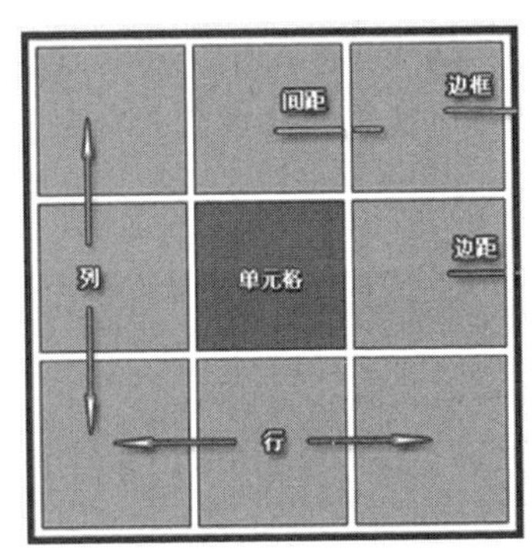

图 2-2-34　表格的“属性”面板与显示效果

◉“表格”:用于标志表格。

◉“行”和“列”:用于设置表格中行和列的数目。

◉“宽”:用于设置表格的宽度。

◉“填充”:用于设置单元格边距,即单元格内容和单元格边框之间的像素数。对于大多数浏览器来说,此选项的值设为 1。如果用表格进行页面布局时将此参数设置为 0,浏览页面时单元格边框与内容之间没有间距。

◉“间距”:用于设置单元格间距,即相邻的单元格之间的像素数。

◉“边框”:用来设置表格边框的宽度,单位是像素。

◉ 和 :用来删除表格中的所有明确指定的列宽或者行高,表格中的单元格可以根据内容自动调整适合其显示的宽度和高度。

◉ :用来将表格的所有宽度的单位由“百分比”转换为“像素”。

◉ :用来将表格的所有宽度的单位由“像素”转换为“百分比”。

(2) 设置单元格的属性。

通过“属性”面板,可以单独设置某一个单元格的属性。将光标置于单元格中并单击,即可打开单元格的“属性”面板,如图 2-2-35 所示。

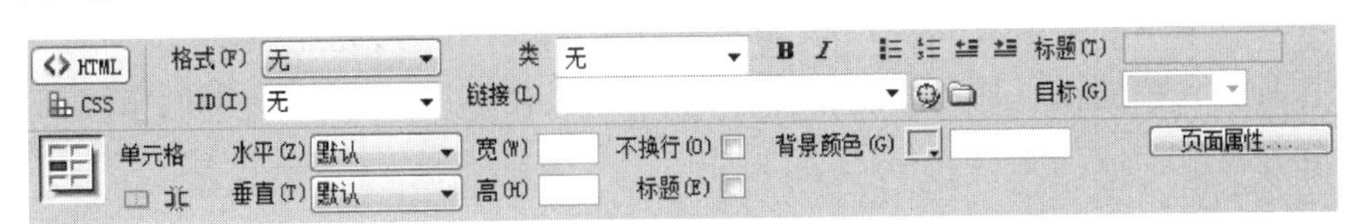

图 2-2-35　单元格的“属性”面板

◉“水平”:设置单元格中内容的水平对齐方式,有“默认”“左对齐”“居中对齐”“右对齐”四种方式。

◉“垂直”:设置单元格中内容的垂直对齐方式,有“默认”“顶端”“居中”“底部”“基线”五种对齐方式。

◉ “宽”和“高”:设置单元格的宽度和高度。如果要指定百分比,则需要在输入数值后面选择“%”符号;如果要让浏览器根据单元格内容及其他列和行的高度和宽度确定适当的宽度和高度,则应将“宽”和“高”文本框保留为空,不输入指定数值。

◉ “背景颜色”:设置单元格的背景颜色。

◉ “不换行”:选中该复选框,则禁止单元格中文字自动换行。

◉ “标题”:选中该复选框,则将所在单元格设置为标题单元格。默认情况下,标题单元格中的内容被设置为粗体并居中显示。

◉ :将所选单元格合并为一个单元格。

◉ :将所选的一个单元格拆分为多个单元格,一次只能拆分一个单元格。

(3) 设置行、列属性。

通过“属性”面板,也可以设置某一行或某一列中所有单元格的属性。先选中一行或一列,然后在“属性”面板中设置对应行或列中所有单元格的属性,设置方法及参数含义与设置单元格属性相似。

(4) 调整表格的大小。

◉ 改变表格大小。选中表格,此时表格带有粗黑的外边框,标签检查器中的 table 标签被选中,并出现如图 2-2-36 所示的控制柄。拖动控制柄,可以调整表格的大小。或者选中表格后,通过在“属性”面板上的“宽”文本框中直接输入数值。

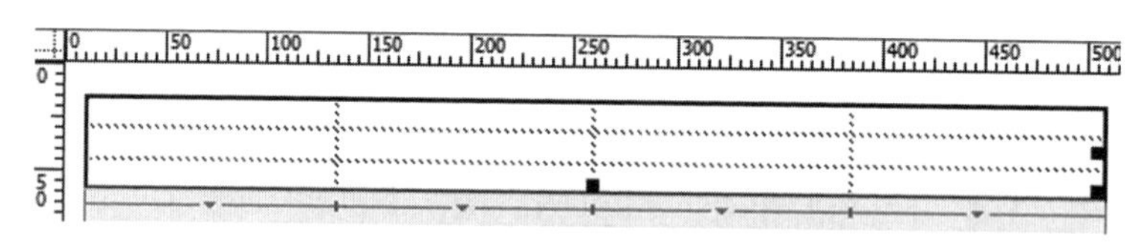

图 2-2-36 选中表格后出现的控制柄

◉ 改变行高或列宽。拖动行和列的边框,可以调整其大小。如果要保持其他的行或列不受影响,则应该按住【Shift】键后再进行拖动即可。还可以使用“属性”面板指定行或列的宽度。

(5) 调整表格的结构。

◉ 插入“行”或“列”。在要插入行或列的单元格中右击,在弹出的快捷菜单中依次单击“表格”/“插入行”(或“插入列”),完成操作。

◉ 删除“行”或“列”。如果要删除行或列,则只需要先选中要删除的行或列,然后右击,在弹出的快捷菜单中依次单击“表格”/“删除行”(或“删除列”),完成操作。

◉ 合并和拆分单元格。选择要进行操作的单元格,使用“属性”面板中的 和 进行合并和拆分即可。

2. 表格的应用

利用表格可布局网页中的文字、图像等页面元素。一般情况下,整个网页的排版都要借助表格实现。只有使用表格,才能方便地实现一些网页布局,并把页面元素放置在网页中的合适位置。

3. 表格的应用技巧

(1) 使用表格还是使用单元格。

在网页中使用表格,特别是嵌套表格,其代价是降低页面的下载速度,因此一般情况下不使用嵌套表格,而是使用单元格来代替表格。但这需要综合考虑,单元格之间有一个配合问题,修改一个单元格的属性,很可能会牵扯到其他的单元格,所以,为了避免这种情况,有时宁愿使用嵌套表格。

(2) 使用百分比还是使用像素。

在定义表格宽度的时候,总要遇到度量单位的选择问题,像素与百分比哪一个更好呢?这就要看情况来定。一般地,网页最外层表格,通常用像素作为度量单位,否则,表格的宽度会随着浏览器的大小而变化,如果没有设计页面的样式配合,则网页上的内容将会面目全非。如果是嵌套表格,则百分比和像素都可以。

(3) 使用一个大表格还是使用多个横向表格。

一般地,布局页面时如果用一个大表格套住网页中所有的内容,根据浏览器的显示原理,只有把整个表格中的内容下载完毕后才能显示整个表格,这样,这个网页的显示过程就是:页面空白→长时间等待→网页突然全部出现。若想避免这种情况,布局版面时可使用多个横向表格,这样可以做到下载一层,就马上显示一层,免去浏览者等待之苦。

拓展实践

请利用所学知识完成"婚庆钻饰"页面的制作,效果如图 2-2-37 所示。

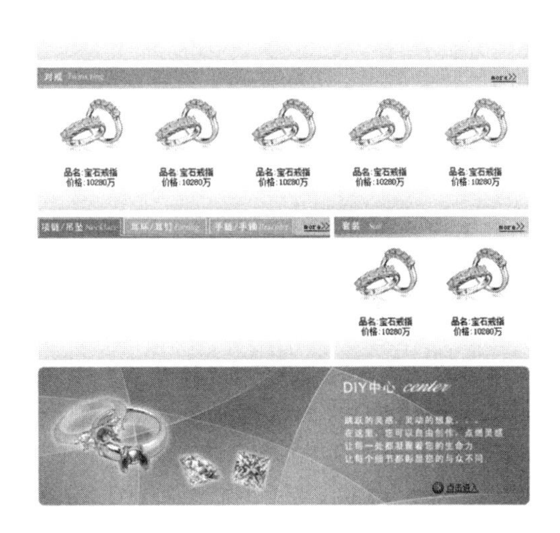

图 2-2-37 "婚庆钻饰"页面效果图

制作过程提示:

(1) 新建页面“MarryProducts. html”,页面属性设置同前。

(2) 插入表格(7 行 1 列,宽 716 像素,其他参数均为 0),设置表格居中对齐。

(3) 将第 2、4、6 行单元格“高”设为 10 像素,删除空格字符。

(4) 在第 1 行中插入表格(1 行 3 列,宽 100%)。

(5) 第 3 行中插入表格(2 行 5 列,宽 100%)。

(6) 第 5 行中插入表格(2 行 5 列,宽 100%)。

(7) 设置第 7 行单元格“高”为 194 像素,设置“background”为“images/wedding_diy.gif”。

项目三 CSS 样式

知识目标

- 理解 CSS 样式表的作用,掌握 CSS 的基本语法。
- 学会在 HTML 中使用 CSS 的方法。
- 掌握 CSS 选择器的使用和 CSS 常用属性的设置方法。

任务一　使用 CSS 样式美化“DIY 中心”页面

效果展示

利用 CSS 样式可定义网页中的所有对象。下面利用 CSS 样式美化“DIY 中心”的网页页面(图 3-1-1)。

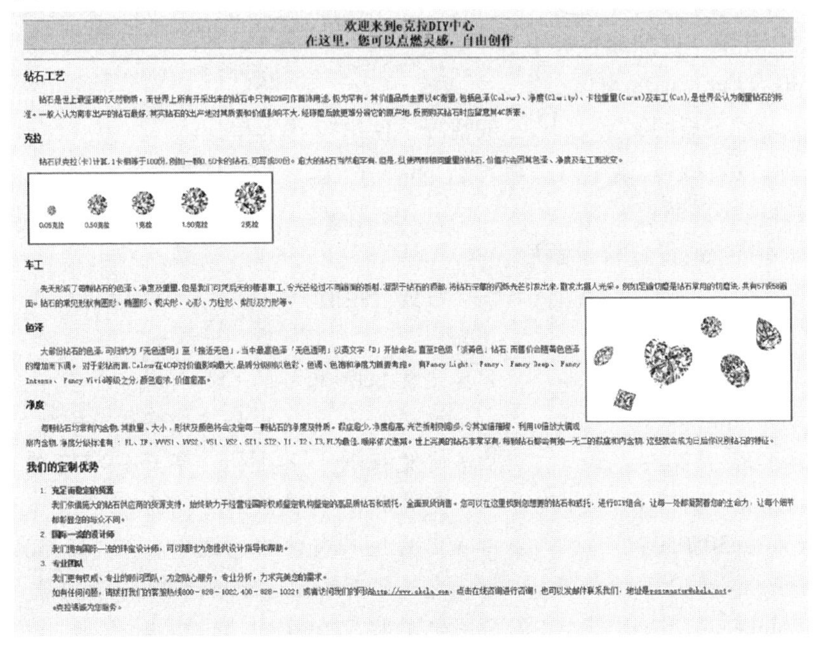

图 3-1-1　网页效果图

操作引导

（1）在 Dreamweaver 中打开“DiyCenter-css. html”文件，新建外部样式表文件“css1. css”，打开“链接外部样式表”对话框，单击“浏览”，选中“css1. css”文件，单击“确定”按钮，将 CSS 样式表链接入“DiyCenter-css. html”页面中，如图 3-1-2 所示。

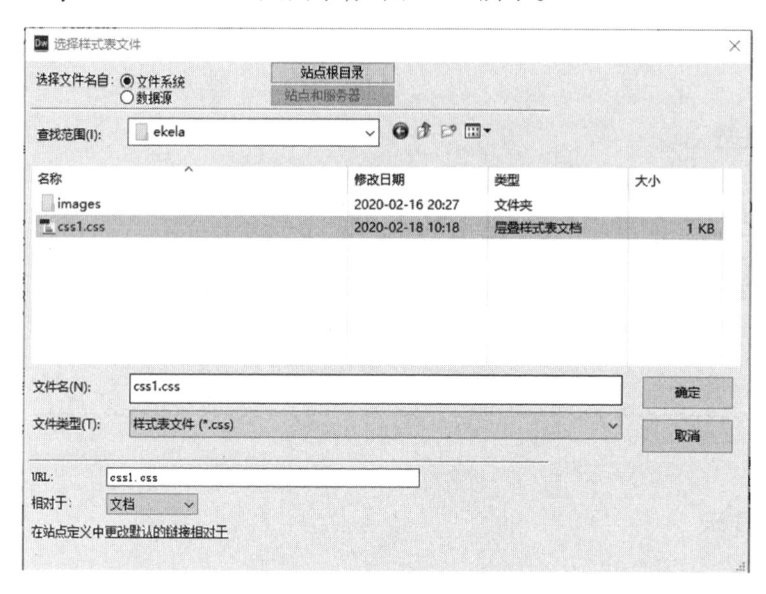

图 3-1-2　插入样式表文件

（2）在“css1. css”文件中定义 body 标签的样式，设置整个页面的背景效果、文字效果、行间距的样式，其中主要的属性如下。

font-family：设置页面的字体。

font-size：设置页眉的文字大小，一般情况下使用“px”为单位。

line-height：设置行高，这个值必须大于 font-size，文字才能完整显示。

color：设置文字的颜色。

background-image：设置背景图片。

margin：边距值，可分别设置上、下、左、右页边距值。

CSS 样式的代码如下：

```
body {                          /* 定义 body 标签的 CSS 样式 */
   font-family:宋体;             /* 定义 body 标签中的文字字体为宋体 */
   font-size:12px;              /* 定义 body 标签中的文字大小为 12 像素 */
   line-height:22px;            /* 定义 body 标签中的行高为 22 像素 */
   color:#505050;               /* 定义 body 标签中的文字颜色为#505050 */
   margin-left:20px;            /* 定义网页的左边距值为 20 像素 */
   margin-top:0px;              /* 定义网页的上边距值为 0 */
   margin-right:20px;           /* 定义网页的右边距值为 20 像素 */
```

```
    margin-bottom:0px;          /* 定义网页的下边距值为 0 */
    background-image:url(images/diy_bj.gif);
                                /* 定义当前网页的背景图是 diy_bj.gif */
}
```

body 样式设置后的效果对比如图 3-1-3 所示。

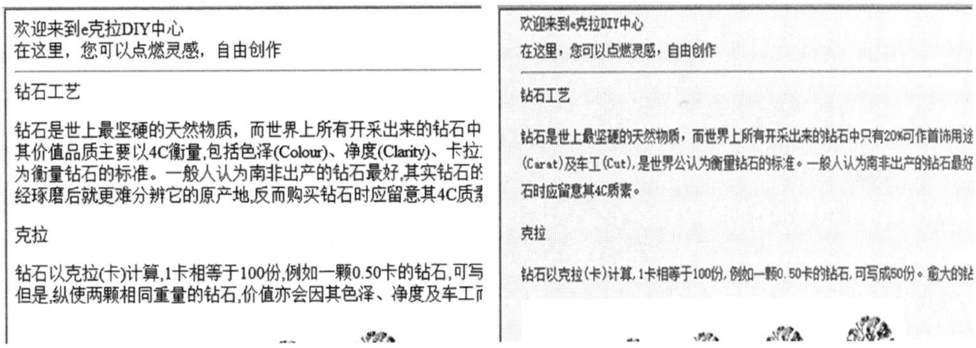

图 3-1-3　body 样式效果

（3）在“css1.css”文件中定义 p 标签的样式，设置段落的文本缩进，CSS 样式的代码如下：

```
p{
    text-indent:2em;            /* 段落文本缩进 2 字高 */
}
```

页面预览效果如图 3-1-4 所示。

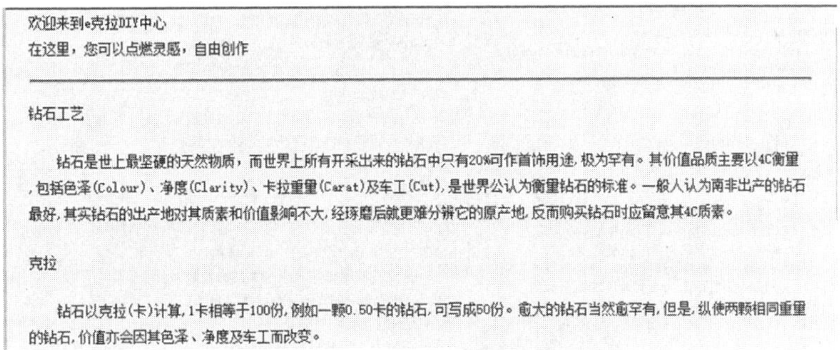

图 3-1-4　p 样式效果

（4）在“css1.css”文件中分别定义 h1、h2 和 h3 标签的样式，设置三种标题的文字大小、颜色、样式等属性。CSS 样式的代码如下：

```
h1{                             /* 设置 h1 标签样式 */
    font-size:20px;             /* 设置 h1 的文字大小为 20 像素 */
    color:#000;                 /* 设置 h1 的文字颜色为黑色 */
    background-color:#0F0;      /* 设置背景色为#0F0 */
    font-weight:bold;           /* 设置 h1 的文字为粗体 */
```

```
    text-align:center;          /*设置 h1 的文字对齐方式为居中对齐*/
}
h2 {                            /*设置 h2 标签样式*/
    font-size:16px;             /*设置 h2 的文字大小为 16 像素*/
    color:#000;                 /*设置 h2 的文字颜色为黑色*/
    font-weight:bold;           /*设置 h2 的文字为粗体*/
}
h3 {                            /*设置 h3 标签样式*/
    font-size:14px;             /*设置 h3 的文字大小为 14 像素*/
    color:#000;                 /*设置 h3 的文字颜色为黑色*/
    font-weight:bold;           /*设置 h3 的文字为粗体*/
}
```

将页面标题文字设为“h1”格式,如图 3-1-5 所示。将“钻石工艺”和“我们的定制优势”设置为“h2”格式,“克拉”“车工”“色泽”“净度”设置为“h3”格式。设置标题后,页面预览效果如图 3-1-6 所示。

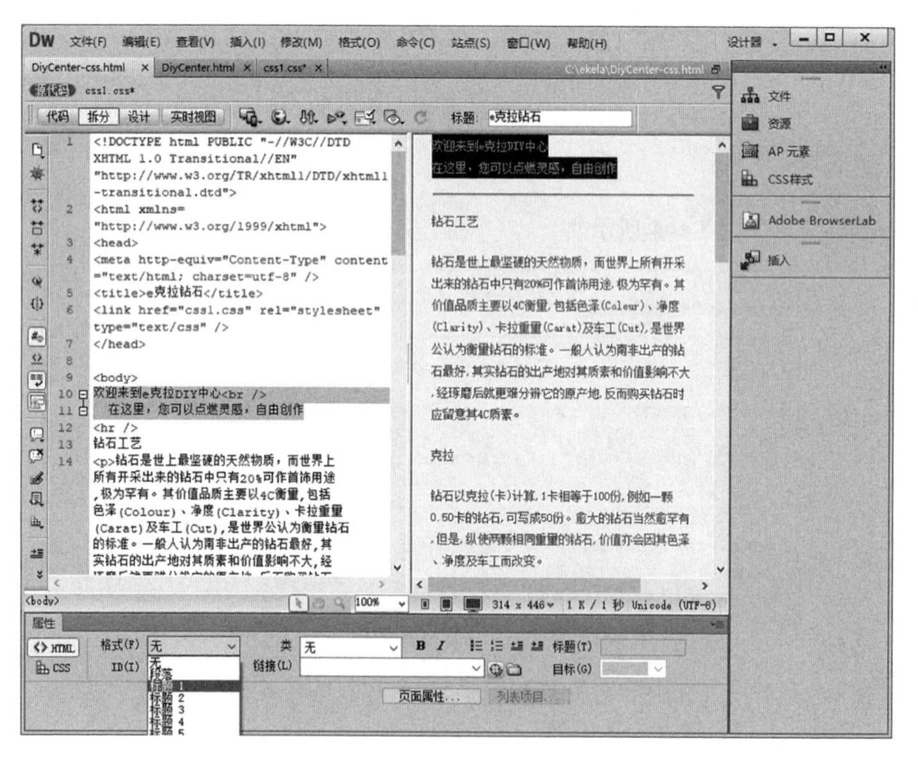

图 3-1-5　设置“h1”格式

图 3-1-6　页面预览效果

（5）在“css1. css”文件中使用类别选择器定义一个 CSS 样式，名称为“. wenzi”，定义文字的加粗效果，将“. wenzi”样式应用到“充足而稳定的货源”、“国际一流的设计师”和“专业团队”三部分文字中。样式代码如下：

```
.wenzi{                          /*定义类样式*/
    font-weight:bold;            /*设置文字为粗体*/
}
```

文本类别样式应用在网页中的效果如图 3-1-7 所示。

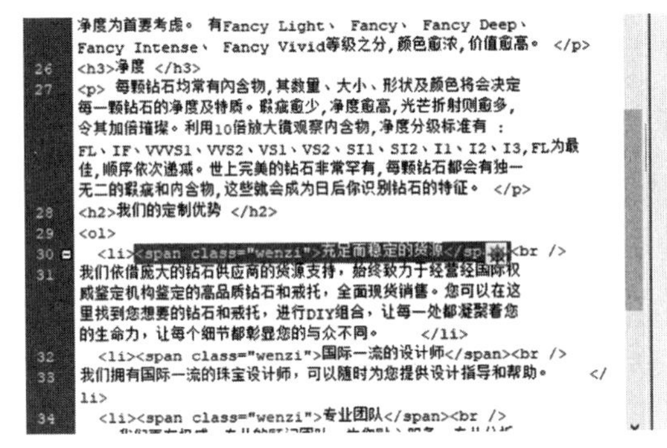

图 3-1-7　文本类别样式效果

（6）在“css1. css”文件中使用类别选择器定义两个 CSS 样式，名称分别为“. img1”和“. img2”，具体样式代码如下：

```
.img1{                           /*定义类样式*/
    border:2px #F00 solid;       /*设置边框宽度为2像素，颜色为红色，实线*/
    margin:5px;                  /*设置外边距为5像素*/
}
.img2{
    float:right;                 /*设置浮动右对齐*/
    border:2px #F00 solid;
    margin:5px;
```

}

图像应用类别样式之后，网页的效果如图 3-1-8 所示。

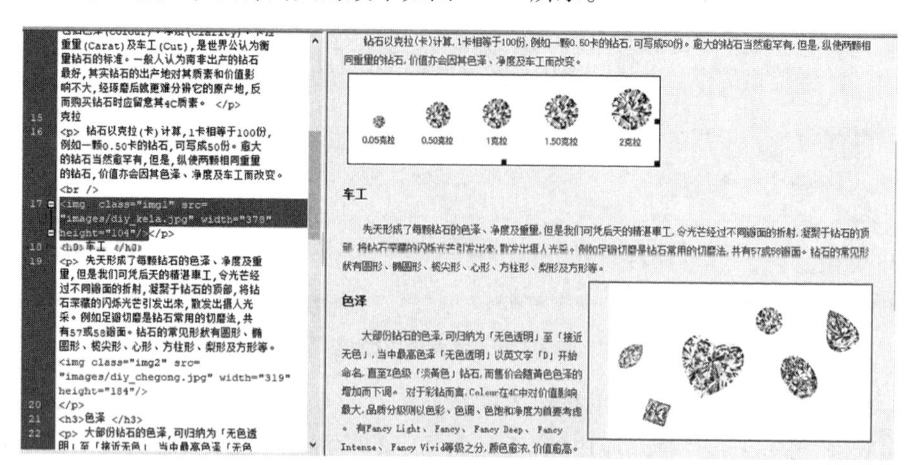

图 3-1-8　图像类别样式效果

（7）在“css1. css”文件中定义链接的 CSS 样式，具体代码如下：

```
a:link {                          /*设置链接的原始状态*/
  color:#505050;                  /*设置文字颜色为#505050*/
}
a:visited {                       /*设置鼠标点击过的状态*/
  color:#505050;
}
a:hover {                         /*设置鼠标经过的状态*/
  color:#AD3F26;
  font-style:italic;              /*设置文字为斜体*/
}
a:active {                        /*设置鼠标点击时的状态*/
  color:#505050;
}
```

分别为文中最后一段的网址“http://www. ekela. com”和邮箱地址“postmaster@ ekela. net”添加空链接，即将地址设置为“#”，在浏览器中预览网页，效果如图 3-1-9 所示。

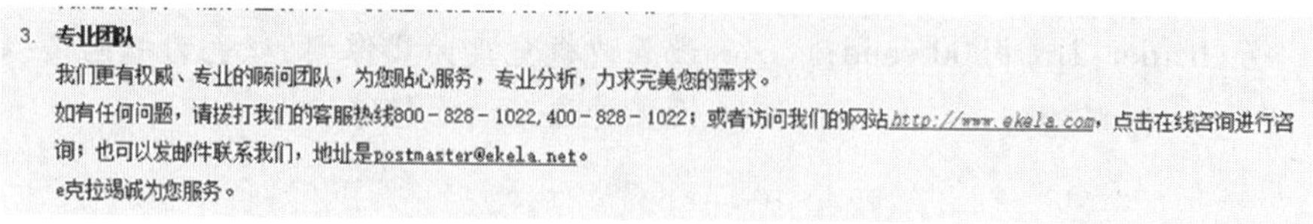

3. 专业团队

我们更有权威、专业的顾问团队，为您贴心服务，专业分析，力求完美您的需求。

如有任何问题，请拨打我们的客服热线800－828－1022，400－828－1022；或者访问我们的网站http://www.ekela.com，点击在线咨询进行咨询；也可以发邮件联系我们，地址是postmaster@ekela.net。

e克拉竭诚为您服务。

图 3-1-9　链接样式的效果

技术支持

一、CSS 样式表简介

CSS(Cascading Style Sheet,可译为“层叠样式表”或“级联样式表”)是一组格式设置规则,用于控制 Web 页面的外观。通过使用 CSS 样式,可设置页面格式,可将页面的内容与表现形式分离。CSS 最早是于 1996 年由 W3C 审核通过并推荐使用的,CSS 目前最新版本为 CSS 3.0,是能够真正做到网页表现与内容分离的一种样式设计语言。相对于传统 HTML 的表现而言,CSS 能够对网页中的对象的位置排版进行像素级的精确控制,支持几乎所有的字体、字号样式,拥有对网页对象和模型样式编辑的能力,并能够进行初步交互设计,是目前基于文本展示最优秀的表现设计语言。

二、CSS 基本语法

在使用和设置 CSS 时,必须遵循 CSS 规则。CSS 样式由选择符和声明组成,即:选择符{声明 1; 声明 2; …;声明 N},而声明又由属性和值组成,如图 3-1-10 所示。

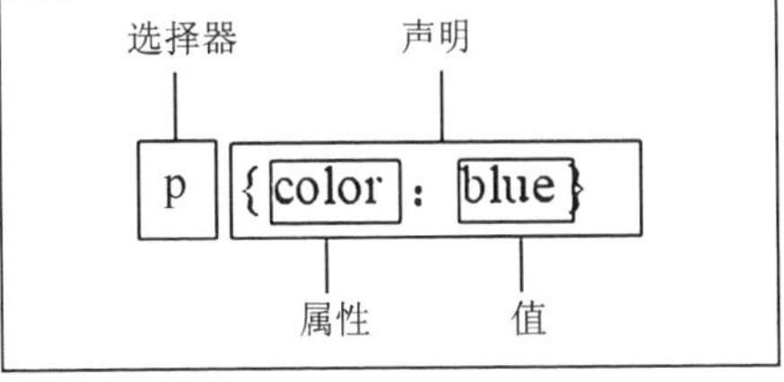

图 3-1-10 CSS 语法格式

选择符:又称选择器,指明网页中要应用样式规则的元素,如本例的网页中所有的段落(p)的文字将变成蓝色,而其他的元素(如 ol)不会受到影响。

声明:在英文大括号“{}”中的就是声明,属性和值之间用英文冒号“:”分隔。当有多条声明时,中间可以用英文分号“;”分隔,如下所示:

```
p{font-size:12px; color:red; }
```

注意:

(1) 最后一条声明可以没有分号,但是为了以后修改方便,一般也加上分号。

(2) 为了使样式更加容易阅读,可以将每条代码写在一个新行内,如下所示:

【示例 1】 声明示例。

```
p{
  font-size:12px;
  color:red;
}
```

在编写 CSS 代码时经常加入注释内容,注释的内容浏览器不解析,只对局部的代码进行标识或说明,CSS 的注释方式是以“/ * 注释内容 * /”的方式实现。

三、Dreamweaver 中的 CSS 工具

Dreamweaver 提供 CSS 样式面板,打开 CSS 样式面板的方式是:单击菜单栏中的“窗口”/“CSS 样式”,在右侧的工具栏中可找到 CSS 工具面板,如图 3-1-11 所示。

CSS 样式面板主要按钮的含义如下:

- 当前:当前选定内容所应用的 CSS 样式规则。
- 全部:当前页面中所应用的 CSS 样式规则。
- :“附件样式表文件”按钮,可以在 HTML 文档中链接一个外部的 CSS 文件。
- :“新建样式表规则”按钮。
- :“编辑样式表规则”按钮,修改已有的样式表规则。
- :“删除样式表规则”按钮。

单击右下角的按钮,如图 3-1-11 所示,打开“新建 CSS 规则”对话框,如图 3-1-12 所示。可通过 Dreamweaver 提供的面板选项定义 CSS 样式,“新建 CSS 规则”面板的主要选项含义如下。

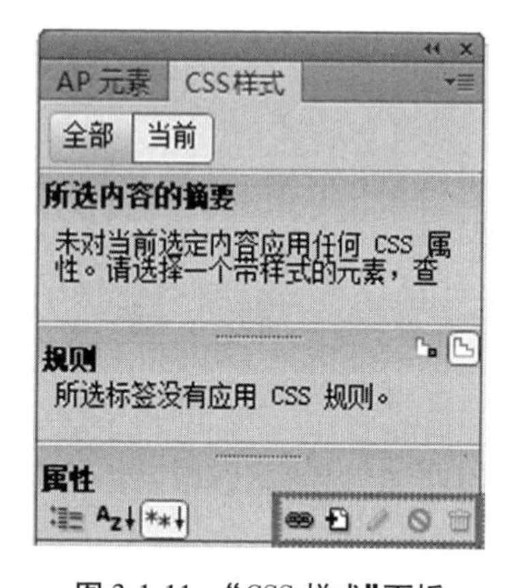

图 3-1-11 “CSS 样式”面板

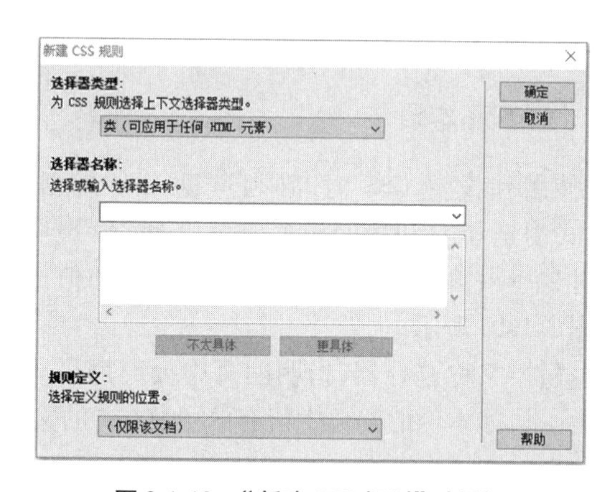

图 3-1-12 “新建 CSS 规则”对话框

1. 选择器类型

“选择器类型”用来设置 CSS 样式类型,可选的类型有类、ID、标签、复合内容等。

(1)“类”选择器:是指自定义样式后,可将样式应用在任何标签的类型。自定义的类样式必须以“.”为开始,一般采用字母和数字组合来命名,名称的第一个字符不能是数字,应用该类的方式是在使用该样式的标签的属性中增加“class”属性,如 <p class ="wenzi">应用类样式</p>。

> **温馨提示**
>
> 在应用类样式时,不需要在“class”的属性值中加“.”。

(2)“标签”选择器:即对 HTML 的标签定义样式,在“选择或输入选择器名称”中选择或输入标签,使用标签定义 CSS 样式,该样式效果直接应用到标签的内容中,如定义了段落标签 p 的行高,设置 CSS 样式后,当前网页的段落标签直接响应行高的设置。

(3)“ID”选择器:即对页面元素中 ID 属性的值为 CSS 样式名称的元素定义样式,样式名称是在 ID 的属性值前加“#”。例如,Div 标签的 id =“abc”,CSS 的样式名称为“#abc”,使用 ID 的方式定义 CSS 样式,该样式会直接应用到设置的 ID 对象。

（4）“复合内容”：是指两种或两种以上的选择器类型所构成的样式。例如，定义#aa 中的 <li> </li> 标签的文字大小，名称写作“#aa li”，选择器之间以空格分隔。

2．规则定义

“规则定义”用来设置 CSS 样式存放的位置，可选择“（仅限该文档）”或“新建样式表文件”。“（仅限该文档）”是将样式表嵌入当前的 HTML 文档的头部标签处。“新建样式表文件”就是将样式表内容存放在一个文件扩展名为“.css”的文档中，并在当前的 HTML 头部标签处生成 link 标签。

四、CSS 使用方式

CSS 样式可以增强 HTML 文档的显示效果，为了在 HTML 中使用 CSS 样式，通常有以下四种方式。

1．内联式

内联式就是把 CSS 代码直接写在现有的 HTML 标签的 style 属性中，每个属性用分号隔开，这种方式只能应用在当前标签中。

【示例 2】 内联式应用示例。

```
<p style="color:red;font-size:12px;">这是一个内联样式。</p>
```

2．嵌入式

嵌入式是把 CSS 样式代码写在当前页面的 head 标签内的 <style type="text/css"> </style> 标签之间，这种样式只能应用于当前页。如下面代码实现把三个 span 标签中的文字设置为 20px，蓝色。

【示例 3】 嵌入式应用示例。

```
<!DOCTYPE HTML>
<html>
<head>
<meta http-equiv="Content-Type" content="text/html; charset=utf-8">
<title>嵌入式 CSS 样式</title>
<style type="text/css">
  span{
     font-size:20px;
     color:blue;
  }
</style>
</head>
<body>
  <p>
  这是一个<span>嵌入式样式</span>,三个标签中的文字大小是<span>20
     像素</span>,颜色是<span>蓝色</span>。</p>
</body>
```

</html>

网页预览效果如图 3-1-13 所示。

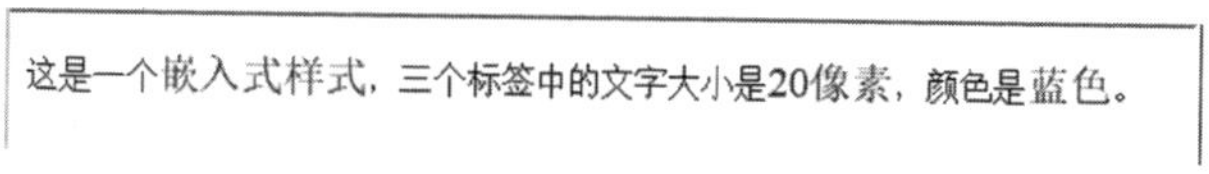

这是一个嵌入式样式，三个标签中的文字大小是20像素，颜色是蓝色。

图 3-1-13　嵌入式样式效果

3．外部式

外部式 CSS 样式(也称为外联式)是把 CSS 代码写在一个单独的外部文件中,这个 CSS 样式文件以“.css”为扩展名。在 Dreamweaver CS6 中新建一个 CSS 文件的方式,方法为:选择菜单栏的“文件”/“新建”命令,打开“新建文档”对话框,单击“空白页”/“CSS”/“创建”,如图 3-1-14 所示,即可创建一个 CSS 文档,如图 3-1-15 所示。

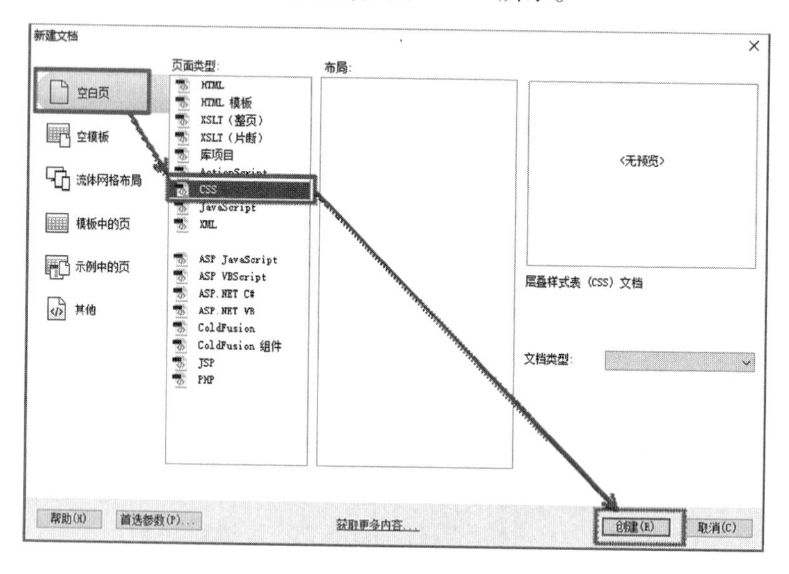

图 3-1-14　新建 CSS 样式文件

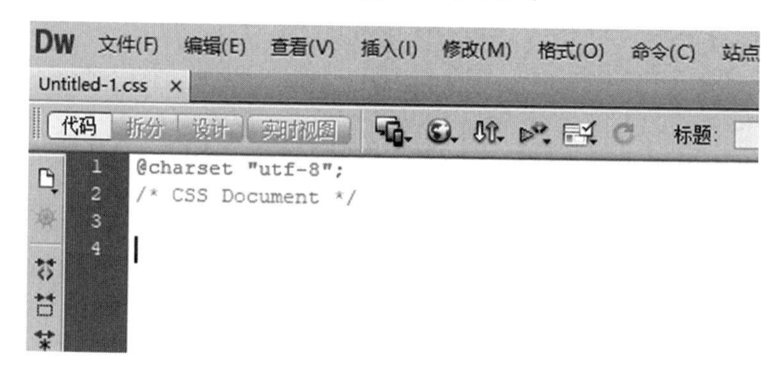

图 3-1-15　新建 CSS 文档

将 CSS 文档命名为“CSS.css”并保存在站点中,设置对应的样式,将 CSS 文档通过 CSS 面板的链接功能或标签引入 HTML 页面中,可采用链接式和导入式两种方式。

(1) 链接式。

第一种通过 CSS 面板的链接功能将 CSS 文件链接到 HTML 页面中，选择“CSS 样式”面板中的“ ”按钮，如图 3-1-16 所示，打开“链接外部样式表”对话框，如图 3-1-17 所示，单击“浏览”按钮，在弹出的选择面板中选定 CSS 文档并返回，在“添加为”选项中选择“链接”单选按钮，单击“确定”按钮，将 CSS 文档链接到 HTML 文档中，同时网页的头部标签将生成 link 语句。

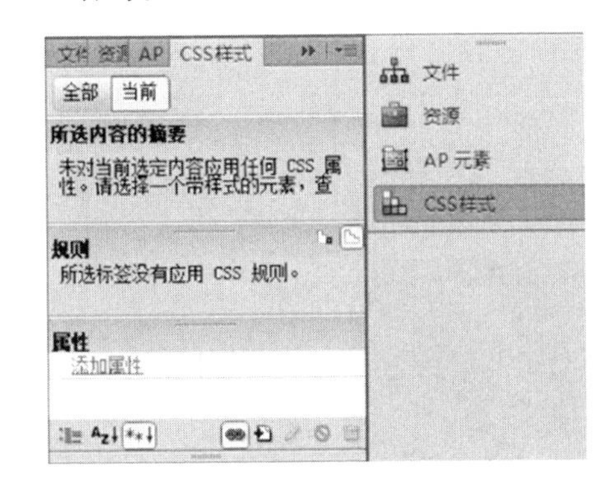

图 3-1-16　附加样式表

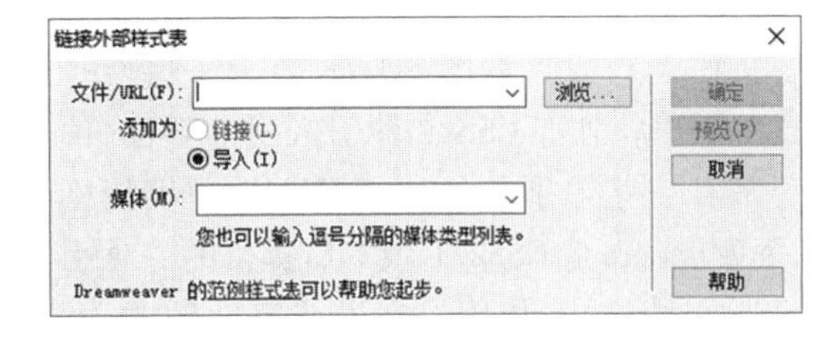

图 3-1-17　“链接外部样式表”对话框

通过 link 标签链接到 HTML 页面中，如下面代码：

【示例 4】　链接式应用示例。

```
<link href ="base. css" rel ="stylesheet" type ="text/css" / >
```

注意：

- CSS 样式文件名称以有意义的英文字母命名，如 main. css。
- rel ="stylesheet" type ="text/css"是固定写法，不可修改。
- link 标签位置一般写在 head 标签之内。

（2）导入式。

导入式也是将 CSS 文件导入 HTML 文档中，但与链接式不同，它采用“@ import”的方式导入 CSS，文件代码格式如下：

【示例 5】　导入式应用示例。

```
<style type ="text/css" >
    @ import url("CSS 文件地址 ");
</style >
```

下面示例通过@ import 外部 CSS 文件方式和 link 外部 CSS 文件方式，美化页面元素。

【示例 6】　外部 CSS 样式示例。

```
<! DOCTYPE html >
<html >
<head >
    <meta charset ="utf -8" >
    <title >使用外部样式 </title >
    <link href ="style. css" rel ="stylesheet" type ="text/css" / >
```

```
        <style type ="text/css">
            @import url("css.css");
        </style>
    </head>
    <body>
        <p>link 方式引入 css</p>
        <div>@import 方式引入 css</div>
    </body>
    </html>
```

页面运行效果如图 3-1-18 所示。这两种方式都可以将外部 CSS 文件引入当前页面，但是还是有一些差别，link 是 XHTML 提供的标签，而@ import 是 CSS2.1 版本后提供的一种引入 CSS 文档方式，相比较来说兼容性较差；并且这两种方式加载的顺序有区别，link 是在页面加载时同时加载 CSS 文档，而@ import 是在加载完页面后再加载 CSS 文档。

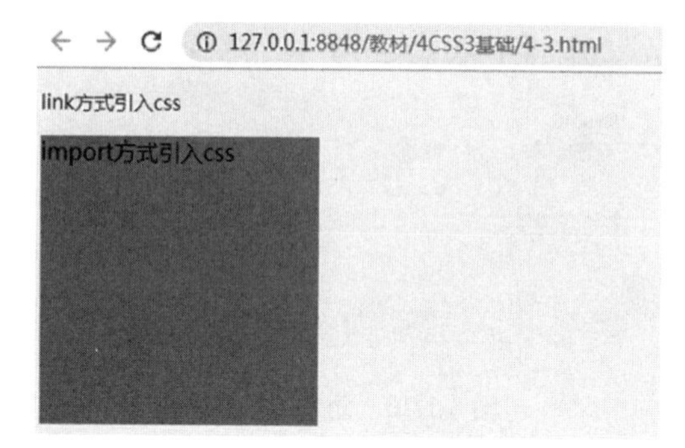

图 3-1-18　引入外部 CSS

五、CSS 选择器

选择器是 CSS 中极为重要的一个概念和思想，所有页面元素都是通过不同的选择器进行控制的。在使用中，我们只需要把设置好属性及属性值的选择器绑定到一个 HTML 标签上，就可以实现各种效果，达到对页面的控制。在 CSS 中，可以根据选择器的类型把选择器分为基本选择器和复合选择器，复合选择器是建立在基本选择器之上，对基本选择器进行组合形成的。基本选择器包括标签选择器、类别选择器和 ID 选择器三种。

1. 基本选择器

（1）标签选择器。

HTML 文档是由多个不同标签组成的，而标签选择器就是声明那些标签所采用的样式。例如，p 选择器就是用于声明页面中所有 p 标签的样式风格。同样也可以通过 h1 选择器来声明页面中所有 h1 标签的 CSS 风格。

在设置样式时，我们可以采用 Dreamweaver 的“代码”视图。Dreamweaver“代码”视图提供了良好的代码提示功能，只需要输入标签或属性的第一个字母，即出现下拉提示，可在提示中用键盘或鼠标选中标签或属性的名称或值。标签选择器一般用来定义页面中标签的常用样式效果，如定义网页的超级链接的 a 标签和 body 标签的样式。

【示例 7】 使用 CSS 对 p 标签进行基本的设置。

在 Dreamweaver 中打开素材“3.1.1.html”，网页的原效果如图 3-1-19 所示。在网页的头部标签 <head> </head> 中 <title> 标签后加入 CSS 规则。具体 CSS 样式代码如下。

```
<style type ="text/css">                  /* 定义 CSS 样式 */
p{                                        /* 定义 p 标签的样式 */
```

```
    font-size:40px;                    /*设置字体大小*/
    color:#F00;                        /*设置文字显示颜色*/
    font-weight:bold;                  /*设置字体加粗*/
  }
</style>
```

上面代码定义了一个标签选择器 p,其属性“font-size”定义了字体大小,“color”定义了字体颜色,“font-weight”定义了字体加粗显示。

加入 CSS 样式代码后,在浏览器中预览的网页效果如图 3-1-20 所示。

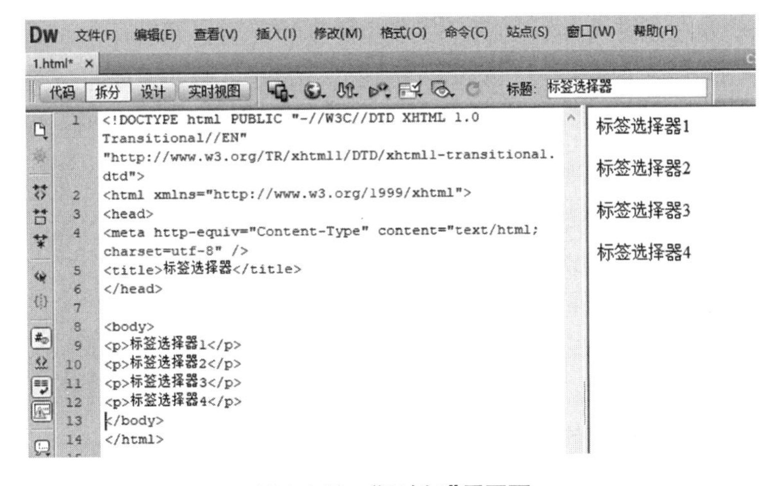

图 3-1-19 “示例 7”原页面

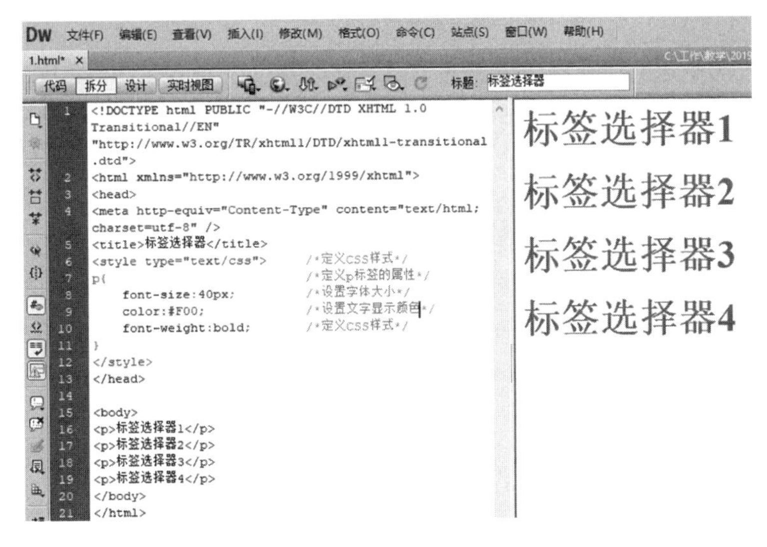

图 3-1-20 “示例 7”标签样式页面

温馨提示

◉ 只要定义了 p 选择器，那么在网页中出现的多个 p 标签都会发生变化。

◉ CSS 对标签的属性和值都有严格的要求，如果设置的属性在 CSS 规范中不存在，或者某个属性的值不符合属性的要求，都不能使该 CSS 语句生效。

（2）类别（class）选择器。

在实际应用中，不会像上节中所有段落都需是红色的，如果仅希望一部分段落是红色的，另一部分段落是蓝色的，该怎么做呢？这就需要用到类别选择器。用户可以自由定义类别选择器名称，但也必须遵守 CSS 的三个要素。类别选择器必须使用“.”和类别选择器的名称来定义，如图 3-1-21 所示。

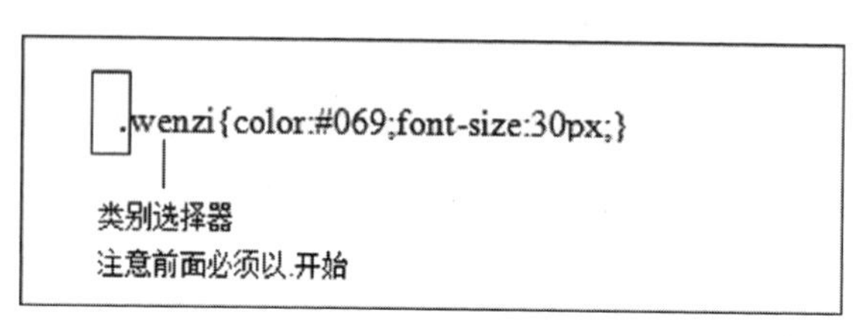

图 3-1-21 类别选择器

通过元素的“class”属性来设置当前元素的样式效果，一个元素可以同时使用多个 class，中间用空格隔开，并且一个 class 可以被多个元素使用。

【示例 8】 通过类别选择器更改第 3 和第 4 个 p 标签文字为蓝色。

```
<style type="text/css">                /*定义CSS样式*/
p{                                     /*定义p标签的属性*/
  font-size:40px;                      /*设置字体大小*/
  color:#F00;                          /*设置文字显示颜色*/
  font-weight:bold;                    /*设置字体加粗*/
}
.blue{color:blue;}                     /*定义类别选择器blue*/
</style>
</head>
<body>
<p>标签选择器1</p>
<p>标签选择器2</p>
<p class="blue">标签选择器3</p>
<p class="blue">标签选择器4</p>
</body>
```

上面代码在浏览器中预览的网页效果如图 3-1-22 所示。

通过本例我们可以看到，类别选择器与标签选择器在定义上几乎是一样的，仅需要自己定义一个名称，在需要使用的地方通过“class = 类别选择器名称”就能灵活使用。

类别选择器还有一个特点,就是它可以用在不同标签元素上,下面的例子就是类别选择器分别作用于 p 标签和 h 标签上。h 标签是 HTML 用于定义标题样式的标签。

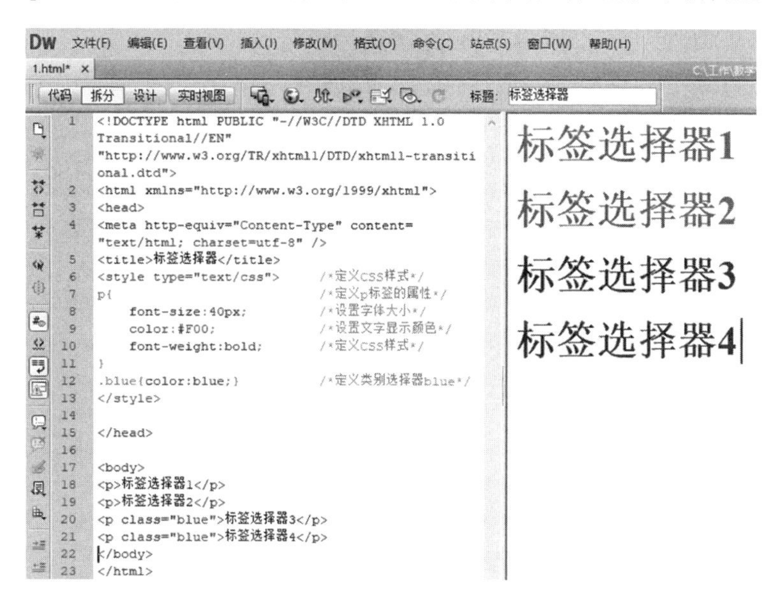

图 3-1-22 类别样式应用效果图

【示例 9】 新建文件 3.1.2.html,输入如下代码,创建一个“.blue”类别选择器,定义了字体显示大小、字体颜色和字体加粗。在下面的 HTML 页面中,段落和标题都引用了这个样式,即表示标题和段落显示同一个样式。

```
<! DOCTYPE html PUBLIC "-//W3C//DTD XHTML 1.0 Transitional//EN" "http://
    www.w3.org/TR/xhtml1/DTD/xhtml1-transitional.dtd">
<html xmlns = "http://www.w3.org/1999/xhtml">
<head>
<meta http - equiv = "Content - Type" content = "text/html;charset = utf - 8" / >
<title>类别选择器</title>
<style type = "text/css" >                 /*定义 CSS 样式*/
.blue{                                     /*定义类别选择器的属性*/
  font-size:40px;                          /*设置字体大小*/
  color:#00F;                              /*设置字体颜色*/
  font-weight:bold;                        /*设置字体加粗*/
}
</style>
</head>
<body>
<p class = "blue">类别选择器 3</p>
<p class = "blue">类别选择器 4</p>
```

```
<h1 class="blue">h1 同样适用</h1>
  </body>
  </html>
```

运行结果如图 3-1-23 所示。

图 3-1-23 “示例 9”类样式应用效果

类别选择器的使用很灵活，可以在一个标记中使用多个类别选择器，达到复合使用的效果。

【示例 10】 新建“3. 3. 3. html”，输入如下代码，这里创建了两个类别选择器，其中“. red”选择器定义了字体颜色，“. big”选择器定义了字体大小。在 HTML 页面中，第四个段落同时使用了“. red”和“. big”两个选择器，运行效果如图 3-1-24 所示。

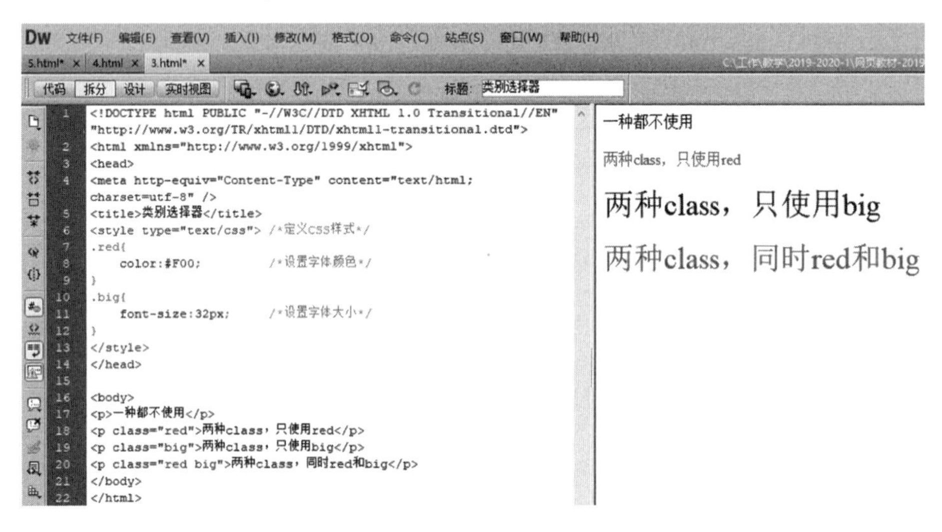

图 3-1-24 “示例 10”类样式应用效果

CSS 的选择器除了根据 id(#)、class(.)、标签选取网页元素以外，还可以根据元素的特殊状态来选取，即伪类选择器。伪类应用在伪元素中，伪类和伪元素都是预定义的、独立于

文档的,常见的伪元素主要是超级链接的 a 标签。使用伪类和伪元素的方法如下:

选择器:伪元素{属性:值}

超级链接的 4 个状态的伪类选择器如下。

a:link(链接的原始状态);

a:visited(被点击或访问过的状态);

a:hover(鼠标经过时的状态);

a:active(当鼠标点击时的状态)。

文字或图像如果含有超级链接,则在默认状态下显示文字颜色为蓝色、有下划线效果,图像显示 2 像素大小的蓝色边框,当文字或图像被单击过或访问过,则颜色均改为紫色。因此,常常通过 CSS 的伪类选择器重新定义含有超级链接的文字或图像的显示效果。

【示例 11】 设置导航菜单的超级链接样式。

打开素材 3.1.4.html,在 head 标签处添加伪类样式,代码如下所示:

```
<style type ="text/css">
  a:link{ color:#666;font-size:16px;text-decoration:none; }
                                        /*设置原始状态*/
  a:visited{ color:#06F; }              /*设置访问过状态*/
  a:hover{ color:#F00; font-weight:bolder; font-style:italic; }
                                        /*设置鼠标经过时状态*/
  a:active{ color:#0F0; }               /*设置鼠标点击时状态*/
</style>
```

网页运行效果如图 3-1-25 所示。

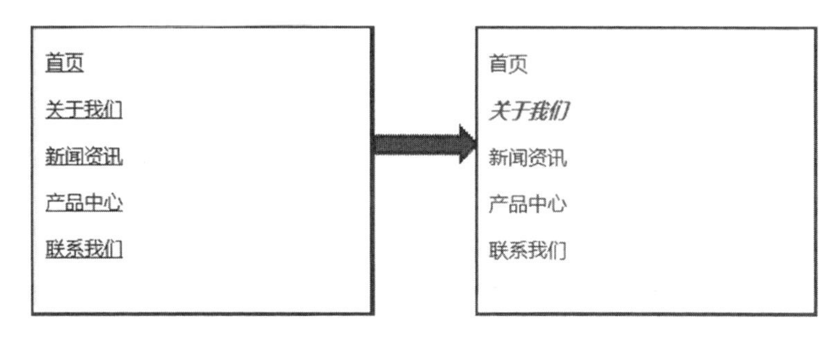

图 3-1-25　导航菜单样式设置效果

一般情况下,只需定义标签 a 和 a:hover 两种状态下的 CSS 样式。定义 a 标签的样式时,如果没有定义伪类,则四种状态的样式效果相同。当需要同时设置四种状态时,要按 link→visited→hover→active 的顺序设置;否则,伪类的设置将会存在冲突的问题,设置样式将无效。

(3) ID 选择器。

ID 选择器和类别选择器类似,都是针对特定属性的属性值进行匹配的。ID 选择器定义的是某一个特定的 HTML 元素,一个网页文件中只能有一个元素使用某一 ID 属性值。ID 选择器以“#”开始,自定义名称,名称必须是字母、数字或下划线,并且名称不能以数字或下划线开始，即 ID 选择器的名称以“#”开始后，第一个字符必须是字母，ID 选择器的格式如图 3-1-26所示。

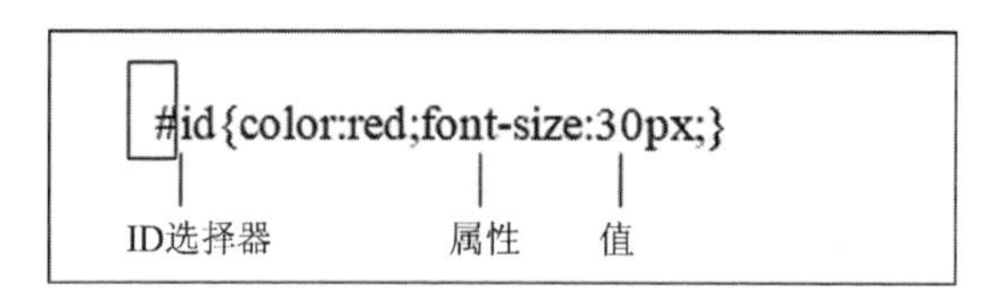

图 3-1-26　ID 选择器

在页面的标记中只要利用 ID 属性，就能调用 CSS 中的 ID 选择器。下面的例子实现在页面中应用 ID 选择器。

【示例 12】　创建两个选择器，分别是“#red”和“#big”。其中“#red”定义了字体颜色，“#big”定义了字体大小。下面三个段落分别调用了这两个选择器，运行结果如图 3-1-27所示。

图 3-1-27　ID 选择器应用效果

温馨提示

从上图运行结果我们看到，ID 选择器不支持多个复用。ID 选择器在一个页面中只使用一次，是因为具有 ID 属性的标签一般都还有其他作用，比如需要在 JavaScript 中应用 ID 查找元素，所以要保证具有 ID 属性的标签唯一。

2. CSS 复合选择器

以前面三种选择器为基础，通过组合还可以产生更多种类的选择器，实现更强、更方便的选择功能。这种选择器被称为复合选择器，如图 3-1-28 所示，即将标签选择器、类别选择器和 ID 选择器通过不同的连接方

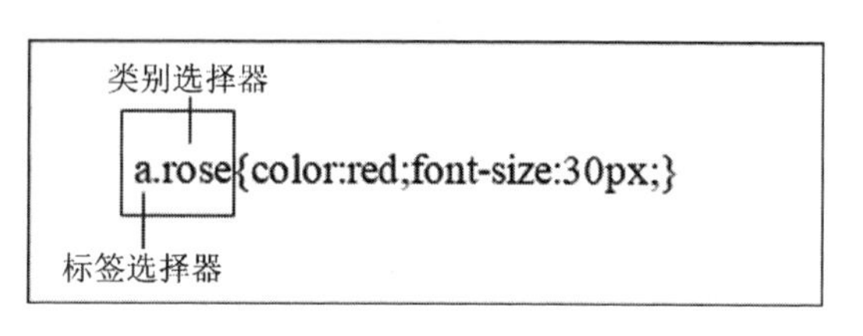

图 3-1-28　CSS 复合选择器

式组合而成，一般是由两个或两个以上的选择器类型组成。

（1）标签选择器与类别选择器组成的复合选择器类型。

联合应用超级链接的 a 标签与类别选择器，可以设置多种超级链接的样式，也是常用的样式设置方法。

“a”是超级链接标签，“. rose”是类名，名称需要符合类的命名规则，两者合起来就是“a. rose”，是针对超级链接标签设置的 CSS 样式，是标签与类的联合使用，在一个网页中可以多次使用，通过设置不同的类来设置多种超级链接的方式。

【示例 13】 在一个网页中设置多种超级链接的效果。

在头部标签中插入 CSS 具体样式，代码如下：

```
<style type="text/css">
    body{font-size:12px;text-align:center;margin-top:100px;}
    h1{text-align:center;font-size:36px;}
    a{font-size:14px;font-weight:bold;text-decoration:none;}
    a.rose{color:#F00;font-size:26px;}
            /*a 是超级链接标签,.rose 是类别选择器,两者组合成 a.rose 是一
              个复合选择器,应用对象是超级链接标签,类名为 rose 的位置*/
    a:hover.rose{color:#03C;}
            /*a:hover 是超级链接标签的鼠标 over 状态,要对应类别选择器的
              名称来设置*/
    a.rose1{color:#FC0;font-size:20px;}
    a:hover.rose1{color:#3CF;}
    a.black{color:#000;font-size:18px;}
    a:hover.black{color:#999;}
    a.blue{color:#06C;font-size:30px;}
    a:hover.blue{color:#366;}
</style>
```

网页的应用方式如下：

```
<body>
  <h1>花语大全</h1>
  <p><ahref="#"class="rose">红玫瑰:热恋、热情、热爱着你　紫玫瑰:浪漫真
    情、珍贵独特。</a></p>
  <p><ahref="#"class="rose1">黄玫瑰:高贵、美丽或道歉、享受与你一起的日
    子、珍重祝福、失恋、褪去的爱。</a></p>
  <p><a href="#" class="black">黑玫瑰:温柔真心</a></p>
  <p><a href="#" class="blue">蓝玫瑰:敦厚善良</a></p>
</body>
```

预览效果如图 3-1-29 所示。

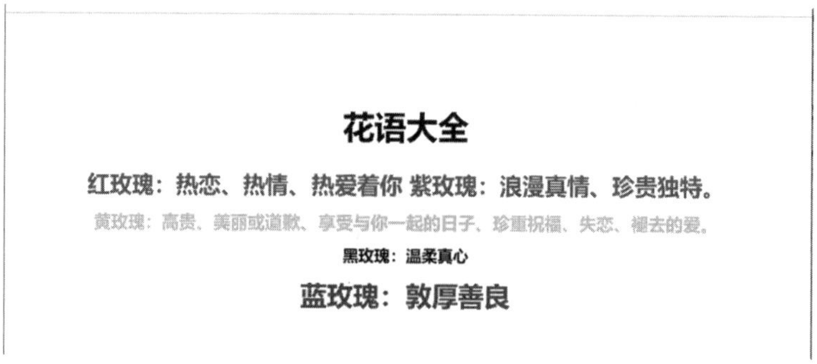

花语大全

红玫瑰：热恋、热情、热爱着你 紫玫瑰：浪漫真情、珍贵独特。

黄玫瑰：高贵、美丽或道歉、享受与你一起的日子、珍重祝福、失恋、褪去的爱。

黑玫瑰：温柔真心

蓝玫瑰：敦厚善良

图 3-1-29 “示例 13”预览图

温馨提示

对于其他的标签，同样可以实现复合选择器，如“p. a1”“p. a2”等。“p”“. a1”“p. a1”这三种选择器所设置的 CSS 样式的应用对象不同。“p”是标签选择器应用页面中所有的 p 标签；“. a1”是类选择器，在页面中可通过属性“class”多次应用，“p. a1”则是应用在标签是 p、属性 class =“a1”的位置上。另外，如果当前页面中已经定义了一个类“. a1”，则不再使用“a1”这样的名称，因为类名不能重复。

（2）通过嵌套选择器构成的复合选择器。

在 CSS 选择器中，经常会将多个选择器通过嵌套的方式对指定位置的 HTML 标签进行设置。例如，设置 ul 标签内的超级链接文字的 CSS 样式，可以采用嵌套选择器的方式实现，而且可以有多种嵌套方式，如“. a3 a”“. a3 li a”“ul. a3 a”“ul. a3 li a”都可以实现对同一个位置超级链接对象的 CSS 样式的设置。但是“. a3 a”的应用范围最大，可以用于所有属性 class 为“. a3”的位置，“ul. a3 li a”只能用于无序列表（ < ul > ）标签中 class 属性为“a3”的 li 和 a 标签中。

六、CSS 的两种声明方式

使用 CSS 选择器可以控制 HTML 标签样式，其中每个选择器属性可以一次声明多个，即创建多个 CSS 属性修饰 HTML 标签，实际上也可以声明多个选择器，并且任何形式的选择器（如标记选择器、类别选择器、ID 选择器）都是合法的。

一般来说，CSS 有两种声明方式：标准声明和合并多重声明。

1. 标准声明

标准声明格式是最经典的 CSS 声明方式，可以表示如下：

元件（标签）{性质（属性）名称：设定值}

【示例 14】 标准声明应用示例。

```
h1{color:blue}                    /*设置字体颜色*/
```

上面代码中 h1 表示标签，color 表示属性，blue 表示设定值。标准声明格式是 CSS 声明中最小的单位，所以又被称为基本声明。

2．合并多重声明

在标准声明中，每个标签与一组属性一一对应。合并多重声明则是另外一种对应形式，即多个标签对应一组属性或一个标签同时声明多个属性并用分号隔开，可以表示如下：

```
元件 A(标签 A),元件 B(标签 B),元件 C(标签 C){
    性质(属性)名称 1:设定值 1;
    性质(属性)名称 2:设定值 2;
}
```

【示例 15】 合并多重声明应用示例。

```
h1,p{                          /*多元件合并声明*/
  color:blue;                  /*声明颜色*/
  font-size:9px;               /*声明字号*/
}
```

或

```
p{                             /*多属性合并声明*/
  olor:blue;                   /*声明颜色*/
  font-size:9px                /*声明字号*/
}
```

温馨提示

从合并多重声明中可以看到，这样的声明减少了代码量。

七、CSS 的属性

利用 CSS 样式可以定义网页元素的效果，如文字的字体、颜色、大小、行间距，元素的边框、背景，列表的符号，鼠标的形状等。随着 CSS 的发展，CSS 对网页元素的影响越来越大，主要定义网页元素的九大类，分别为：类型、背景、区块、方框、边框、列表、定位、扩展和过渡。Dreamweaver CS6 的“CSS 规则定义”面板就是对应这九大类。

1．CSS 背景属性

CSS 允许为任何元素添加纯色作为背景，也允许使用图像作为背景，并且可以精准地控制背景图像，以达到精美的效果。CSS 背景属性如表 3-1-1 所示。

表 3-1-1　CSS 背景属性

属性	含义	属性值
background-color	设置背景颜色	颜色名/十六进制数/rgb 函数
background-image	设置背景图片	none/url(图片的 URL)
background-repeat	设置背景图片的重复效果	repeat(重复)/repeat-x(水平重复)/repeat-y(垂直重复)/no-repeat(不重复)
background-attachment	设置背景图片是否跟随内容滚动	scroll(跟随页面滚动)/fixed(固定背景)

续表

属性	含义	属性值
background-position(X)	设置背景图像的水平方向的起始位置	left(左)/right(右)/center(中)
background-position(Y)	设置背景图像的垂直方向的起始位置	top(上)/bottom(下)/center(中)

2. CSS 字体属性

HTML 最核心的内容还是以文本内容为主,CSS 也为 HTML 的文字设置了字体属性,不仅可以更换不同的字体,还可以设置文字的风格等。CSS 常用字体属性如表 3-1-2 所示。

表 3-1-2　CSS 字体属性

属性	含义	属性值
font-family	设置文本的字体	字体名称/字体系列
font-size	设置文字大小	单位有:px(像素)/pt(点)/in(英寸)/cm(厘米)/mm(毫米)/pc(派卡)/em(字高)/ex(字母 x 的高度)/%(百分比)
font-style	设置文字的字体格式	normal(正常)/italic(斜体字)/oblique(倾斜的文字)
font-weight	设置文字的粗体效果	normal(正常)/bold(粗体)/bolder(更粗)/lighter(更细)
font-variant	设置小写字母的大小写	normal(正常)/small-caps(小写转换为大写)
line-height	设置行高	具体的高度值,行高大于文字的大小
text-transform	设置字母的大小写	none(默认)/capitalize(每个单词以大写字母开头)/uppercase(定义仅有大写字母)/lowercase(定义无大写字母)
text-decoration	设置划线的效果	underline(下划线)/overline(上划线) line-through(删除线)/blink(闪烁效果)/none(无)
color	设置文字的颜色	如采用 16 进制表示,前面需加“#”

3. 文本属性

HTML 网页中文本的对齐方式、换行风格等显示效果是由 CSS 文本属性控制的,CSS 中常用文本属性如表 3-1-3 所示。

表 3-1-3　CSS 文本属性

属性	含义	属性值
direction	设置文本方向或者书写方向	ltr(从左到右)/rtl(从右到左)
word-spacing	设置单词之间的距离	normal(正常)/长度
letter-spacing	设置字符的间距	normal(正常)/长度
vertical-align	设置文字或图像的垂直间距	top(顶对齐)/bottom(底对齐)/text-top(相对文本顶对齐)/text-bottom(相对文本底对齐)/baseline:基准线对齐)/middle(中心对齐)/sub(以下标的形式显示)/super(以上标的形式显示)
text-align	设置文本的水平对齐方式	left(左对齐)/right(右对齐)/center(居中)

续表

属性	含义	属性值
text-indent	设置文本的首行缩进方式	长度/百分比
text-shadow	为文本添加阴影效果	x-position(x 轴偏移距离)/y-position(y 轴偏移距离)/blur(向周围模糊程度)/color(阴影颜色)
white-space	设置对空格的处理	normal(空白被浏览器忽略)/pre(空白被保留)/nowrap(文本不会换行,直到遇到)

4. CSS 尺寸属性

CSS 可以控制每个元素的大小、包含宽度、最小/最大宽度、高度、最小/最大高度。CSS 尺寸属性如表 3-1-4 所示。

表 3-1-4　CSS 尺寸属性

属性	含义	属性值
width	设置元素的宽度	auto(自动)/长度/百分比
min-width	设置元素的最小宽度	长度/百分比
max-width	设置元素的最大宽度	长度/百分比
height	设置元素的高度	auto(自动)/长度/百分比
min-height	设置元素的最小高度	长度/百分比
max-height	设置元素的最大高度	长度/百分比

5. CSS 列表属性

CSS 列表属性用于改变列表项标记,甚至用图像作为列表项的标记。CSS 列表属性如表 3-1-5 所示。

表 3-1-5　CSS 列表属性

属性	含义	属性值
list-style-image	设置列表项标记样式为图像	none/url(图像的 URL)
list-style-position	设置列表项标记的位置	inside(标记位于文本以内) outside(标记位于文本以外)
list-style-type	设置表项标记的类型	none(无标记)/disc(实心圆,默认) circle(空心圆)/square(方块) decimal(数字) lower-roman(小写罗马数字) upper-roman(大写罗马数字) lower-alpha(小写字母) upper-alpha(大写字母)

6. 表格属性

CSS 表格属性用于改变表格的外观。CSS 表格属性如表 3-1-6 所示。

表 3-1-6　CSS 表格属性

属性	含义	属性值
border-collapse	设置是否合并表格边框	separate（边框是分开的） collapse（合并成单一边框）
border-spacing	设置相邻单元格边框之间的距离	长度（水平间距）长度（垂直间距）
caption-side	设置表格标题的位置	top（表格上方）/bottom（表格下方）
caption-cells	设置是否显示表格中空单元格上的边框和背景	show（在空单元格周围绘制边框） hide（不在空单元格周围绘制边框）
table-layout	设置用于表格的布局算法	auto（列宽由最宽单元格决定） fixed（列宽由表格宽度和列宽度决定）

温馨提示

Dreamweaver 提供的 CSS 工具面板中仅包含常用的样式定义，我们要将常用的 CSS 样式记住，最好使用“代码”视图来编辑 CSS 样式，Dreamweaver 提供代码提示功能，非常方便对 CSS 样式进行定义。

任务二　利用 CSS 制作水平菜单

导航菜单是网页中重要的组成元素之一，导航菜单的风格往往决定了整个网站的风格。利用 CSS 与 HTML 的列表标签来制作导航菜单，实现起来简单美观，并且可以制作水平菜单和垂直菜单。

效果展示

使用项目列表或编号列表标签，结合 CSS 样式，制作水平菜单，效果如图 3-2-1 所示。

首页　婚庆钻饰　自我犒赏　爱的礼物　DIY中心　钻石课堂　服务与帮助

图 3-2-1　水平菜单效果图

操作引导

1. 制作水平菜单

（1）新建网页文件“caidan. html”，新建样式表文件“css2. css”，保存两个文件至站点中，单击“CSS 样式”工具栏中的“链接外部样式表”按钮，将“css2. css”链接到“caidan. html”文件中。

（2）定义无序列表 <ul>，每对 <li> </li> 里包含一个菜单项，并加入空链接，HTML

代码如下:

```
<ul>
  <li><a href="#">首页</a></li>
  <li><a href="#">婚庆钻饰</a></li>
  <li><a href="#">自我犒赏</a></li>
  <li><a href="#">爱的礼物</a></li>
  <li><a href="#">DIY 中心</a></li>
  <li><a href="#">钻石课堂</a></li>
  <li><a href="#">服务与帮助</a></li>
</ul>
```

(3) 在“css2. css”文件里设置 <ul>的样式为

```
ul{padding:0;margin:0;list-style-type;none;}
```

定义“padding”和“margin”为 0,可去掉 ul 标签默认的边距和填充值;将“list-style-type”的值设为“none”,即将 ul 的列表符号设置为无,效果如图 3-2-2 所示。

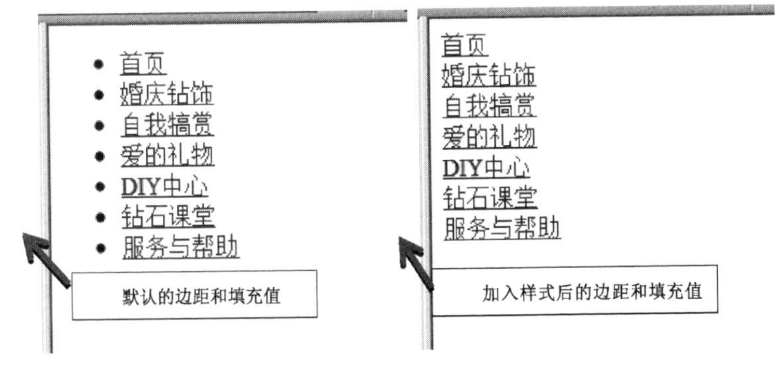

图 3-2-2 ul 的 CSS 样式效果图

(4) 设置 li 标签的样式为“float”的左对齐效果 li{float:left; },菜单变为水平菜单。

(5) 设置超级链接文字的效果,在 a 标签的样式中,设置宽度值“width”和高度值“height”的同时,必须设置“display”的值为“block”(块),对超级链接的文字设置指定的宽度值和高度值后,就像设置一个指定宽度和高度的按钮,还可以继续设置超级链接文字的背景及文字的位置。

```
a {font-size:13px;              /*设置超级链接文字的大小为 13 像素*/
width:100px;                    /*设置宽度为 100 像素*/
height:25px;                    /*设置高度为 25 像素*/
background-color:#C00;          /*设置背景颜色为#C00*/
display:block;                  /*设置显示效果为 block */
margin-left:10px;               /*设置左边距为 10 像素*/
color:#FFF;                     /*设置文字的颜色为白色*/
text-decoration:none;           /*设置超级链接所产生的下划线效果为无*/
text-align:center;              /*设置文字水平居中效果*/
```

```
padding-top:5px;                    /*设置上填充值为5像素*/
}
```

网页浏览的效果如图 3-2-3 所示。

图 3-2-3　链接原始效果图

(6) 设置鼠标经过超级链接效果,CSS 样式代码如下:

```
a:hover{background-color:#0FF;      /*设置背景颜色#0FF*/
color:#000;                         /*设置文字的颜色是黑色*/
}
```

效果预览如图 3-2-4 所示。

图 3-2-4　鼠标经过超级链接效果图

另外,还可以通过设置背景图片、设置边框来提高菜单的美观度。

2. 设置多种超级链接效果

一个网页中,超级链接的效果一般有两种以上,在 a 标签的样式设置上,可以通过类或者 ID 选择器的方式来设置多种超级链接的效果。

操作引导

1. 方法一:类方法

CSS 中用 4 个伪类来定义链接的样式,分别是“a:link”、“a:visited”、“a:hover”和“a:active”,要设置多种超级链接的样式,可以给 a 标签的样式加入不同的类名,通过“class”属性来应用,实现方式如下。

(1) 在 Dreamweaver 中打开“caidan. html”文件,单击“css2. css”,进入 css“代码”视图,添加一种超级链接的类样式,写法为“a. 类名”,必须注意,“a”后面的“. ”代表类,类名要遵循 CSS 类名的命名规则,不能用数字为类名的第一个字符,要用字母做第一个字符。例如,可用“a. caidan2”这样的名称,4 个伪类的写法为“a. caidan2:link”、“a. caidan2:visited”、“a. caidan2:hover”和“a. caidan2:active”,设置默认类名为“a. caidan2”的超级链接状态,背景颜色为“#F00”,文字的颜色为“#F03”。CSS 有继承的功能,如果不需要修改原有的 CSS 效果,则 CSS 样式的代码如下:

```
a.caidan2 {background-color:#06F; color:0F3; }
a.caidan2:hover {background:#FCC url(images/adlw.gif) no-repeat right; }
```

(2)选中要应用的超级链接对象,在“属性”面板中的“类”选项中选择“caidan2”应用类的效果,如图 3-2-5 所示。

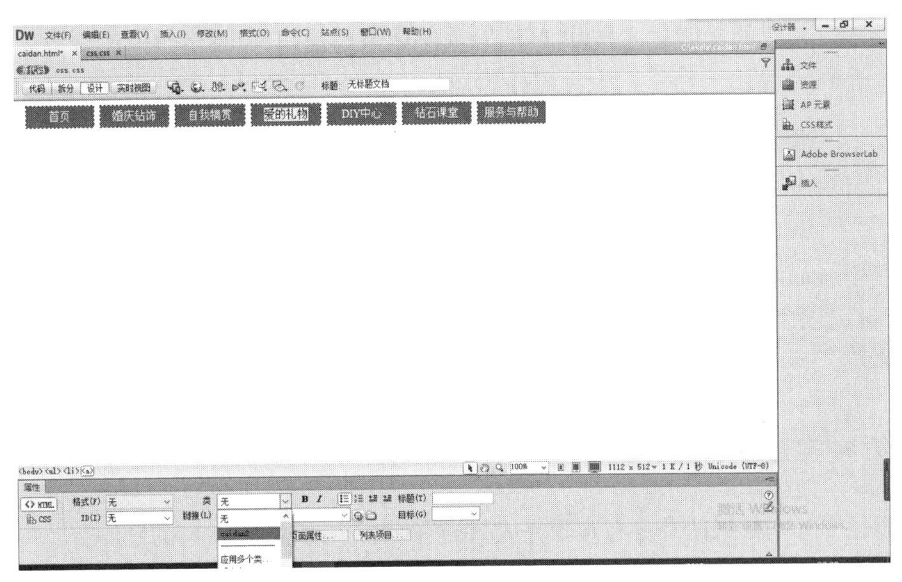

图 3-2-5　应用样式

HTML 代码如下：

```
<a href ="#" class ="caidan2" >爱的礼物 </a >
```

温馨提示

应用 CSS 样式的位置必须是在 <a> 标签中。

(3)网页预览的效果如图 3-2-6 和图 3-2-7 所示。

图 3-2-6　超级链接初始效果图

图 3-2-7　超级链接鼠标经过效果图

通过定义不同的类(如可以定义“a. caidan3”“a. caidan4”等方式)，设置多个超级链接的效果，在指定的超级链接对象中应用，采用类的方式设置，可以在多个地方使用样式，非常实用。

2. 方法二:标签样式

在“DIY 中心”的超级链接标签前加入 HTML 的 span 标签，并设置 id 属性为“diy”，HTML 代码如下：

```
<span id ="diy" > <a href ="#" >DIY 中心 </a > </span >
```

在“css2. css”文档中添加样式：

```
#diy a{color:#FF0;font-weight:bolder;          /* 文字加粗 */}
#diy a:hover{background-color:#39F; }
```

将“DIY 中心”的文字颜色改为“#FF0”，文字效果为加粗，鼠标经过时改变背景颜色，如图 3-2-8 所示。

首页 婚庆钻饰 自我犒赏 爱的礼物 DIY中心 钻石课堂 服务与帮助

图 3-2-8　超级链接效果图

除了用 span 标签，也可以使用其他的 HTML 标签来指定某个位置，如 div 标签，并通过不同的“id”值来设置多种超级链接的 CSS 效果，实现在一个页面中创建多种不同的超级链接的效果。

拓展实践

根据以下样式效果图及参考步骤完成“钻石课堂”页面(图 3-2-9)的制作。

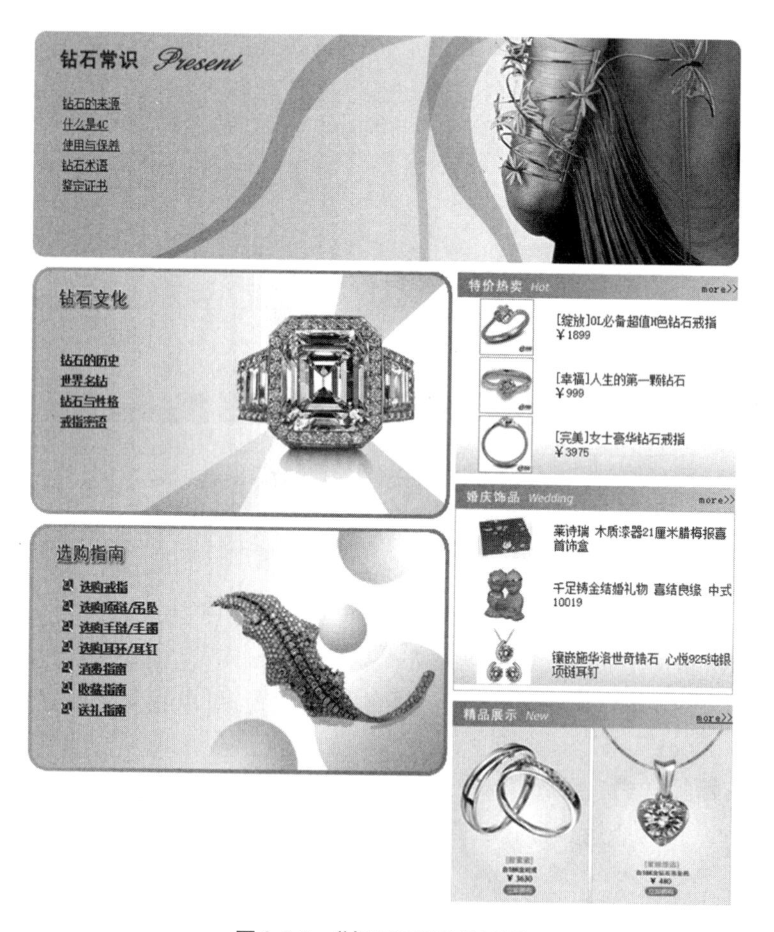

图 3-2-9　“拓展实践”效果图

参考步骤如下：

(1) 打开“DiamondLesson-css. html”文件，新建样式文件“css. css”。

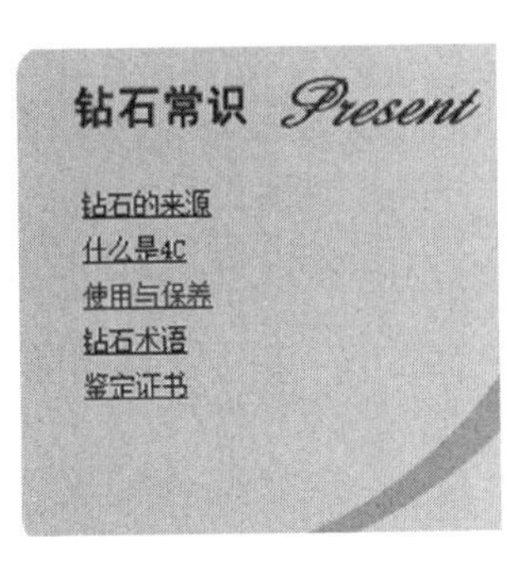

图 3-2-10 链接的效果图

（2）在“css. css”中定义 body 和 td 的标签样式，设置页面背景色为“#FFFFFF”、字体为“宋体”、字号为 12 像素、文字颜色为“#505050”、页边距均为 0。

（3）定义页面超级链接文字的效果：链接原始状态“a：link”、鼠标单击时“a：active”和访问过状态“a：visited”的颜色均为“#505050”，鼠标经过时“a：hover”的颜色为“#AD3F26”。效果如图 3-2-10 所示。

（4）在“css. css”中定义类样式“. liebiao1”，具体内容为：“font-weight”设为粗体、“line-height”设为 20 像素、“padding-left”设为 30 像素、“list-style-type”设为无。将该样式应用于“钻石文化”区域的列表。效果如图 3-2-11 所示。

图 3-2-11 类样式“. liebiao1”的应用效果图

（5）继续在“css. css”中定义类样式“. liebiao2”，具体内容为：“font-weight”设为粗体、“line-height”设为 20 像素、“padding-left”设为 35 像素、“list-style-position”设为“inside”、“list-style-image”的地址设为“images/search. gif”。将该样式应用于“选购指南”区域的列表。效果如图 3-2-12 所示。

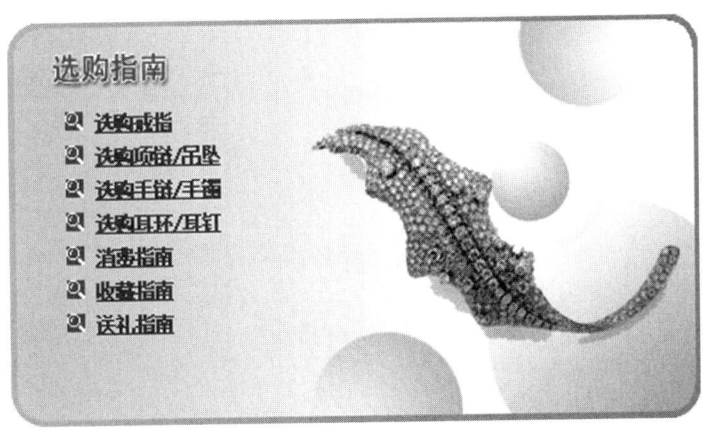

图 3-2-12 类样式“. liebiao2”的应用效果图

(6) 定义伪类样式“a. lj”,设置“特价热卖”和“婚庆饰品”标题右侧的“more >> ”链接效果,原始状态无下划线,鼠标经过时加粗、斜体、添加下划线。效果如图 3-2-13 所示。

(7) 定义类样式“. bk”,设置表格边框宽度为 1 像素、实线、颜色“CCCCCC”,将该样式应用于“婚庆饰品”下嵌套的表格,效果如图 3-2-14 所示。

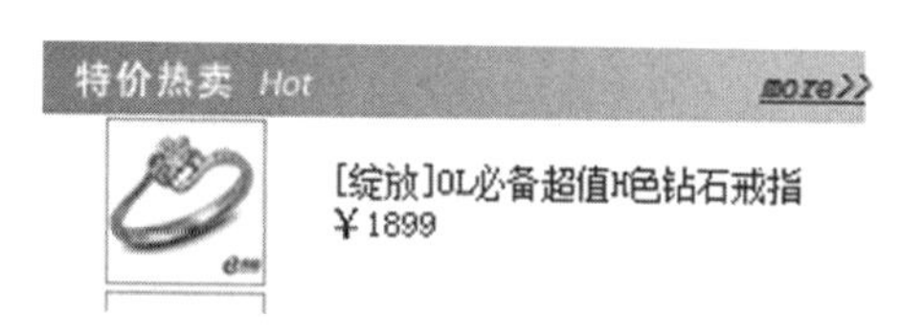

图 3-2-13 伪类样式链接效果图

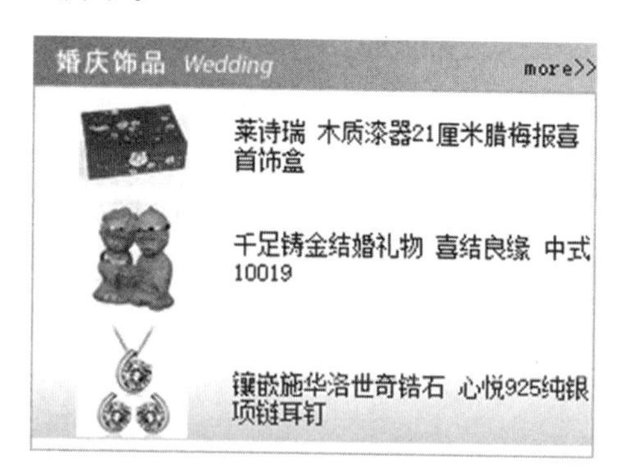

图 3-2-14 表格边框效果图

网页布局篇

- 掌握 Div 标签的使用方法。
- 能够利用 Div 进行页面布局。
- 能够通过 CSS 样式来控制 Div 标签的显示效果。
- 能够通过 CSS 3.0 样式来控制 Div 标签的显示效果,设计弹性盒页面布局。

效果展示

本任务主要利用 Div + CSS 作为布局工具来制作 e 克拉网站中的“婚庆钻饰”界面(图 4-1-1),并通过该网页的制作,学会使用 Div 布局网页的基本操作方法以及利用 CSS 对网页元素进行美化的方法。使用 Div + CSS 布局的网页具有更加兼容、更加轻巧、更加容易修改的特点,因此,越来越被广大的网页爱好者选用。

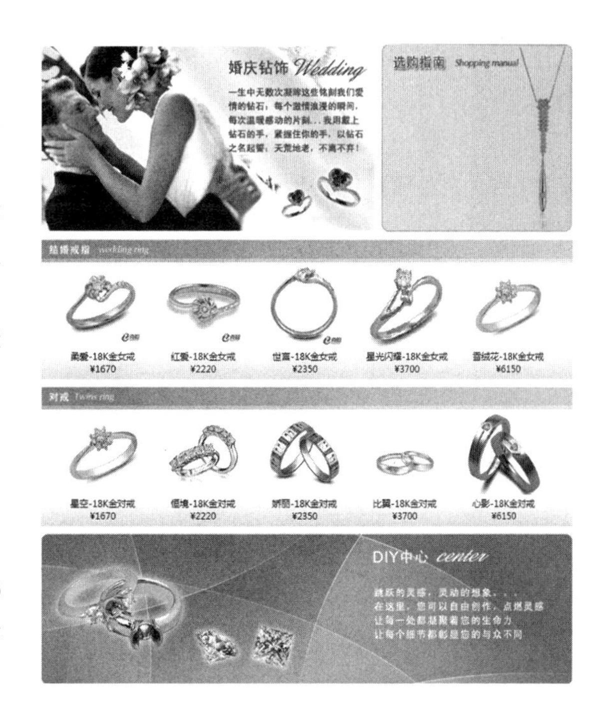

图 4-1-1　网页效果图

(1) 新建页面 wedding. html,在 CSS 样式面板中,单击按钮,新建并设置标签 body 的样式,分别如图 4-1-2、图 4-1-3、图 4-1-4 所示。

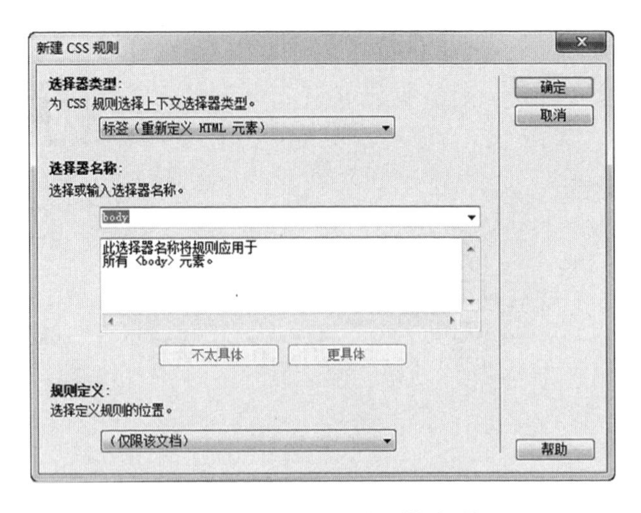

图 4-1-2 “新建 CSS 规则”对话框

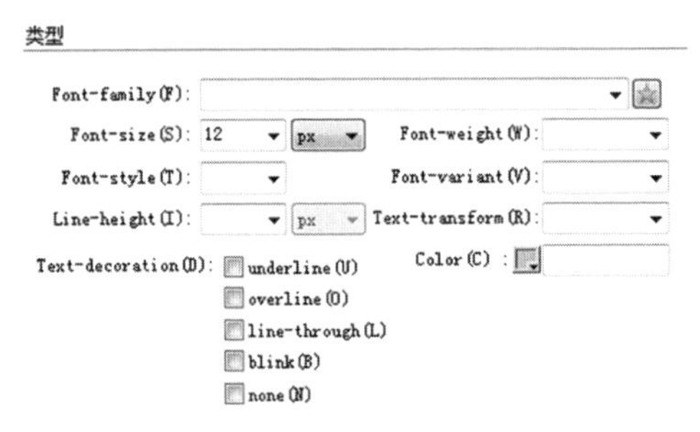

图 4-1-3 设置 body 标签的“类型”属性

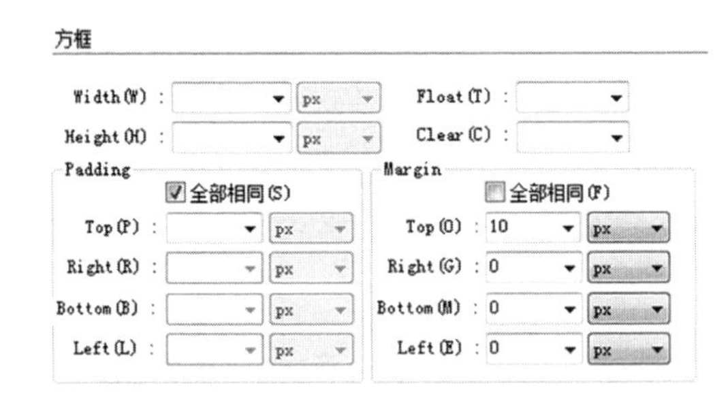

图 4-1-4 设置 body 标签的“方框”属性

（2）执行“插入”/“布局对象”/“Div 标签”命令，打开“插入 Div 标签”对话框，如图 4-1-5 所示。

（3）单击 确定 按钮，插入 Div 标签，将标签内的文本删除。

（4）为当前的 Div 标签 top 新建 ID 样式“#top”，在“方框”内设置宽（Width）、高（Height）和边界（Margin），如图 4-1-6 所示。

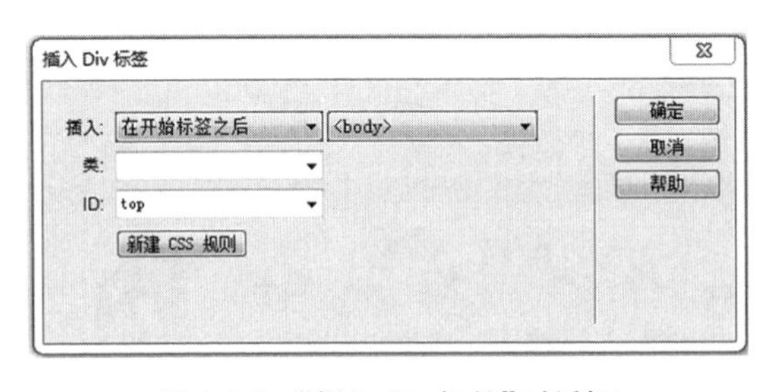

图 4-1-5 “插入 Div 标签”对话框

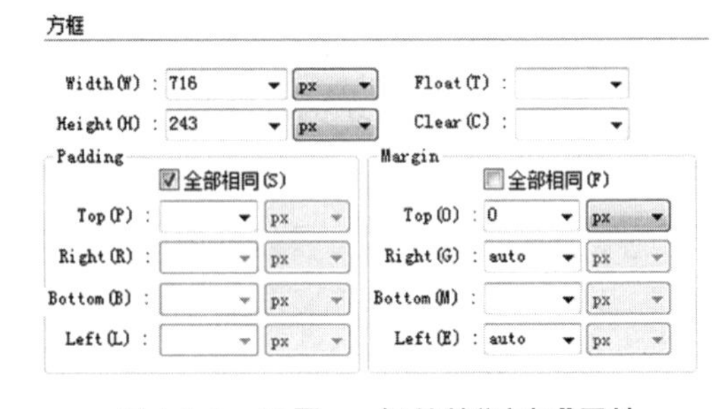

图 4-1-6 设置 top 标签的“方框”属性

温馨提示

Div 标签主要用于页面布局，ID 为每个标签都有的属性，通过设置 ID，可以唯一地确定一个标签。

（5）在 topdiv 标签中插入 1 行 2 列的 table，分别在左列插入图片“wedding_banner. gif”，并在右列设置背景图片“wedding_choose. gif”，如图 4-1-7 所示。

图 4-1-7　使用表格排列图片

（6）在 top 标签后插入标签 wedding_top1，如图 4-1-8 所示。

（7）新建类样式“. wedding_top”，在“背景”内设置背景图片（Background-image）为“wedding_product_bg”，如图 4-1-9 所示；在“方框”内设置高（Height）、宽（Width）、边界（Margin），如图 4-1-10 所示。

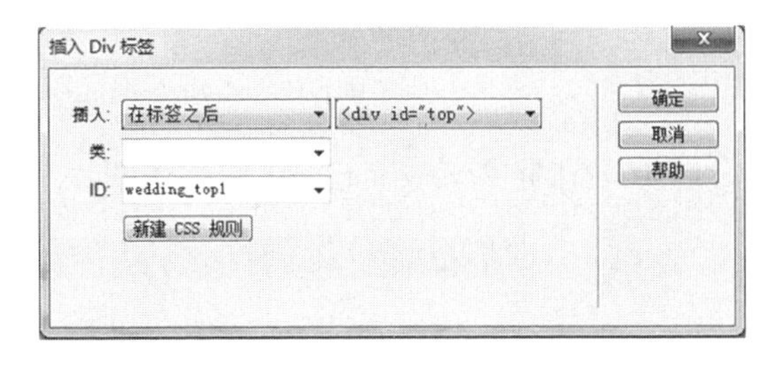

图 4-1-8　使用表格排列图片

背景

Background-color (C):
Background-image (I): images/wedding_product_　浏览...
Background-repeat (R): repeat-x
Background-attachment (T):
Background-position (X): px
Background-position (Y): bottom px

图 4-1-9　设置 wedding_top1 标签的“类型”属性

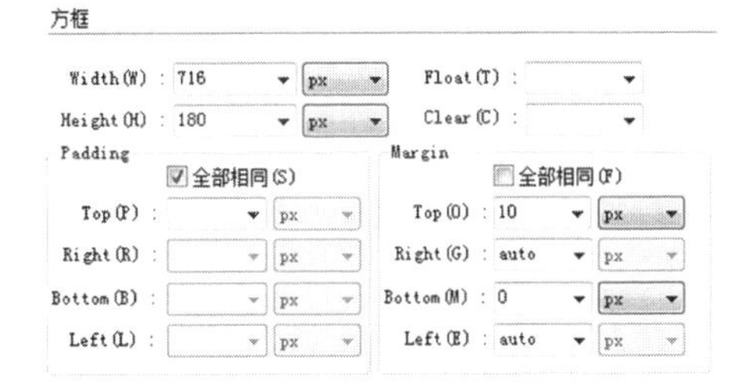

图 4-1-10　设置 wedding_top1 标签的“方框”属性

（8）选择工作区下方 Div 标签，设置属性中的类值为“wedding_top”，即在标签“wedding_top1”上使用类样式，如图 4-1-11 所示。

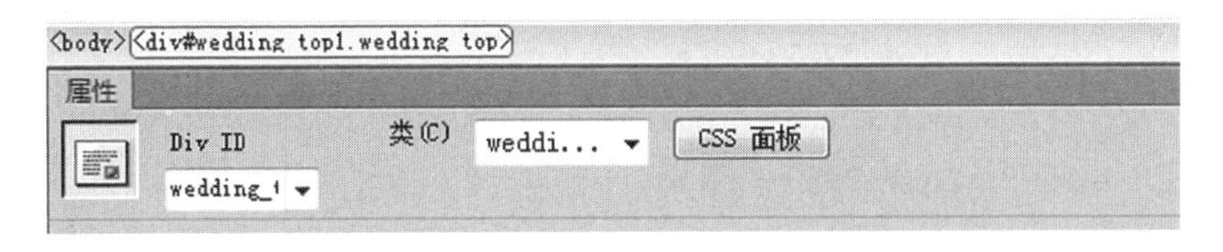

图 4-1-11　设置 wedding_top1 标签类样式

（9）重复步骤（6）—（8），在标签 wedding_top1 后插入标签 wedding_top2，并使用该类样式。完成后的效果如图 4-1-12 所示。

图 4-1-12　添加 wedding_top1、wedding_top2 后的效果图

(10) 在标签 wedding_top1 中插入图片"wedding_product_top01. gif",如图 4-1-13 所示。

图 4-1-13　插入图片"wedding_product_top01. gif"

(11) 在图片下方插入一个 Div 标签,使用类样式名为". content",在标签中设置以下列表内容,效果如图 4-1-14 所示。

```
<div class="content">
<ul>
    <li><img src="images/product_pic_01.jpg"/><br/>柔爱-18K 金女戒
      <br/>&yen;1670</li>
    <li><img src="images/product_pic_02.jpg"/><br/>红爱-18K 金女戒
      <br/>&yen;2220</li>
    <li><img src="images/product_pic_03.jpg"/><br/>世言-18K 金女戒
      <br/>&yen;2350</li>
    <li><img src="images/product_pic_04.gif"/><br/>星光闪耀-18K 金女
      戒<br/>&yen;3700</li>
    <li><img src="images/product_pic_05.gif"/><br/>雪绒花-18K 金女戒
      <br/>&yen;6150</li>
</ul>
</div>
```

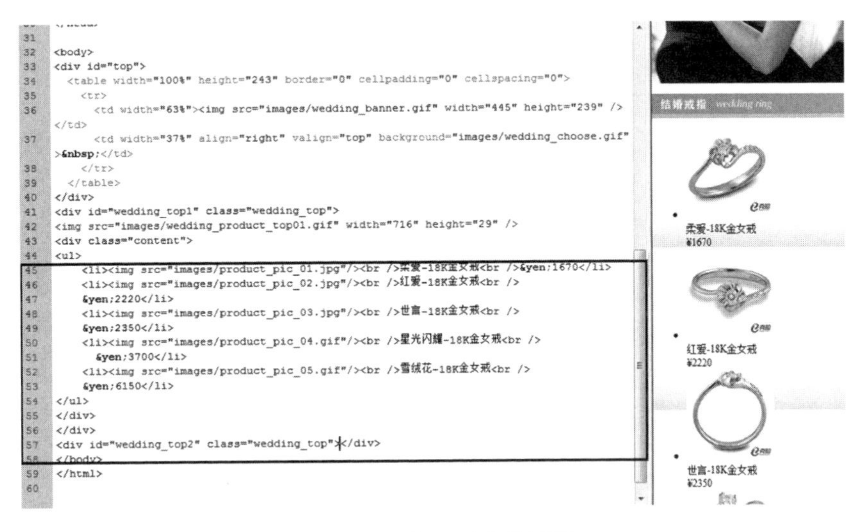

```
31
32  <body>
33  <div id="top">
34    <table width="100%" height="243" border="0" cellpadding="0" cellspacing="0">
35      <tr>
36        <td width="63%"><img src="images/wedding_banner.gif" width="445" height="239" />
    </td>
37        <td width="37%" align="right" valign="top" background="images/wedding_choose.gif"
    > </td>
38      </tr>
39    </table>
40  </div>
41  <div id="wedding_top1" class="wedding_top">
42  <img src="images/wedding_product_top01.gif" width="716" height="29" />
43  <div class="content">
44  <ul>
45      <li><img src="images/product_pic_01.jpg"/><br />柔爱-18K金女戒<br />&yen;1670</li>
46      <li><img src="images/product_pic_02.jpg"/><br />红爱-18K金女戒<br />
47      &yen;2220</li>
48      <li><img src="images/product_pic_03.jpg"/><br />世富-18K金女戒<br />
49      &yen;2350</li>
50      <li><img src="images/product_pic_04.gif"/><br />星光闪耀-18K金女戒<br />
51        &yen;3700</li>
52      <li><img src="images/product_pic_05.gif"/><br />雪绒花-18K金女戒<br />
53      &yen;6150</li>
54  </ul>
55  </div>
56  </div>
57  <div id="wedding_top2" class="wedding_top"></div>
58  </body>
59  </html>
60
```


图 4-1-14　插入列表效果图

（12）新建并编辑类样式“. content”，设置其“方框”属性，如图 4-1-15 所示。

（13）编辑 ul 标签样式，在“方框”内设置高（Height）和宽（Width），在“列表”内设置列表的默认样式为“none”，分别如图 4-1-16、图 4-1-17 所示。

（14）编辑 li 标签样式，在“方框”内设置高（Height）、宽（Width）和边界（Margin），在“区块”内设置文字对齐“Text-align”，分别如图 4-1-18、图 4-1-19 所示。

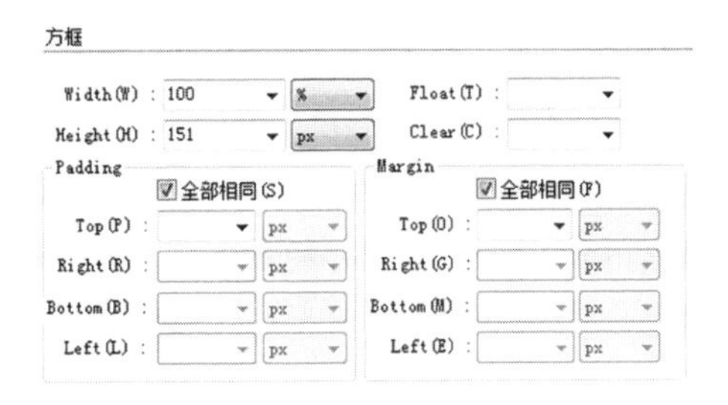

图 4-1-15　设置类. content 标签的“方框”属性

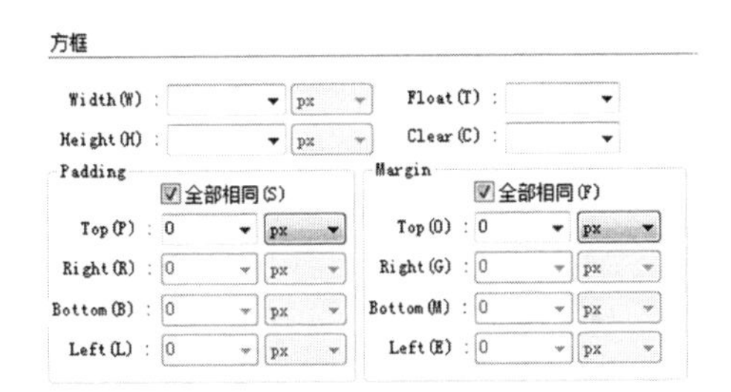

图 4-1-16　设置 ul 标签的“方框”属性

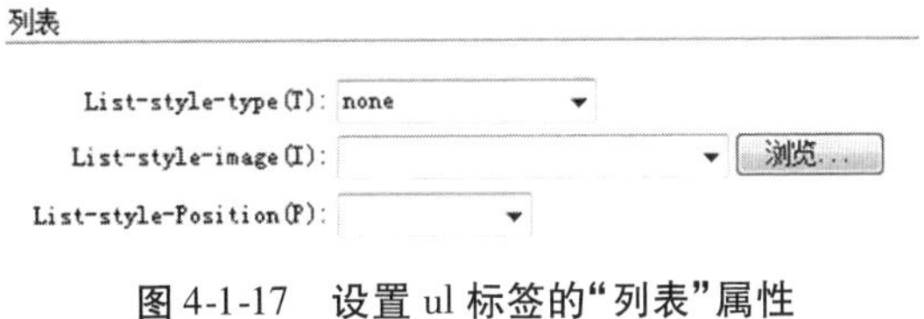

图 4-1-17　设置 ul 标签的“列表”属性

方框

Width(W) : px　Float(T) : left

Height(H) : px　Clear(C) :

Padding　☑全部相同(S)

Top(P) : px

Right(R) : px

Bottom(B) : px

Left(L) : px

Margin　☐全部相同(F)

Top(O) : 5 px

Right(G) : 0 px

Bottom(M) : 0 px

Left(E) : 30 px

图 4-1-18　设置 li 标签的“方框”属性

区块

Word-spacing(S): em

Letter-spacing(L): em

Vertical-align(V): %

Text-align(T): center

Text-indent(I):

White-space(W):

Display(D):

图 4-1-19　设置 li 标签的“区块”属性

设置后效果如图 4-1-20 所示。

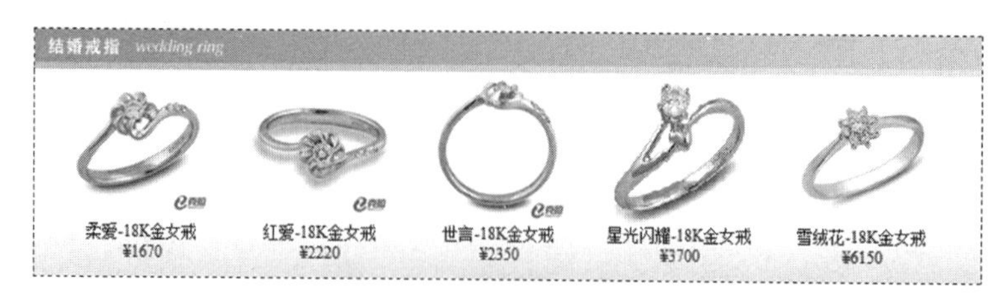

图 4-1-20 使用列表和样式布局图片文字效果图

(15) 重复步骤(10)—(15),完成“wedding_top2”中的图文设计。相关代码和效果分别如图 4-1-21、图 4-1-22 所示。

```
<div id="wedding_top2"><img src="images/wedding_product_top02.gif" width="716" height="29" />
<div class="content">
<ul>
    <li><img src="images/wedding_product_01.gif"/><br />星空-18K金对戒<br />&yen;1670</li>
    <li><img src="images/wedding_product_02.gif"/><br />恒墳-18K金对戒<br />&yen;2220</li>
    <li><img src="images/wedding_product_03.gif"/><br />娇丽-18K金对戒<br />&yen;2350</li>
    <li><img src="images/wedding_product_04.gif"/><br />比翼-18K金对戒<br />&yen;3700</li>
    <li><img src="images/wedding_product_05.gif"/><br />心影-18K金对戒<br />&yen;6150</li>
</ul>
</div>
</div>
```

图 4-1-21 “wedding_top2”的代码设计

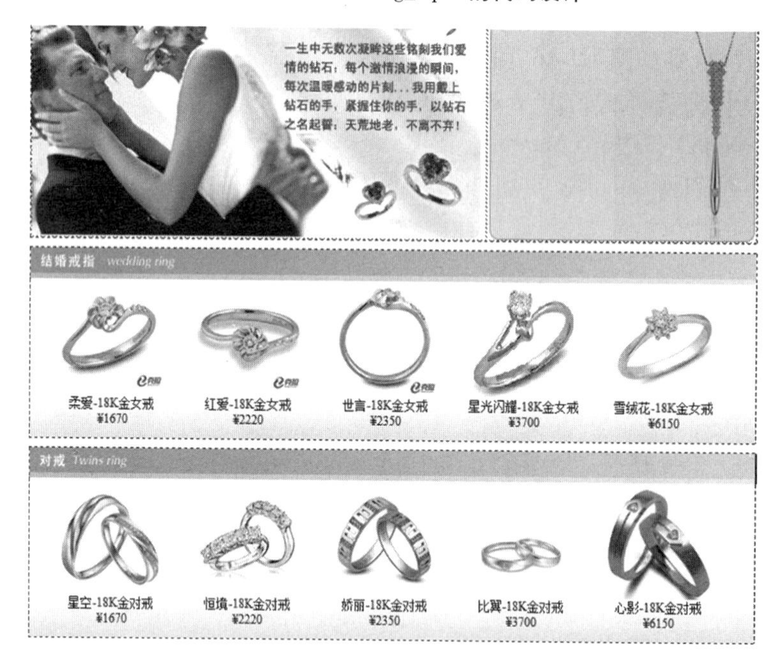

图 4-1-22 “wedding_top2”完成后的效果图

(16) 在标签 wedding_top2 后新建标签 bottom,同时设置 ID 样式“#bottom”,分别如图 4-1-23、图 4-1-24 所示。

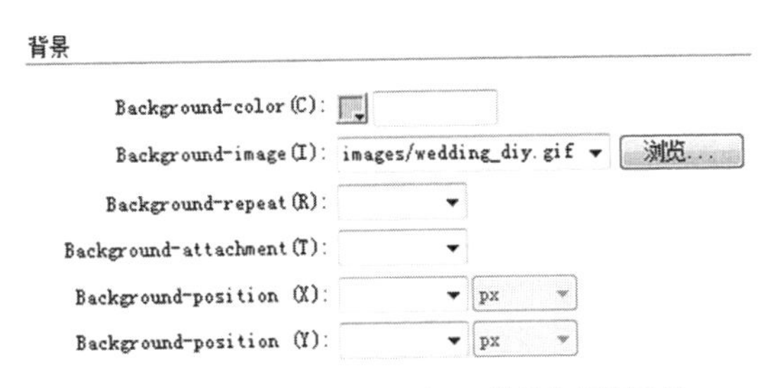

图 4-1-23 设置 bottom 标签的“背景”属性

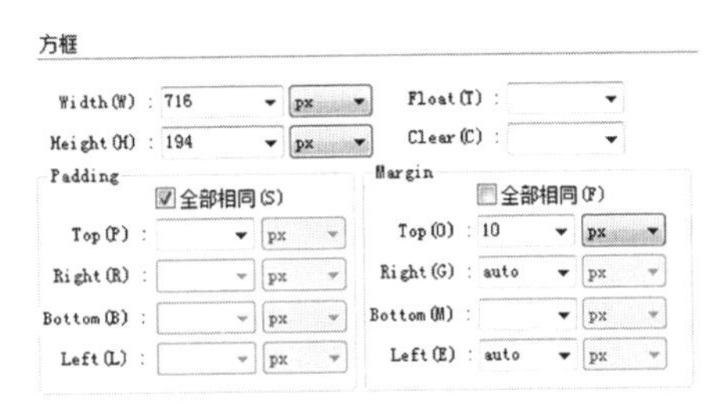

图 4-1-24 设置 bottom 标签的“方框”属性

技术支持

一、Div 标签

1. Div 标签的定义

Div 元素是用来为 HTML 文档内大块(block-level)的内容提供结构和背景的元素。Div 的起始标签和结束标签之间的所有内容都是用来构成这个块的,其中所包含元素的特性由 Div 标签的属性来控制,或者通过使用样式表格式化这个块来进行控制。

Div 标签称为区隔标记。其作用是设定文字、图片、表格等的摆放位置。设计时,可以把文字、图像或其他的网页元素放在 Div 中,因此,可称它为“Div block”,中文把它称作“层次”。

2. Div 标签的插入

执行“插入”/“布局对象”/“Div 标签”命令,即在网页中会出现如图 4-1-25 所示的 Div 标签及“此处显示新 Div 标签的内容”的文本内容。编辑时将文本删除,插入其他网页布局元素即可。没有设置 CSS 样式的标签在预览时没有显示效果。

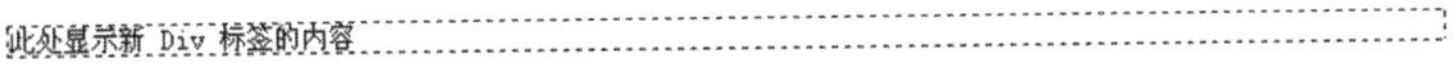

此处显示新 Div 标签的内容

图 4-1-25 插入 Div 标签

3. Div 标签的属性及使用

Div 一般在网页中都是结合样式表使用,即 CSS 高级样式或者类样式。它最终目的是给设计者另一种组织能力。如图 4-1-26 所示,只要给 Div 制定相同名称的高级样式(又称 ID 样式),或者指定要使用的类样式即可。

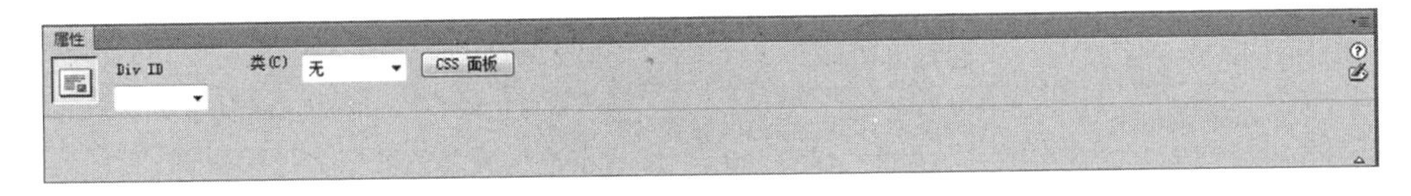

图 4-1-26 Div 标签的“属性”框

二、CSS 盒模型

CSS 盒模型是网页布局的基础,它定义了页面元素如何显示,以及相邻元素之间如何互相影响。所有 HTML 元素可以看作盒子，如图 4-1-27 所示，在 CSS 中，“box model”这一术语是用来设计和布局时使用。CSS 盒模型本质上是一个矩形空间，封装周围的 HTML 元素，它包括：边距、边框、填充和实际内容。盒模型允许我们在其他元素和周围元素边框之间的空间放置元素。

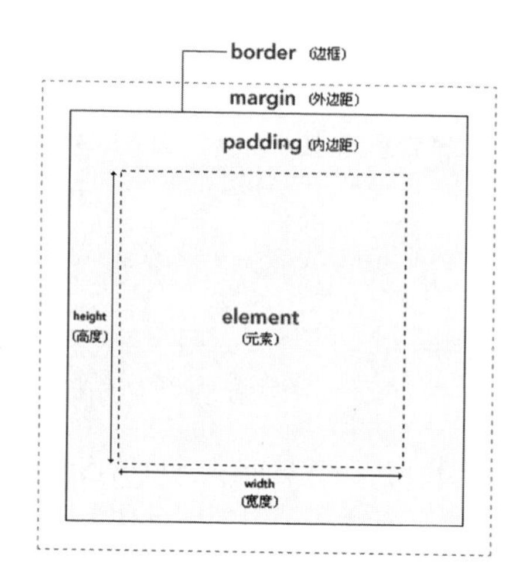

图 4-1-27　CSS 盒模型

元素框的最内部是实际的内容，直接包围内容的是内边距。内边距呈现了元素的背景。内边距的边缘是边框。边框以外是外边距，外边距默认是透明的，因此不会遮挡其后的任何元素。

以下是各部分的具体说明。

- margin（外边距）：清除边框外的区域，外边距是透明的。
- border（边框）：围绕在内边距和内容外的边框。
- padding（内边距）：清除内容周围的区域，内边距是透明的。
- content（内容）：盒子的内容，显示文本和图像。

1. CSS 边框属性

CSS 边框属性允许指定一个元素边框的样式和颜色，具体如表 4-1-1 所示。

表 4-1-1　CSS 边框属性

属性		含义	属性值
样式	border-style	设置 4 条边框的样式属性	none、dotted、dashed、solid、double、groove、inset、outset、ridge、inherit
	border-top-style	设置上边框的样式属性	
	border-right-style	设置右边框的样式属性	
	border-bottom-style	设置下边框的样式属性	
	border-left-style	设置左边框的样式属性	

续表

属性		含义	属性值
宽度	border-width	设置 4 条边框的宽度属性	thin、medium、thick、长度、inherit
	border-top-width	设置上边框的宽度属性	
	border-right-width	设置右边框的宽度属性	
	border-bottom-width	设置下边框的宽度属性	
	border-left-width	设置左边框的宽度属性	
颜色	border-color	设置 4 条边框的颜色属性	颜色名、十六进制、RGB 函数、transparent、inherit
	border-top-color	设置上边框的颜色属性	
	border-right-color	设置右边框的颜色属性	
	border-bottom-color	设置下边框的颜色属性	
	border-left-color	设置左边框的颜色属性	
复合	border	用一个声明定义所有边框属性	border-top-width border-top-style border-top-color
	border-top	用一个声明定义所有上边框属性	
	border-right	用一个声明定义所有右边框属性	
	border-bottom	用一个声明定义所有下边框属性	
	border-left	用一个声明定义所有左边框属性	

(1) 边框的样式。

样式是边框最重要的一个方面，如果没有样式，就没有边框。CSS 边框样式定义了 10 种样式效果，详细如下。

- none：默认无边框。
- dotted：定义一个点线边框。
- dashed：定义一个虚线边框。
- solid：定义实线边框。
- double：定义两个边框。两个边框的宽度和 border-width 的值相同。
- groove：定义 3D 沟槽边框。效果取决于边框的颜色值。
- ridge：定义 3D 脊边框。效果取决于边框的颜色值。
- inset：定义一个 3D 的嵌入边框。效果取决于边框的颜色值。
- outset：定义一个 3D 突出边框。效果取决于边框的颜色值。
- inherit：从父元素继承边框样式。

【示例 1】 单独设置 p 标签属性。

```
p{
    border-top-style:dotted;
    border-right-style:solid;
    border-bottom-style:dotted;
```

```
    border-left-style:solid;
}
```

【示例2】 统一设置p标签属性。

```
border-style:dotted solid;
```

温馨提示

同时定义多个属性时，一般按照顺时针，即上→右→下→左的顺序依次输入，具体如表4-1-2所示。

表4-1-2 CSS值的复制

定义属性值	含义
border-style:属性1,属性2,属性3,属性4	上→右→下→左
border-style:属性1,属性2,属性3	上→左右→下
border-style:属性1,属性2	上下→左右
border-style:属性1	上下左右

(2) 边框的宽度。

指定边框宽度有两种方法：可以指定长度值，比如2px或0.1em(单位为px、pt、cm、em等)，或者使用三个关键字之一，它们分别是thick、medium(默认值)和thin。

【示例3】 设置边框宽度。

```
p.one
{
    border-style:solid;
    border-width:5px;
}
p.two
{
    border-style:solid;
    border-width:medium;
}
```

(3) 边框的颜色。

border-color属性用于设置边框的颜色。可以设置的颜色如下。

- name:指定颜色的名称，如"red"。
- RGB:指定RGB值，如"rgb(255,0,0)"。
- Hex:指定十六进制值，如"#ff0000"。

还可以设置边框的颜色为"transparent"。

【示例4】 设置边框颜色。

```
p.one
{
  border-style:solid;
  border-color:red;
}
p.two
{
  border-style:solid;
  border-color:#98bf21;
}
```

(4) 边框的复合用法。

CSS为每一条边框提供一条声明,即可完成定义的属性,即border-top、border-right、border-bottom、border-left。它们的属性值分别为自己对应边框位置的样式、宽度、颜色,用空格隔开。其中,宽度和颜色可以省略。

【示例5】 边框属性的复合设置。

```
border:5px solid red;
```

2. CSS内边距属性

CSS padding(填充)是一个简写属性,定义元素边框与元素内容之间的空间,即上、下、左、右的内边距。

CSS内边距常用属性如表4-1-3所示。

表4-1-3 CSS内边距常用属性

属性	含义	属性值
padding-top	定义元素的上内边距	长度、百分比、inherit
padding-right	定义元素的右内边距	
padding-bottom	定义元素的下内边距	
padding-left	定义元素的左内边距	
padding	用一个声明定义所有内边距属性	auto、长度、百分比、inherit

【示例6】 在CSS中,指定不同的侧面不同的填充值。

```
padding-top:25px;
padding-bottom:25px;
padding-right:50px;
padding-left:50px;
```

以上代码定义了上内边距是25px,右内边距是50px,下内边距是25px,左内边距是50px。

为了缩短代码,它可以在一个属性中指定所有填充属性值。

【示例7】 统一指定填充值。

padding:25px 50px;

以上代码定义了上下填充为25px,左右填充为50px。

3. CSS外边距属性

围绕在元素边框的空白区域是外边距。设置外边距会在元素外创建额外的“空白”。设置外边距的最简单的方法就是使用 margin 属性,这个属性接受任何长度单位、百分数值甚至负值。margin 没有背景颜色,是完全透明的。

CSS外边距常用属性如表4-1-4所示。

表4-1-4 CSS外边距常用属性

属性	含义	属性值
margin-top	定义元素的上外边距	长度、百分比、inherit
margin-right	定义元素的右外边距	
margin-bottom	定义元素的下外边距	
margin-left	定义元素的左外边距	
margin	用一个声明定义所有外边距属性	auto、长度、百分比、inherit

【示例8】 分别指定外间距。

margin-top:100px;

margin-bottom:100px;

margin-right:50px;

margin-left:50px;

以上代码定义了上外边距是100px,下内边距是100px,右外边距是50px,左外边距是50px。为了缩短代码,它可以在一个属性中指定所有外边距属性值。

【示例9】 统一指定外边距。

margin:25px 50px;

以上代码定义了上下边距为25px,左右边距50px。

4. CSS轮廓属性

轮廓(outline)是绘制于元素周围的一条线,位于边框边缘的外围,可起到突出元素的作用。

轮廓属性的位置如图4-1-28所示。

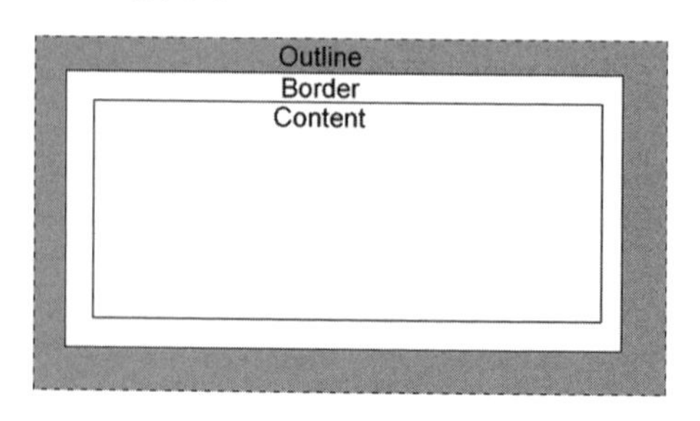

图4-1-28 CSS轮廓属性示意图

轮廓(outline)属性指定元素轮廓的样式、颜色和宽度。其值如表 4-1-5 所示。

表 4-1-5　轮廓属性及取值

属性	含义	属性值
outline	在一个声明中设置所有的轮廓属性	outline-color、outline-style outline-width、inherit
outline-color	设置轮廓的颜色	color-name、hex-number、rgb-number、invert、inherit
outline-style	设置轮廓的样式	none、dotted、dashed、solid、double、groove、ridge、inset、outset、inherit
outline-width	设置轮廓的宽度	thin、medium、thick、length、inherit

【示例 10】　定义不同类样式的轮廓值。

```
<! DOCTYPE html >
<html >
<head >
<meta charset ="utf-8" >
<title >徐州财经学校(www. xzcx. net. cn) </title >
<style >
    p. one
    {
        border:1px solid red;
        outline-style:solid;
        outline-width:thin;
        outline-color:red;
    }
    p. two
    {
        border:1px solid red;
        outline-style:dotted;
        outline-width:3px;
        outline-color:green;
    }
</style >
</head >
<body >
  <p class ="one" >This is some text in a paragraph. </p >
  <p class ="two" >This is some text in a paragraph. </p >
  <p > <b >注意: </b >如果只有一个! DOCTYPE 指定 IE8 支持 outline 属性。
      </p >
```

```
</body>
</html>
```

温馨提示

outline 是不占空间的，也不会增加额外的 width 或者 height。

任务二　制作“爱的礼物”页面

效果展示

本任务主要利用 CSS 的浮动效果来制作 e 克拉网站中的“爱的礼物”界面，网页效果图如图 4-2-1 所示，该页面为二分栏的页面，是一种常用的“T”型布局方式。熟练掌握这种设置方法，还可以灵活设计其他页面版式。

图 4-2-1　网页效果图

操作引导

（1）新建页面样式，设置页面边距属性，分别如图 4-2-2、图 4-2-3 所示。

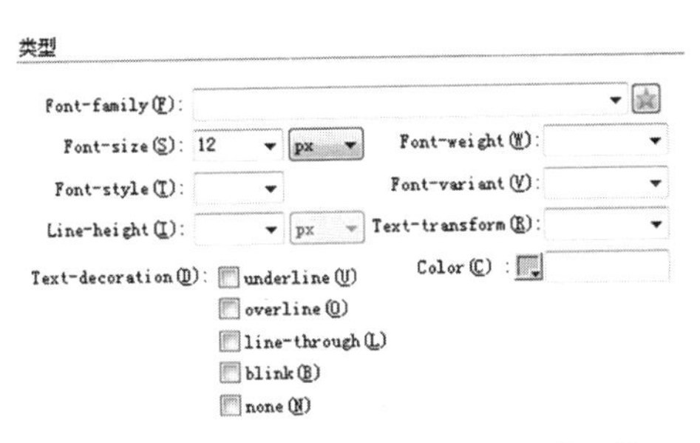

图 4-2-2 设置 body 标签的“类型”属性

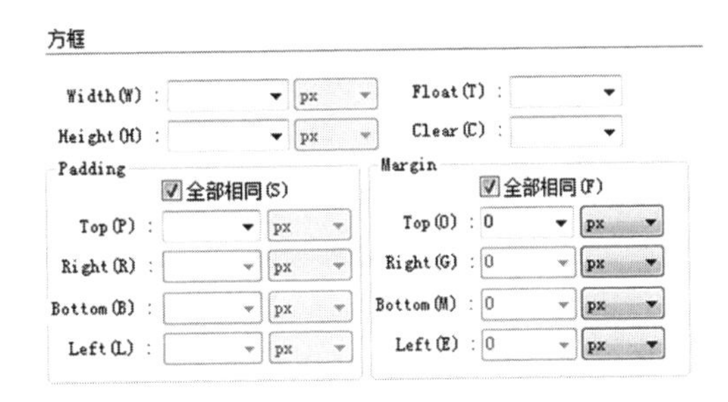

图 4-2-3 设置 body 标签的“方框”属性

(2) 执行“插入”/“布局对象”/“Div 标签”命令，打开“插入 Div 标签”对话框，如图 4-2-4 所示。

(3) 单击 确定 按钮，插入 Div 标签，将标签内的文本删除。

(4) 为当前的 Div 标签“topdiv”新建 ID 样式“#topdiv”，在“背景”内设置背景图片(Background-image)和重复方式(Background-repeat)，如图 4-2-5 所示；在“方框”内设置高(Height)，如图 4-2-6 所示。

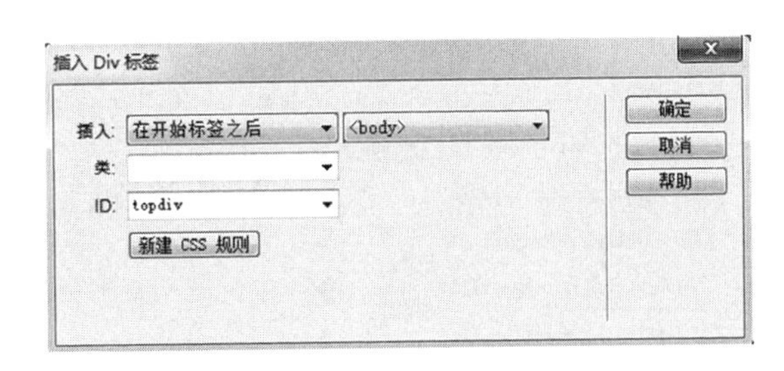

图 4-2-4 “插入 Div 标签”对话框

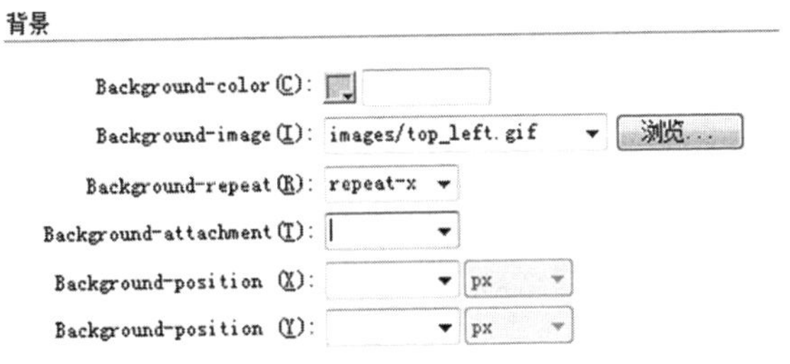

图 4-2-5 设置 topdiv 标签“背景”属性

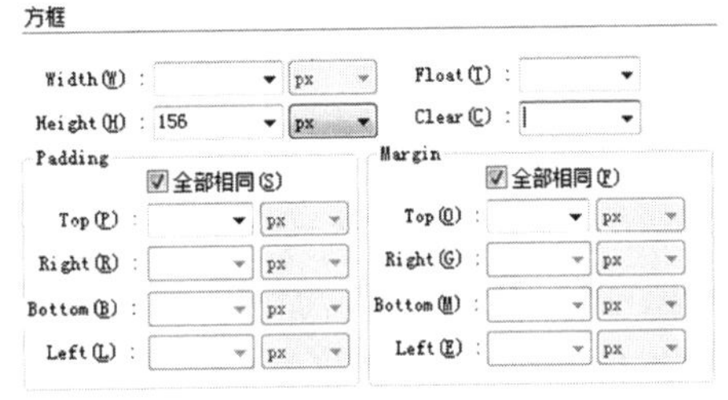

图 4-2-6 设置 topdiv 标签“方框”属性

(5) 在 topdiv 标签内插入 topdiv2 标签，并为 topdiv2 标签新建 ID 样式“#topdiv2”，如图 4-2-7 所示；在“方框”内设置高(Height)和宽(Width)，如图 4-2-8 所示。

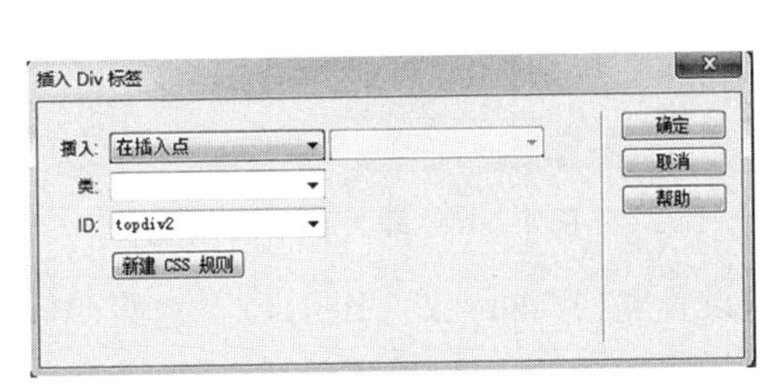

图 4-2-7 插入 topdiv2 标签

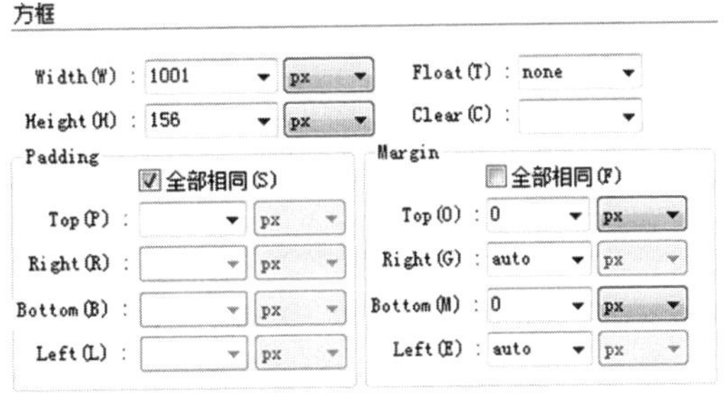

图 4-2-8 设置 topdiv2 标签“方框”属性

(6) 在 topdiv2 标签中插入图片“top.gif”，效果如图 4-2-9 所示。

图 4-2-9 插入图片“top. gif”

（7）在 topdiv 标签后插入标签 topline1。

（8）新建 ID 样式“#topline1”，在“背景”内设置背景颜色（Background-color）为“#AD3F26”，如图 4-2-10 所示；在“方框”内设置高（Height）和宽（Width），如图 4-2-11 所示。

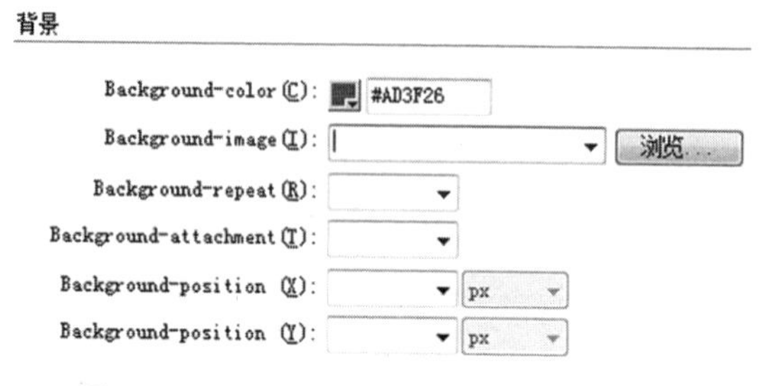

图 4-2-10 设置 topline1 标签的“背景”属性

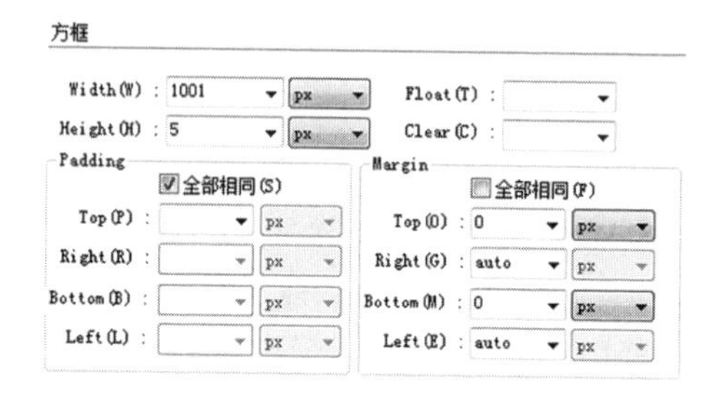

图 4-2-11 设置 topline1 标签的“方框”属性

（9）在 topline1 标签后插入标签 topline2，如图 4-2-12 所示。

（10）新建 ID 样式“#topline2”，在“背景”内设置背景颜色（Background-color），如图 4-2-13 所示；在“方框”内设置高（Height）和宽（Width），如图 4-2-11 所示。

（11）在 topline2 标签后插入标签 topline3，如图 4-2-14 所示。

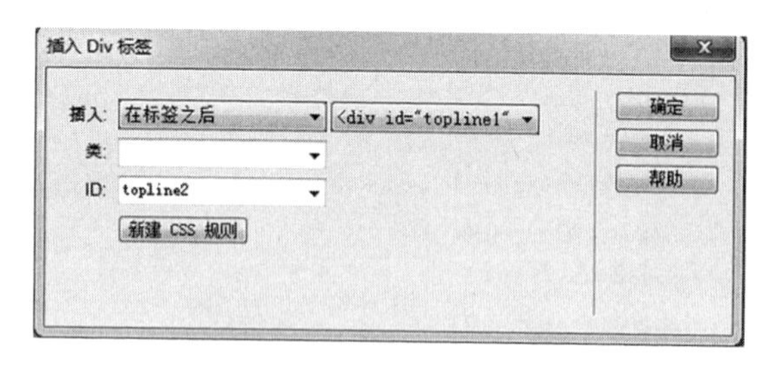

图 4-2-12 插入 topline2 标签

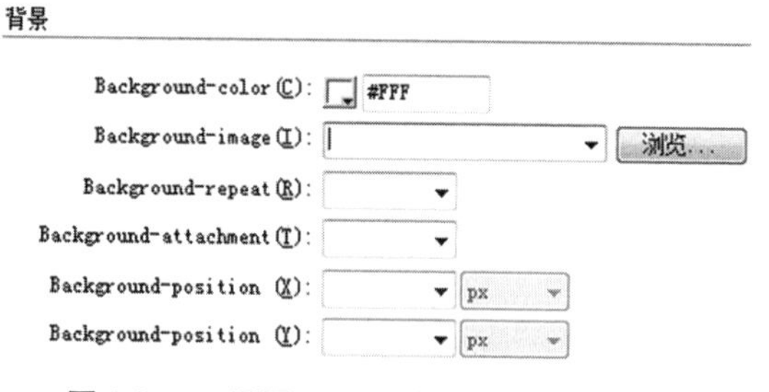

图 4-2-13 设置 topline2 标签的“背景”属性

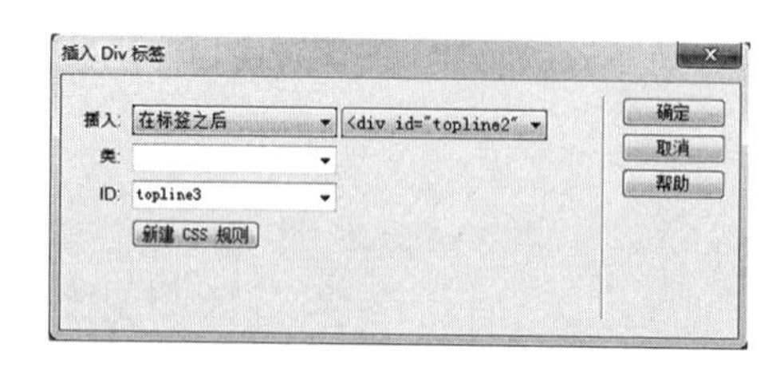

图 4-2-14 插入 topline3 标签

（12）新建 ID 样式“#topline3”，在“方框”内设置宽（Width）、高（Height）及边距（Margin），如图 4-2-15 所示。

（13）在 topline3 中插入 1 行 3 列表格，如图 4-2-16 所示。

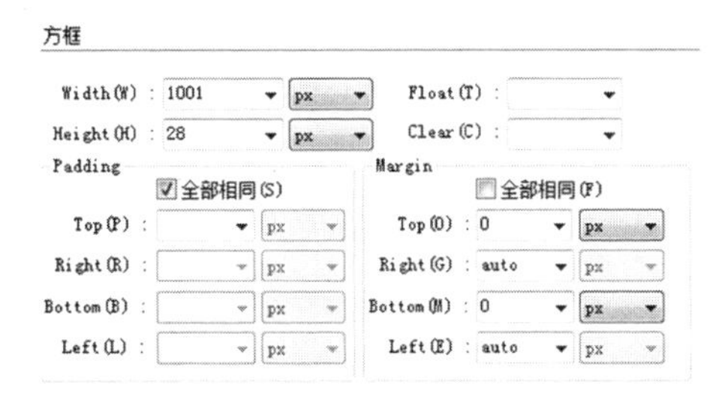

图 4-2-15 设置 topline3 标签的“背景”属性

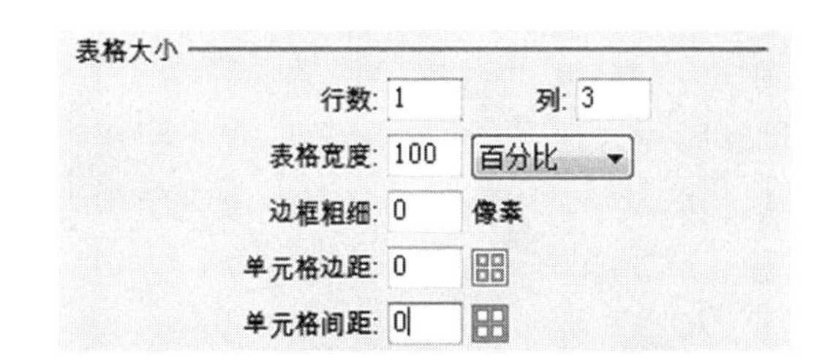

图 4-2-16 插入 1 行 3 列表格

（14）分别在第一个单元格和第三个单元格中插入图片，并设置两个单元格的宽均为 8 像素，如图 4-2-17 所示。

图 4-2-17 插入两侧图片

（15）设置第二个单元格的背景颜色为“#AD3F26”，如图 4-2-18 所示。

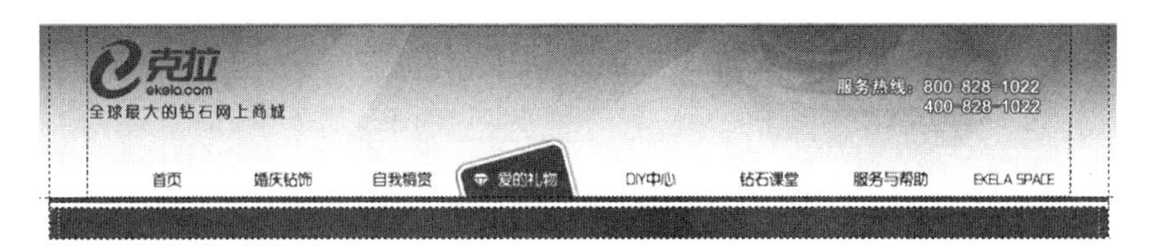

图 4-2-18 设置背景颜色

（16）拆分中间单元格为 3 列，分别填充内部内容，如图 4-2-19 所示。

图 4-2-19 “订单查询”效果图

（17）在当前标签的下方插入 lovebody 标签，如图 4-2-20 所示。

（18）新建 ID“#lovebody”，在“方框”中设置宽（Width）、浮动（Float）和边距（Margin）属性，如图 4-2-21 所示。

（19）在 lovebody 标签中插入 left 标签，新建 ID 样式“#left”，在“方框”中设置宽（Width）、浮动（Float）属性，如图 4-2-22 所示。

（20）在 left 标签后插入 right 标签，新建 ID 样式“#right”，在“方框”中设置宽（Width）、浮动（Float）属性，如图 4-2-23 所示。

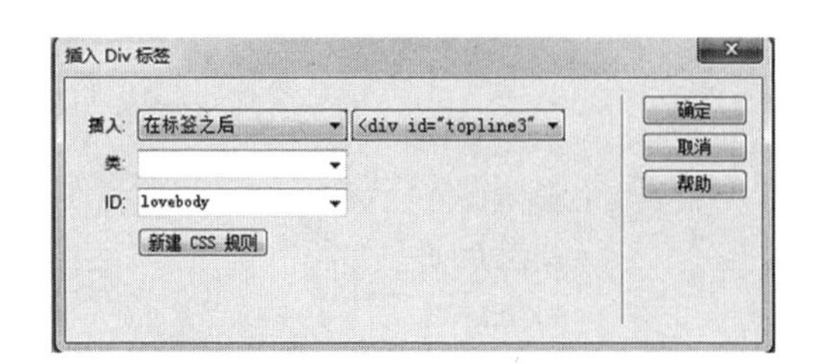

图 4-2-20　插入 lovebody 标签

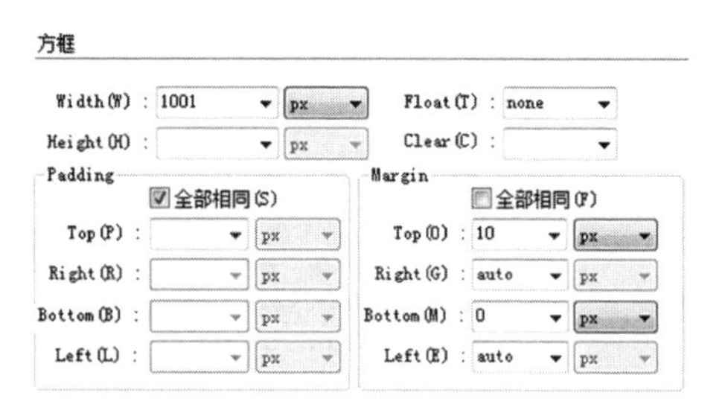

图 4-2-21　设置 lovebody 标签的“方框”属性

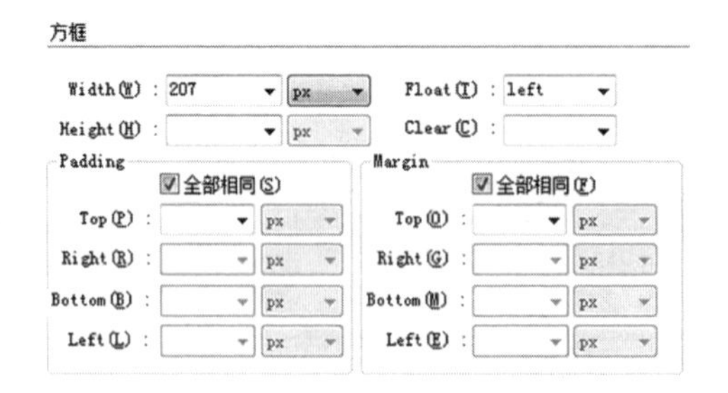

图 4-2-22　设置 left 标签的“方框”属性

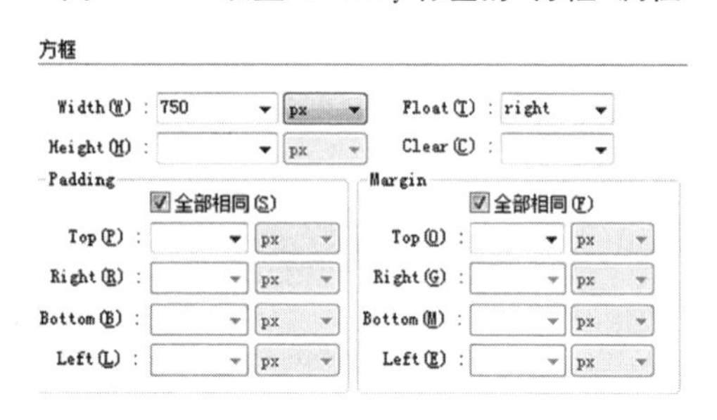

图 4-2-23　设置 right 标签的“方框”属性

（21）用户登录版块设置。在 left 标签内分别插入五个标签，分别命名为“login”“consultation”“questionnaire”“commitment”“information”，代码视图如图 4-2-24 所示。

（22）新建类样式“.left_margin”，设置每个模块间的间距为 10 像素，并将类分别用在以上五个标签上，分别如图 4-2-25、图 4-2-26、图 4-2-27、图 4-2-28、图 4-2-29 所示。

```
<div id="left">
<div id="login"></div>
<div id="consultation"></div>
<div id="questionnaire"></div>
<div id="commitment"></div>
<div id="information"></div>
</div>
```

图 4-2-24　新建标签及其命名

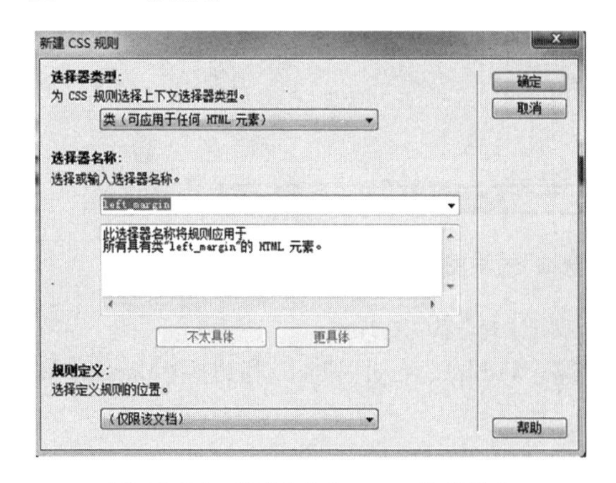

图 4-2-25　新建“.left_margin”类样式

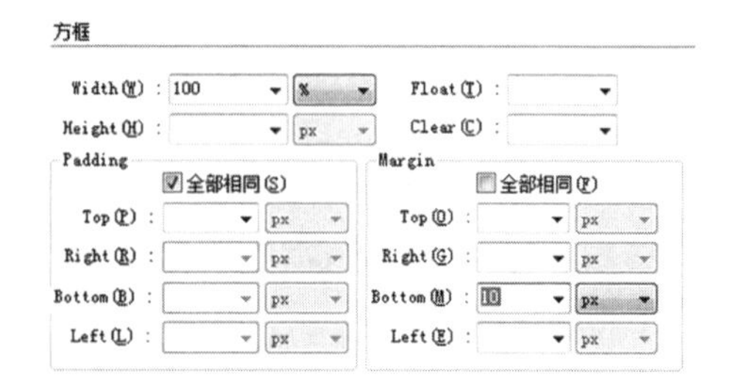

图 4-2-26　设置类“.left_margin”样式的“方框”属性

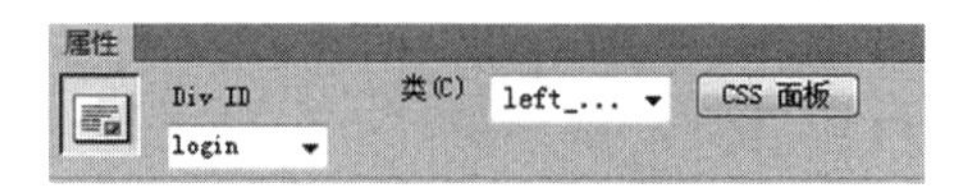

图 4-2-27　使用“属性”面板设置类样式“.left_margin”

```
<div id="left">
<div class="left_margin" id="login">login</div>
<div class="left_margin" id="consultation">consultation</div>
<div class="left_margin" id="questionnaire">questionnaire</div>
<div class="left_margin" id="commitment">commitment</div>
<div class="left_margin" id="information">commitment</div>
</div>
```

图 4-2-28　使用“代码”设置类样式“. left_margin”

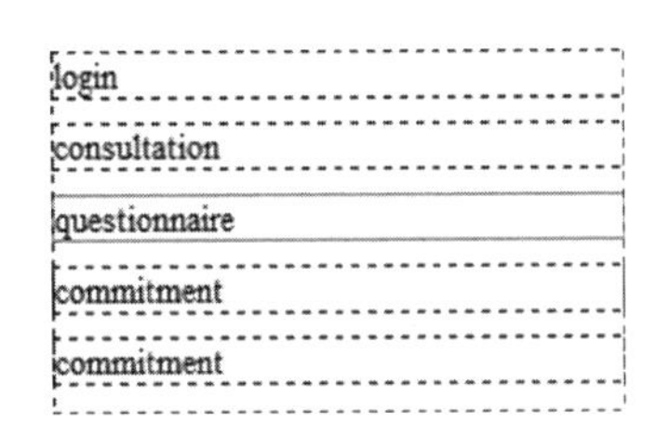

图 4-2-29　使用类样式“. left_margin”后的效果

(23) 用相同的方法,分别完成“用户登录”“在线咨询”“在线调查”“我们的承诺”“联系方式”五个版块的详细制作。

温馨提示

Div 标签主要用于页面布局,在此处使用 Div 标签将“用户登录”“在线咨询”“在线调查”“我们的承诺”“联系方式”五个版块独立布局,弥补了使用表格布局嵌套过多的缺陷,各个版块可另行插入表格进行其内部布局。

(24) 删除“登录”“用户注册”“忘记密码”三幅图片,插入三个按钮控件。

(25) 新建类样式“. login_button”,并对其“类型”“背景”“区块”“方框”“边框”属性分别进行设置,分别如图 4-2-30、图 4-2-31、图 4-2-32、图 4-2-33、图 4-2-34 所示。

(26) 新建类样式“. left_font”,设置文字的大小、颜色、间距等属性,实现样式的文字的美化,分别如图 4-2-35、图 4-2-36 所示,并将样式用在 p 标签上,如图 4-2-37 所示。

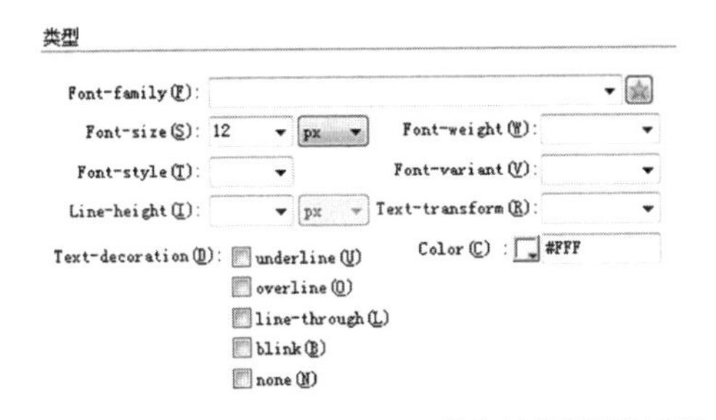

图 4-2-30　设置“. login_button”类的“类型”属性

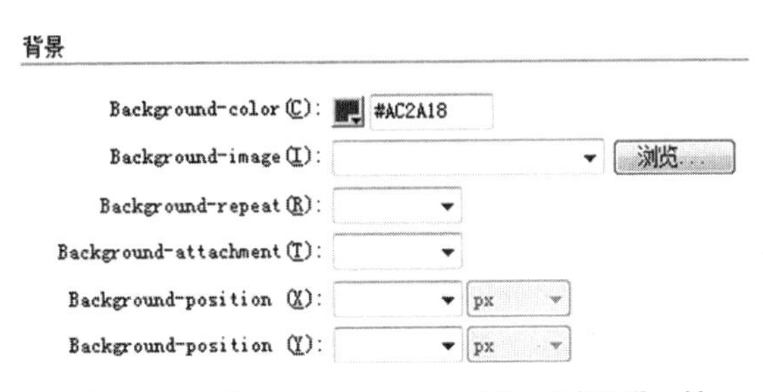

图 4-2-31　设置“. login_button”类的“背景”属性

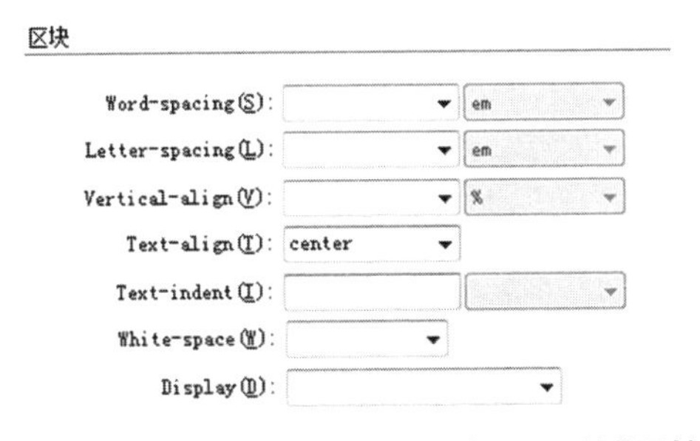

图 4-2-32　设置“. login_button”类的“区块”属性

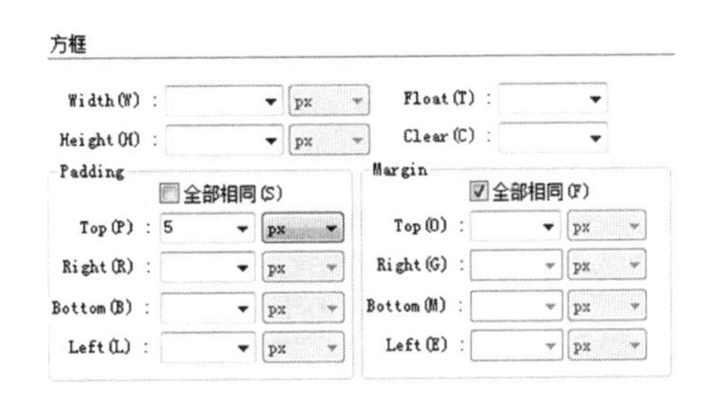

图 4-2-33　设置“. login_button”类的“方框”属性

边框

	Style	Width		Color
	☑全部相同(S)	☑全部相同(F)		☑全部相同(O)
Top (T) :	solid	1	px	#FFF
Right (R) :	solid	1	px	#FFF
Bottom (B) :	solid	1	px	#FFF
Left (L) :	solid	1	px	#FFF

图 4-2-34　设置“. login_button”类的“边框”属性

类型

Font-family (F):
Font-size (S): 12 px　Font-weight (W):
Font-style (T):　Font-variant (V):
Line-height (I): 15 px　Text-transform (R):
Text-decoration (D): □underline (U) □overline (O) □line-through (L) □blink (B) □none (N)　Color (C): #FFF

图 4-2-35　设置“. left_font”类的“类型”属性

方框

Width (W):　px　Float (T):
Height (H):　px　Clear (C):

Padding ☑全部相同(S)：Top (P)、Right (R)、Bottom (B)、Left (L)：px

Margin □全部相同(F)：Top (O): 10 px　Right (G): px　Bottom (M): 10 px　Left (E): 10 px

图 4-2-36　设置“. left_font”类的“方框”属性

```
<p class="left_font">
1、无条件退货<br />
2、权威机构认证<br />
3、EMS免费配送<br />
4、全程运输保险<br />
5、订单短信通知<br />
6、e克拉的优势
</p>
```

图 4-2-37　设置 p 标签类的属性

（27）完成后的页面效果如图 4-2-38 所示。

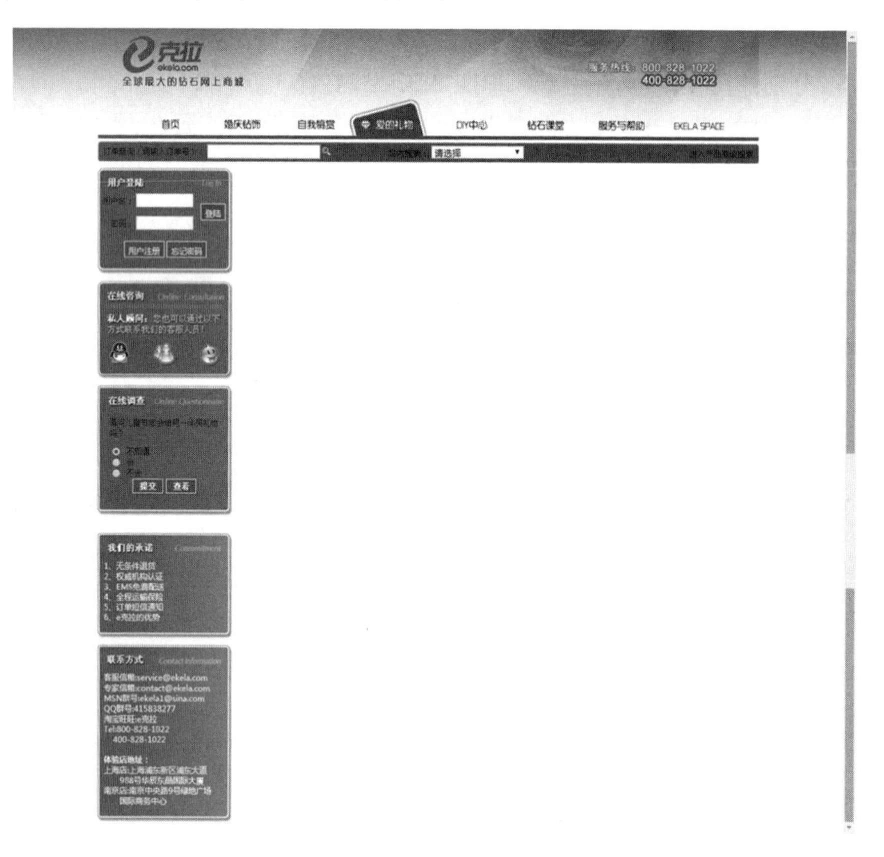

图 4-2-38　左侧页面完成效果图

（28）在 right 标签内插入 right_banner 标签，设置 right_banner 样式，如图 4-2-39 所示。

（29）在标签内插入图片“lovegift_banner. gif”。

（30）接着，在 right_banner 标签后插入 right_shopping 标签，并新建 ID 样式 right_shopping，分别如图 4-2-40、图 4-2-41 所示。

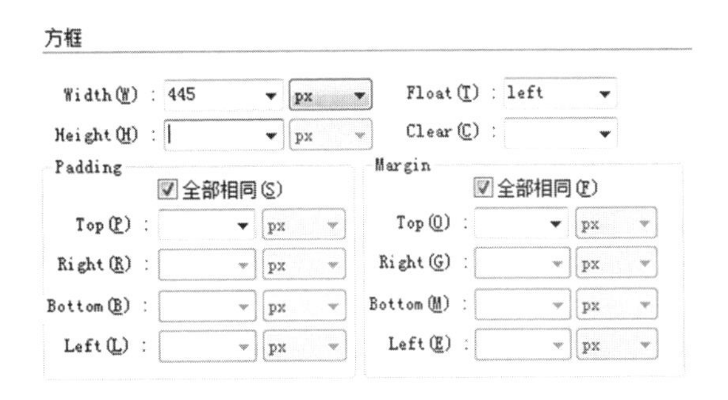

图 4-2-39　设置 right 标签的“方框”属性

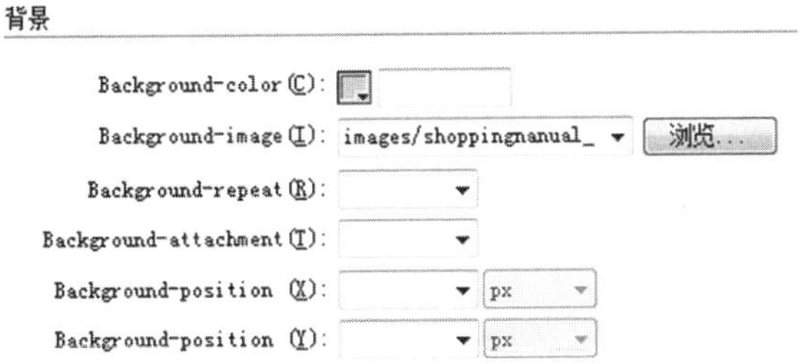

背景

Background-color(C):

Background-image(I): images/shoppingmanual_ 浏览...

Background-repeat(R):

Background-attachment(T):

Background-position (X): px

Background-position (Y): px

图 4-2-40　设置 right_shopping 标签的“背景”属性

图 4-2-41　设置 right_shopping 标签的“方框”属性

（31）部分完成效果如图 4-2-42 所示。

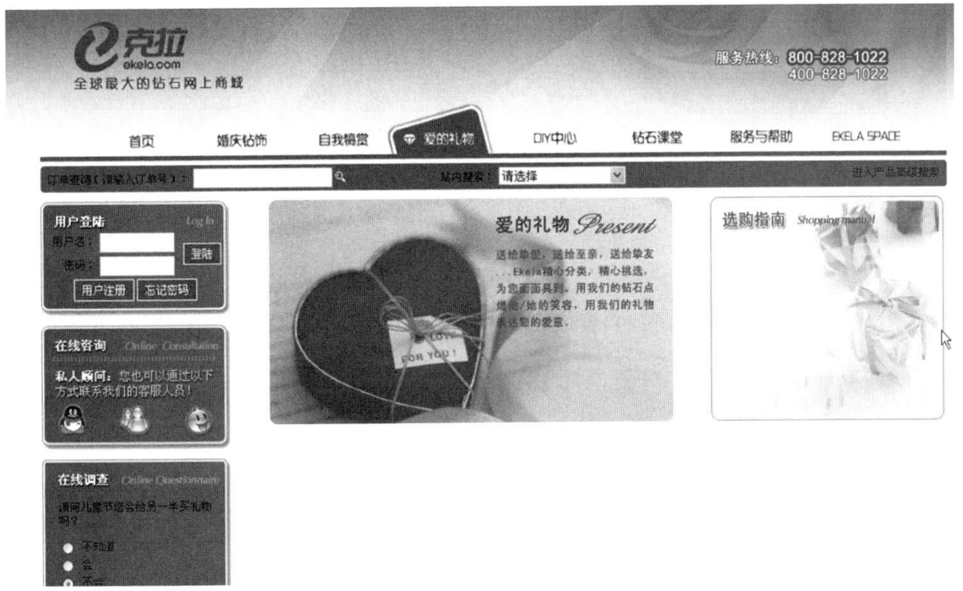

图 4-2-42　部分完成效果图

（32）在 right_shopping 标签下方插入标签 lovegift_lover，并新建 ID 样式，分别如图 4-2-43、图 4-2-44 所示。

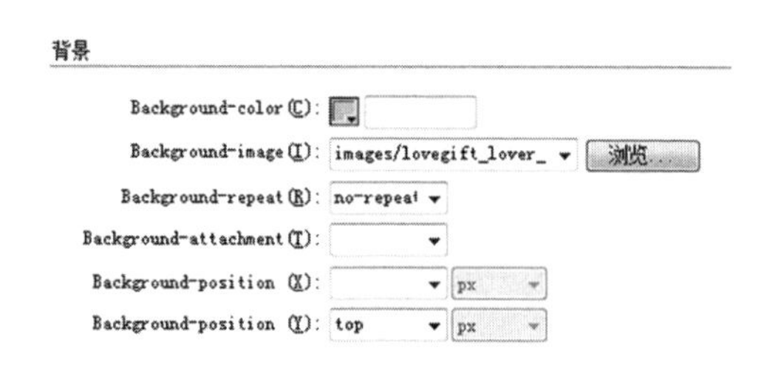

图 4-2-43　设置 lovegift_lover 标签的“背景”属性

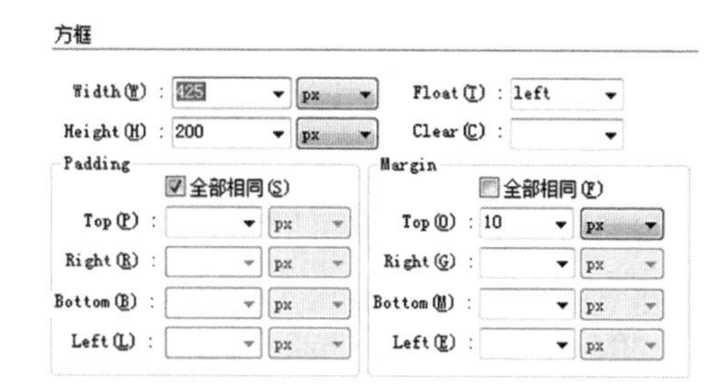

图 4-2-44　设置 lovegift_lover 标签的“方框”属性

(33) 在 lovegift_lover 标签内插入标签 lover_bg,并新建类样式. lover_bg,分别如图 4-2-45、图 4-2-46 所示。将类样式用在标签 lover_bg 上。

图 4-2-45　设置 lovegift_bg 标签的“背景”属性

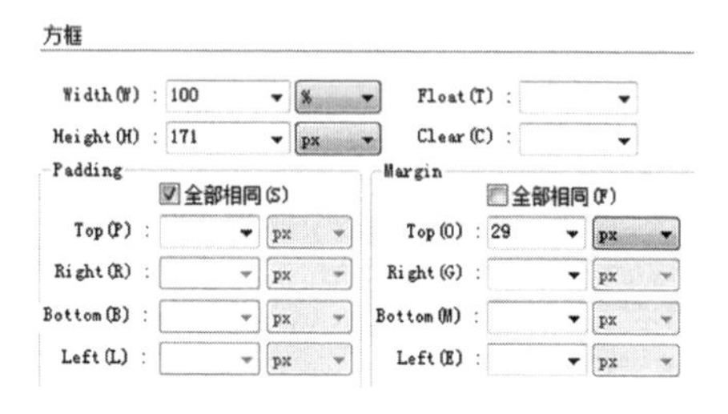

图 4-2-46　设置 lovegift_bg 标签的“方框”属性

(34) 在 lovegift_lover 标签下方插入标签 lovegift_folk,并新建标签样式,如图 4-2-47、图 4-2-48所示。

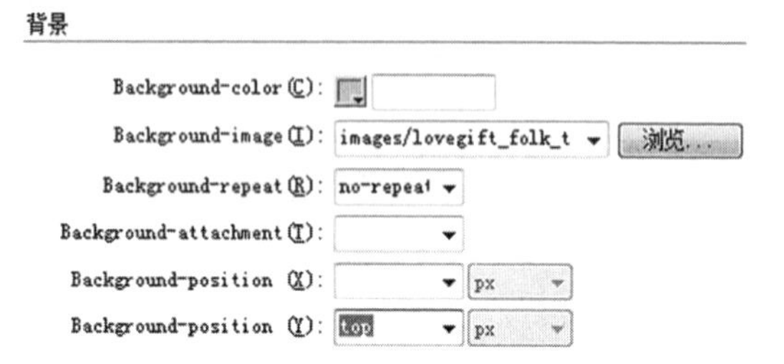

图 4-2-47　设置 lovegift_folk 标签的“背景”属性

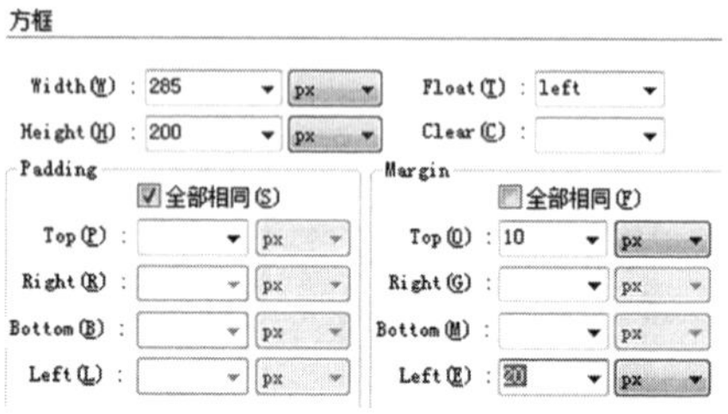

图 4-2-48　设置 lovegift_folk 标签的“方框”属性

(35) 在 lovegift_folk 标签内插入标签 folk_bg,并将类样式“. lover_bg”用在“folk_bg”上。

温馨提示

W3C 标准规定:在同一个页面内,不允许有相同名字的 ID 对象出现,但是允许有相同名字的类样式。一般网站分为头、体、脚部分,因为考虑到它们在同一个页面只会出现一次,所以用 ID 样式,其他的,比如说若定义了一个颜色为“#fff”的类样式,在同一个页面需要多次用到,就用类样式定义。此处,“lover_bg”类样式就是这样的情况,可以分别用在下面的“送给亲人”“送给朋友”“商务礼物”上。

(36) 效果如图 4-2-49 所示。

(37) 使用相同设置,在下方新建 lovegift_friends 与 friends_bg、lovegift_business 与 business_bg、lovegift_constellation 与 constellation_bg 三对标签组。分别生成"送给朋友"和"商务礼物"模块。设置分别如图 4-2-50、图 4-2-51、图 4-2-52、图 4-2-53、图 4-2-54、图 4-2-55所示。

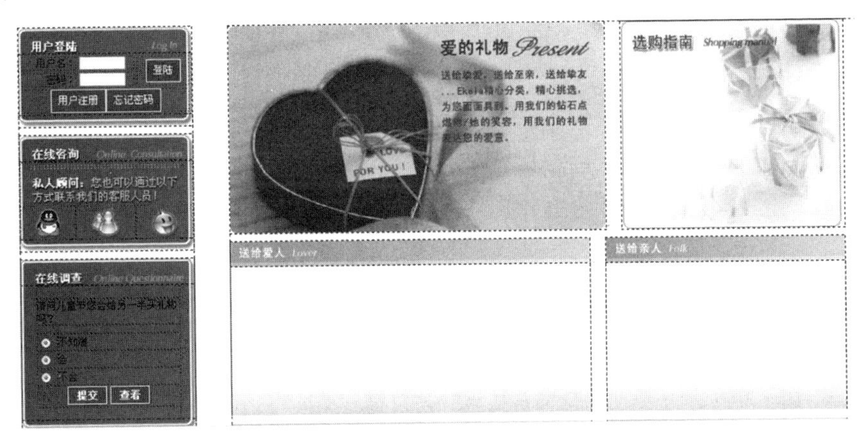

图 4-2-49 部分完成效果图

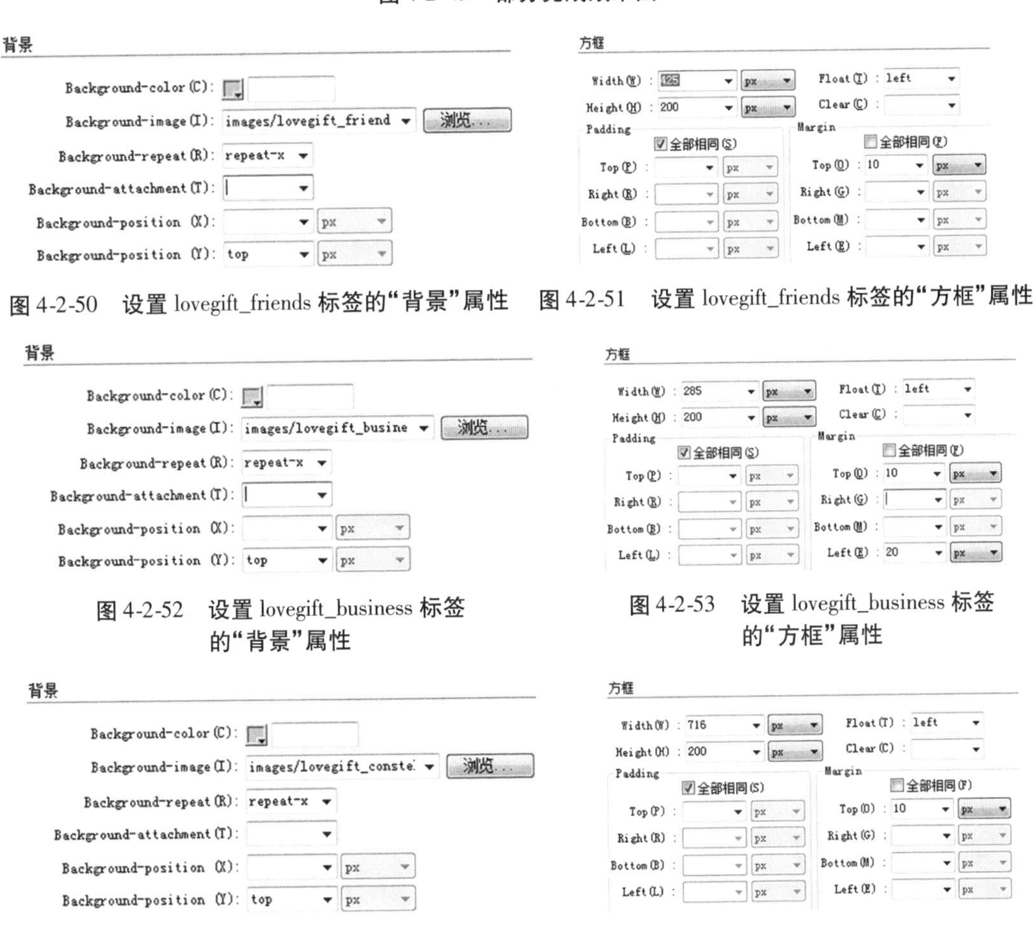

图 4-2-50 设置 lovegift_friends 标签的"背景"属性　图 4-2-51 设置 lovegift_friends 标签的"方框"属性

图 4-2-52 设置 lovegift_business 标签的"背景"属性　图 4-2-53 设置 lovegift_business 标签的"方框"属性

图 4-2-54 设置 lovegift_constellation 标签的"背景"属性　图 4-2-55 设置 lovegift_constellation 标签的"方框"属性

(38) 完成后的效果如图 4-2-56 所示。

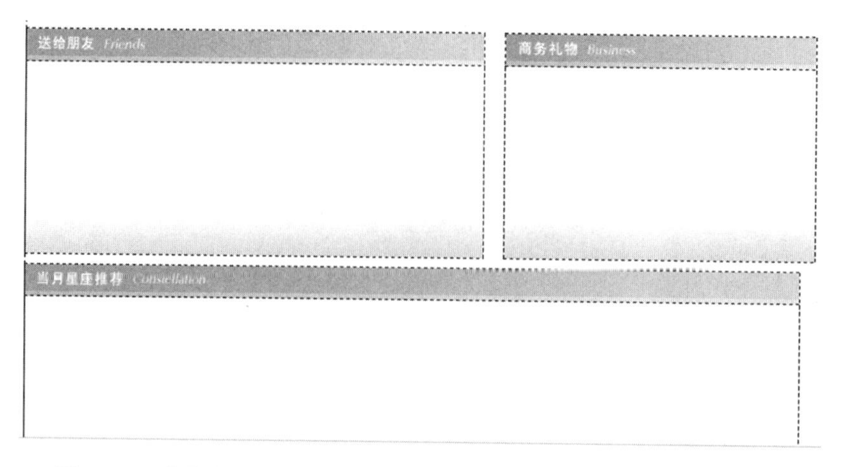

图 4-2-56 “送给朋友”“商务礼物”“当月星座推荐”三个版块完成效果图

(39) 依据以上所述,独立完成页脚部分,如图 4-2-57 所示。

关于我们 | 诚征英才 | 新手上路 | 关于支付 | 配送政策 | 质量保证 | 售后服务 | 退货政策 | 联系我们

Copyright © 2005-2006 www.ekela.com. All Rights Reserved
e克拉(中国)有限公司版权所有
著作权与商标声明 | 法律声明 | 投诉建议 | 隐私声明 | 网站联盟 | 网络实名：e克拉
中国增值业务经营许可证A2-20060088001号 | 国家信息产业部沪ICP备 888888888 | 中国公安备案 999999999
国家知识产权局e克拉专利 | 中国电子商务诚信联盟 | 中国互联网违法信息举报中心 | 中国公安网络110报警服务

图 4-2-57 页脚完成效果图

技术支持

浮动可以使元素脱离普通流文档,CSS 的 Float(浮动)会使元素向左或向右移动,其周围的元素也会重新排列。它往往用于图像,但在布局时一样非常有用。

浮动常用属性如表 4-2-1 所示。

表 4-2-1 浮动常用属性

属性	含 义	属性值
float	设置框是否需要浮动及浮动的方向	left、right、none、inherit
clear	指定不允许元素周围有浮动元素	left、right、both、none、inherit

1. float

在 CSS 中,我们通过 float 属性实现元素的浮动。当某元素通过该属性设置浮动后,不论该元素是行内元素还是块级元素,都会被当作块级元素处理,即 display 属性被设置为 block。float 属性取值说明如表 4-2-2 所示。

表 4-2-2　float 属性取值说明

属性值	说　明
none	默认值,设置对象不浮动显示,以流动形式显示
left	设置对象浮在左边显示
right	设置对象浮在右边显示

下面用三个示例来解释浮动的作用。

【示例 1】　使用类样式设置 div 的样式,三个 div 不设置浮动。

```
<! DOCTYPE html >
<html >
<head >
<meta charset ="utf-8" >
<title > 无标题文档 </title >
<style type ="text/css" >
 . d1 {
      width:150px;
      height:75px;
      background-color:red;
      font-size:14px;
      color:#fff;
      text-align:center;
      padding-top:60px;
      margin:5px;
 }
</style >
</head >
<body >
  <div id ="div1" class ="d1" > 框 1 </div >
  <div id ="div2" class ="d1" > 框 2 </div >
  <div id ="div3" class ="d1" > 框 3 </div >
</body >
</html >
```

效果如图 4-2-58 所示。

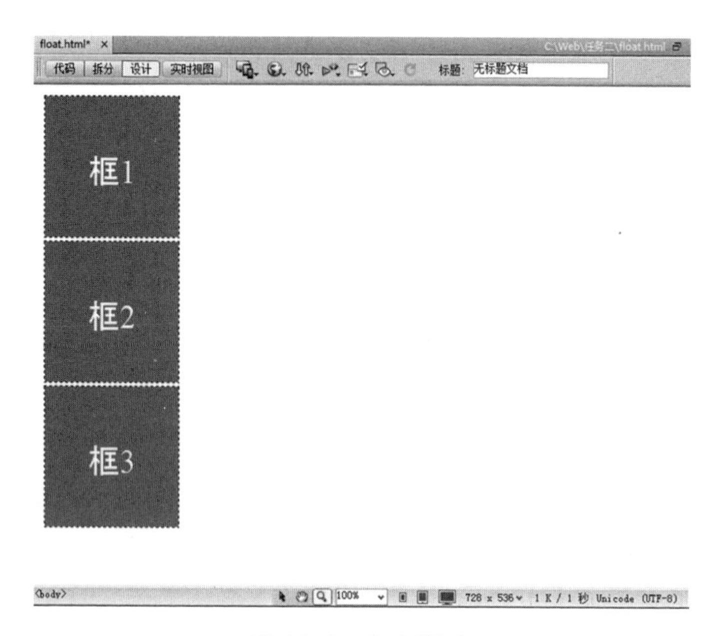

图 4-2-58　div 无浮动

【示例 2】 框 1 向右浮动。当框 1 向右浮动时，它脱离文档流并且向右移动，直至它的右边缘碰到包含框的左边缘。

```
#div1
{
  float:right;
}
```

效果如图 4-2-59 所示。

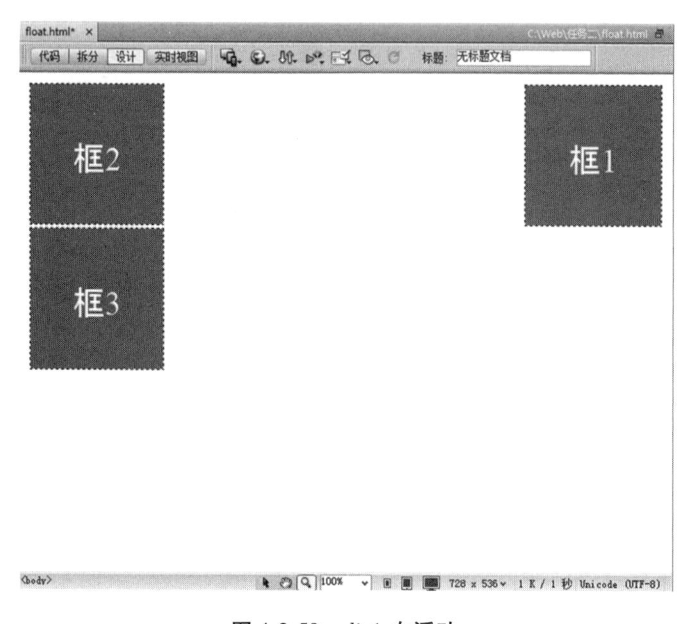

图 4-2-59　div1 右浮动

【示例3】 框1、框2、框3向左浮动。如果把所有三个框都向左移动,那么框1向左浮动直至碰到包含框,另外两个框向左浮动直至碰到前一个浮动框。

```
#div1,#div2,#div3
{
  float:left;
}
```

效果如图4-2-60所示。

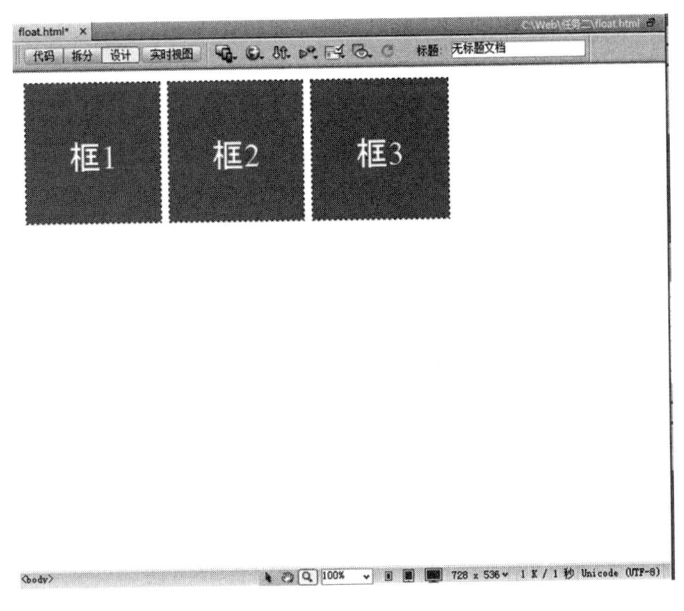

图4-2-60 三个div框左浮动

温馨提示

将设计窗口的网页边框向左移动,如果包含框太窄,无法容纳水平排列的三个浮动元素,那么其他浮动块向下移动,直至有足够的空间。如果浮动元素的高度不同,那么当它们向下移动时可能被其他浮动元素"卡住"。效果如图4-2-61所示。

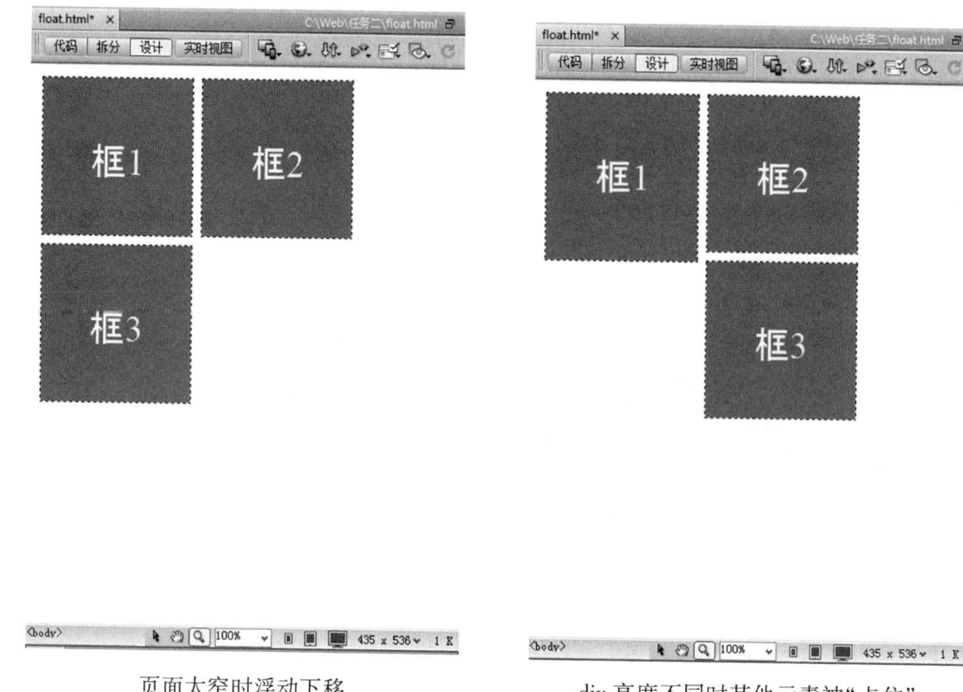

页面太窄时浮动下移　　　　div 高度不同时其他元素被"卡住"

图 4-2-61

2. clear

CSS 元素浮动之后,周围的元素会重新排列,为了避免这种情况,使用 clear 属性。clear 属性指定元素两侧不能出现浮动元素。其属性取值说明如表 4-2-2 所示。

表 4-2-2　clear 属性取值说明

属性值	说　明
none	允许对象左右两边有浮动对象
both	不允许对象左右两边有浮动对象
left	不允许对象左边有浮动对象
right	不允许对象右边有浮动对象

例如:

```
.text_line
{
  clear:both;
}
```

【示例 4】　图片浮动和清除设置效果。

```
<! DOCTYPE html >
<html >
<head >
<meta charset ="utf-8" >
<title >徐州财校(www. xzcx. net. cn) </title >
<style >
   . thumbnail
   {
     float:left;
     width:110px;
     height:90px;
     margin:5px;
   }
   . text_line
   {
     clear:both;
     margin - bottom:2px;
   }
</style >
</head >
<body >
   <h3 >图片库 </h3 >
   <p >试着调整窗口,看看当图片没有足够的空间会发生什么。</p >
   <img class ="thumbnail" src ="images/pic_01. jpg" width ="105" height ="105" >
   <img class ="thumbnail" src ="images/pic_02. jpg" width ="107" height ="80" >
   <img class ="thumbnail" src ="images/pic_03. jpg" width ="116" height ="90" >
   <img class ="thumbnail" src ="images/pic_04. gif" width ="105" height ="105" >
   <h3 class ="text_line" >第二行 </h3 >
   <img class ="text_line" src ="images/pic_01. jpg" width ="105" height ="105" >
   <img class ="text_line" src ="images/pic_02. jpg" width ="107" height ="80" >
   <img class ="text_line" src ="images/pic_03. jpg" width ="116" height ="90" >
   <img class ="text_line" src ="images/pic_04. gif" width ="105" height ="105" >
</body >
</html >
```

运行结果分别如图 4-2-62、图 4-2-63 所示。

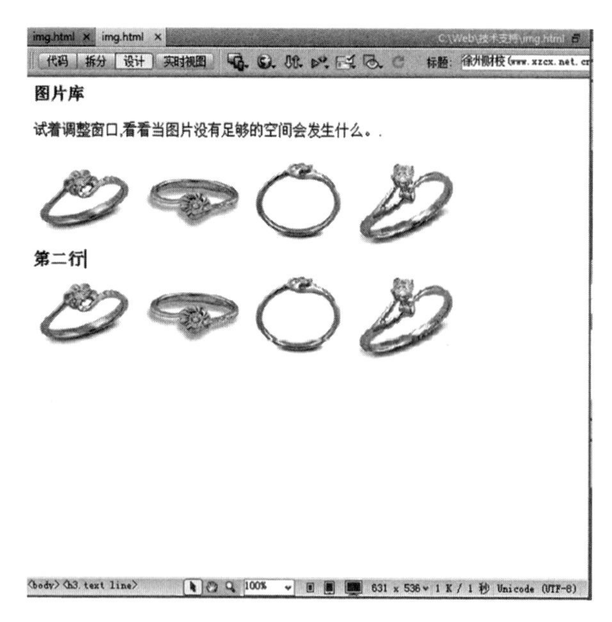

图 4-2-62 调整窗口前图片效果

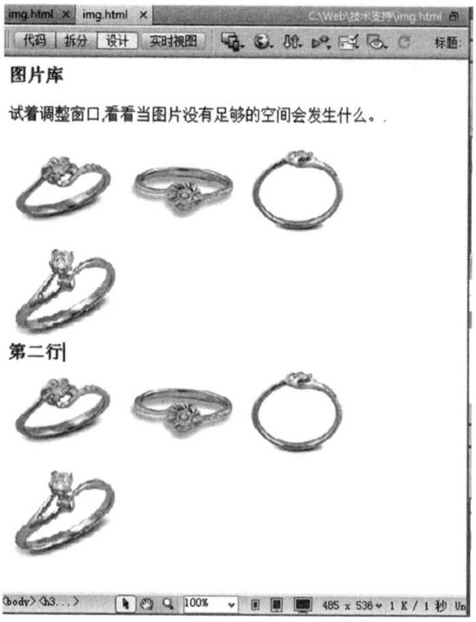

图 4-2-63 调整窗口后图片效果

温馨提示

清除不是清除别的浮动元素,而是清除自身。如果左右两侧存在浮动元素,则当前元素就把自己清除到下一行显示,而不是把前面的元素清除走,或者清除到上一行显示。根据 HTML 解析规则,当前元素前面的对象不会再受后面元素的影响,但是当前元素能够根据前面对象的 float 属性来决定自身的显示位置,这就是 clear 属性的作用。同样的道理,不管当前元素设置怎样的清除属性,相邻后面的对象都不会受到影响。

拓展实践

(1) 制作如图 4-2-64 布局的一个简单的网页。

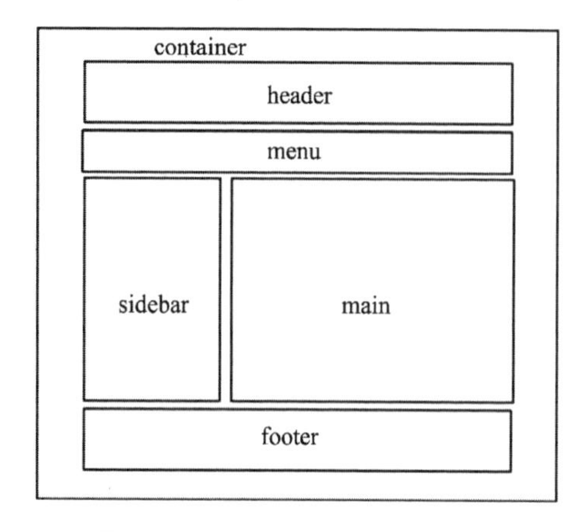

图 4-2-64 Div + CSS 网页布局图

制作要求：

① 新建网页文件 index. html。用 Div + CSS 样式来布局网页，各 Div 标签名称如图 4-2-64所示。

② 使用类样式设置各 Div 标签的属性，如表 4-2-3 所示。

表 4-2-3 Div 标签属性表

标 签	属 性
container	宽:800 像素。上下边界:0。左右边界:自动
header	宽:100%。高:219 像素。边框:实线,1 像素,#CCCCCC。背景颜色:#1F86C0
menu	宽:100%。上边界:10 像素。高:39 像素。背景颜色:#737172。边框:实线,1 像素,#CCCCCC
sidebar	宽:38%。浮动:左浮动。上边界:10 像素。下边界:0。左右边界:自动。高:400 像素。背景颜色:#9C4121。边框:实线,1 像素,#CCCCCC
main	宽:60%。浮动:右浮动。上边界:10 像素。下边界:0。左右边界:自动。高:400 像素。背景颜色:#00ffff。边框:实线,1 像素,#CCCCCC
footer	宽:100%。上边界:10 像素。高:400 像素。背景颜色:#7FA7C1。边框:实线,1 像素,#CCCCCC

③ 使用宽度设置文本大小、宽度、行距等。

④ 使用表格或 Div 在以上布局页面中充实网页元素，制作一个主题自定的简单页面。

（2）使用 Div + CSS 在已给页面的基础上，完成如图 4-2-65 所示的页面。

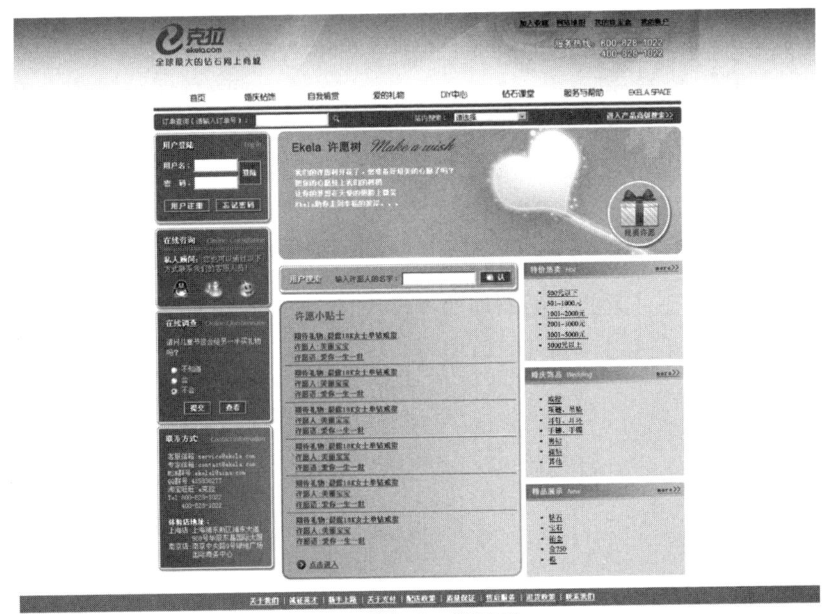

图 4-2-65 网页效果

制作要求：

① 打开“DisplayVowTree. html”页面，页面效果如图 4-2-66 所示。

图 4-2-66　DisplayVowTree. html 网页效果

② 使用 Div + CSS 在页面的右侧添加如下模块，如图 4-2-67 所示。

③ 设置页面文字和链接文字的样式，使得页面更加整洁、美观。

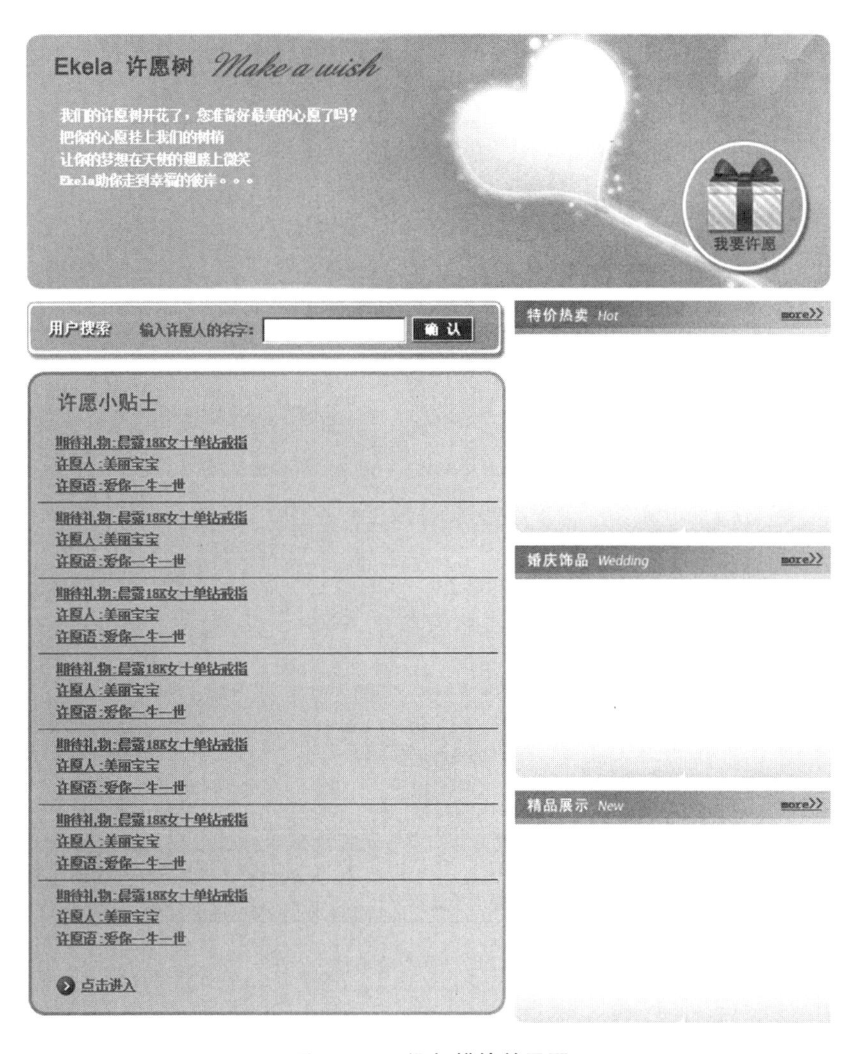

图 4-2-67 添加模块效果图

任务三 制作"婚庆钻饰"弹性布局页面

效果展示

本任务主要利用 Div + CSS 3.0(Flex 弹性布局)作为布局工具来制作 e 克拉网站中的"婚庆钻饰"界面(图 4-3-1),并通过该网页的制作,学会使用 Div 布局网页的基本操作方法,以及利用 CSS 3.0 中 Flex 弹性布局对网页元素进行美化排版的方法。使用 CSS 3.0 中 Flex 弹性布局的网页具有更加兼容、更加轻巧、开发快速简便的特点,因此,其越来越被广大的网页爱好者和主流网站选用。

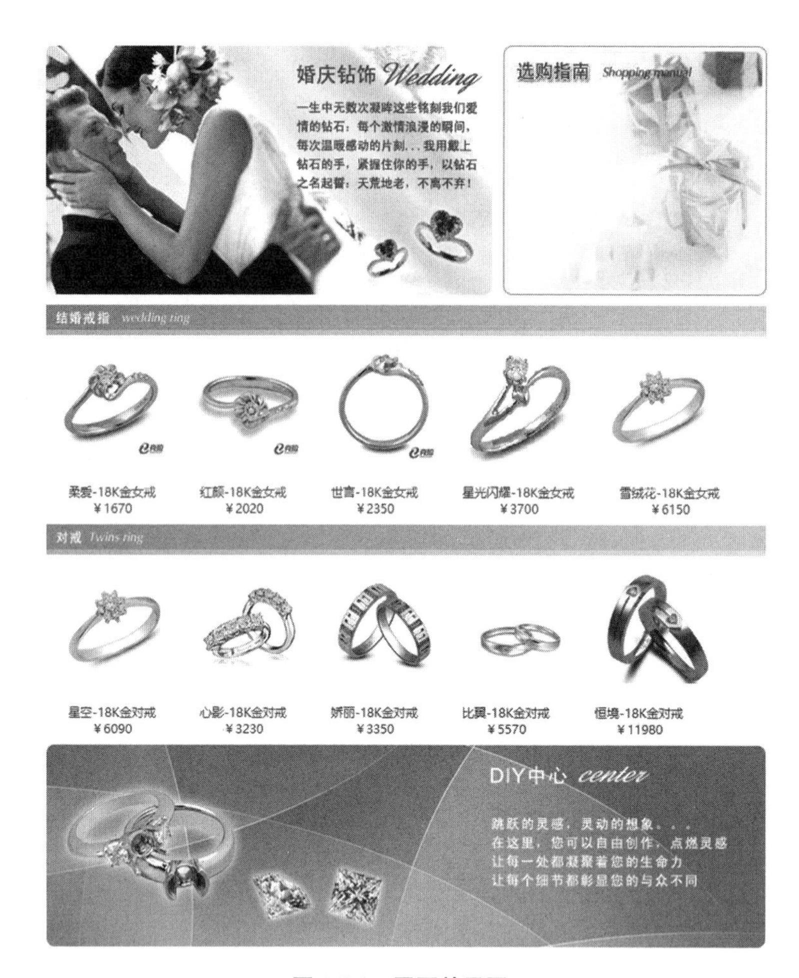

图 4-3-1　网页效果图

操作引导

（1）定义站点，将素材复制到站点根目录“D:\ekela”下，然后在站点中新建页面“MarryProducts. html”。

（2）在 body 标签内添加一个 div 元素，其中包含四个 div 子元素，并为其设置相应样式。

【示例 1】 在 body 标签内添加一个 div 元素，并为其设置相应样式。

```
<body>
  <div id="container">
    <div id="top">
    </div>
    <div id="middle_01">
    </div>
    <div id="middle_01_tile">
    </div>
```

```
        <div id ="middle_02" >
        </div >
        <div id ="bottom" >
        </div >
      </div >
    </body >
```

【示例2】 为div设置样式。

```
    <style type ="text/css" >
      body {
        font-size:12px;
      }
      #container{
        display:flex;                    /*设置为弹性盒布局*/
        display:-webkit-flex;            /*兼容webkit内核浏览器*/
        flex-direction:column;           /*子元素排列方式为垂直*/
        width:780px;
        margin:0 auto;
      }
    </style >
```

(3)在“top”div元素中添加两个div子元素,并设置相应样式。

【示例3】 在“top”div元素中添加两个div子元素,并设置相应样式。

```
    #top{
      display:flex;                      /*设置为弹性盒布局*/
      display: -webkit-flex;             /*兼容webkit内核浏览器*/
      flex-direction:row;                /*子元素排列方式为水平*/
    }
    #top_right{
      margin-left:10px;                  /*设置左外边距*/
    }
    <div id ="top" >
      <div id ="top_left" >
        <img src ='images/wedding_banner.gif' width ="445" height ="239" alt ="" / >
    </div >
    <div id ="top_right" >
        <img src ='images/shoppingnanual_1.jpg' width ="265" height ="239" alt =""/ >
      </div >
    </div >
```

将“top”容器定义为可伸缩、水平排列的容器,该容器中包含 id 名为“top_left”和“top_right”的两个子容器,每个子容器中分别插入相应图片,效果图 4-3-2 所示。

图 4-3-2　“top”容器插入图片效果图

(4)在“middle_01”div 元素中添加两个 div 子元素,并设置相应样式。

【示例 4】　在“middle_01”中添加两个 div 子元素,并设置相应样式。

```
#middle_01_tile {
    margin-top:10px;
}
#middle_01_product{
    height:180px;
    width:716px;
}
#middle_01_product ul {
    display:flex;              /* 设置为弹性盒布局 */
    display: - webkit - flex;  /* 兼容 webkit 内核浏览器 */
    flex-direction:row;
    flex-wrap:wrap;            /* 设置弹性盒的子元素超出父容器时换行 */
    list - style:none;         /* 去掉列表项标记 */
    margin:2px 1px 0px 1px;
}
#product_ul01 li {
    margin:15px;
}
#product_ul02 li {
    margin:0px 22px;
    text - align:center;       /* 文字居中 */
}
<div id ="middle_01">
  <div id ="middle_01_tile">
```

```
    <img src='images/wedding_product_top01.gif' width="716" height="29" alt="" />
  </div>
  <div id="middle_01_product">
  <ul id="product_ul01">
    <li><a href="#"><img src="images/product_pic_01.jpg"></a></li>
    <li><a href="#"><img src="images/product_pic_02.jpg" ></a></li>
    <li><a href="#"><img src="images/product_pic_03.jpg"></a></li>
    <li><a href="#"><img src="images/product_pic_04.gif"></a></li>
    <li><a href="#"><img src="images/product_pic_05.gif"></a></li>
  </ul>
  <ul id="product_ul02">
    <li>柔爱-18K金女戒<br/>￥1670</li>
    <li>红颜-18K金女戒<br/>￥2020</li>
    <li>世言-18K金女戒<br/>￥2350</li>
    <li>星光闪耀-18K金女戒<br/>￥3700</li>
    <li>雪绒花-18K金女戒<br/>￥6150</li>
  </ul>
 </div>
 </div>
```

在“middle_01”容器中，第一个“middle_01_tile”子容器中插入图片，第二个“middle_01_product”子容器中存放结婚钻戒产品，其中产品以列表项水平方向排列。

温馨提示

在弹性盒布局中，默认子元素排列方式为水平。

列表标记默认是实心圆点，设成 list-style:none 就是去掉标记。

(5) 参照步骤(4)，同理可添加“对戒”模块，效果如图4-3-3所示。

图 4-3-3 “middle_01”“middle_02”容器效果图

(6) 在“bottom”div 元素中插入图片子元素,效果如图 4-3-4 所示。

【示例 5】 在“bottom”中插入图片子元素。

```
<div id = "bottom" >
  <img src = 'images/wedding_diy. gif' width = "716" height = "194" alt = "" / >
</div >
```

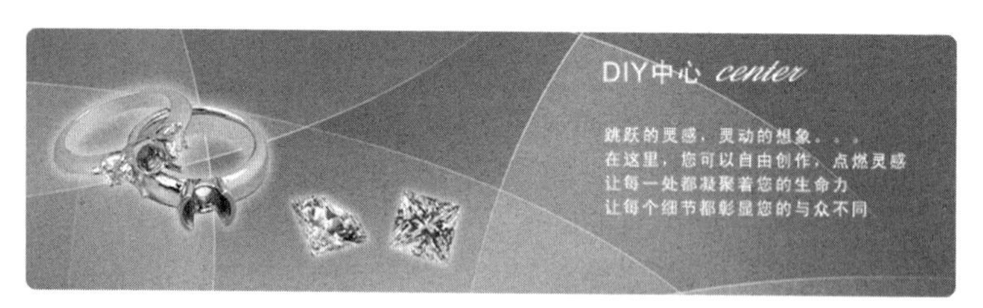

图 4-3-4 “bottom”容器完成效果图

技术支持

一、弹性盒布局(Flex Box)

随着响应式用户界面的流行,Web 应用一般都要求适配不同的设备尺寸和浏览器分辨率。需要根据窗口尺寸来调整布局,从而改变组件的尺寸和位置,以达到最佳的显示效果,这也使得布局的逻辑变得更加复杂。为了可以用简单的方式满足很多常见的复杂的布局需求,CSS 3.0 规范中引入的新布局模型:弹性盒模型(Flex Box)。它的优势在于开发人员只声明布局应该具有的行为,而不需要给出具体的实现方式,浏览器会负责完成实际的布局。该布局模型在主流浏览器中都得到了支持。

二、弹性盒布局的概念

1. 弹性盒布局

弹性盒布局是 CSS 的模块之一,定义了一种针对用户界面设计而优化的 CSS 盒模型。在弹性布局模型中,弹性容器的子元素可以在任何方向上排布,也可以“弹性伸缩”其尺寸,既可以增加尺寸以填满未使用的空间,也可以收缩尺寸以避免父元素溢出。子元素的水平对齐和垂直对齐都能很方便地进行操控。通过嵌套这些框(水平框在垂直框内,或垂直框在水平框内),可以在两个维度上构建布局。

2. 弹性盒内容

弹性盒由弹性容器(父元素)和弹性子元素组成。

【示例 6】 语法格式如下:

```
Display:flex;
```

3. 弹性盒常用属性

(1) flex-direction:指定弹性容器中子元素的排列方式。

【示例 7】 flex-direction 属性语法格式如下:

```
flex-direction:row | row-reverse | column | column-reverse;
```

flex-direction 属性值如表 4-3-1 所示,属性值效果分别如图 4-3-5、图 4-3-6、图 4-3-7、图 4-3-8 所示。

表 4-3-1 flex-direction 属性值

属性值	描述
row	默认值。元素将水平显示,从左到右排列
row-reverse	元素将水平显示,从右到左排列
column	元素将垂直显示,从上到下排列
column-reverse	元素将垂直显示,从下到上排列

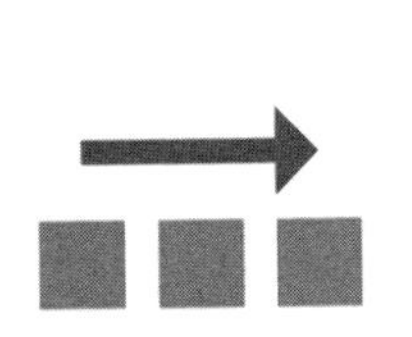

图 4-3-5 row

图 4-3-6 row-reverse

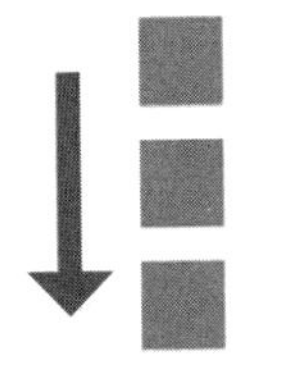

图 4-3-7 column

图 4-3-8 column-reverse

(2) flex-wrap:设置弹性盒的子元素超出父容器时是否换行。

【示例 8】 flex-wrap 属性值语法格式如下:

```
flex-wrap:nowrap | wrap | wrap-reverse;
```

flex-wrap 属性值如表 4-3-2 所示。

表 4-3-2 flex-wrap 属性值

属性值	描　　述
nowrap	默认值。规定元素不拆行或不拆列
wrap	规定元素在必要的时候拆行或拆列
wrap-reverse	规定元素在必要的时候拆行或拆列，但是以相反的顺序

（3）flex-flow：flex-direction 和 flex-wrap 的简写。

（4）justify-content：内容在水平方向的对齐方式。

【示例 9】 justify-content 属性语法格式如下：

```
justify-content:flex-start | flex-end | center | space-between | space-around;
```

justify-content 属性值如表 4-3-3 所示。

表 4-3-3 justify-content 属性值

属性值	描　　述
flex-start	默认值。向左对齐、不会自动填充边距，当设置宽度超出容器时，填充容器
flex-end	向右对齐、不会自动填充边距，当设置宽度超出容器时，填充容器
center	弹性盒内的元素居中，当设置宽度超出容器时，填充容器
space-between	元素平均分布在该行中，元素与盒子没有边距
space-around	元素平均分布在该行中，元素与盒子边距自动适应

【示例 10】 设置属性值为 flex-start。

```
#div{
  width:500px;
  height:300px;
  background:lightblue;
  margin:auto;
    display:flex;                    /*定义为弹性盒*/
    flex-direction:row;              /*设置排列方式*/
    justify-content:flex-start;      /*设置对齐方式*/
}
```

运行结果如图 4-3-9 所示。

1 2 3 4 5 6 7

图 4-3-9 flex-start 运行效果图

【示例 11】 设置属性值为 flex-end。

```
#div{
  width:500px;
  height:300px;
  background:lightblue;
  margin:auto;
  display:flex;                    /*定义为弹性盒*/
  flex-direction:row;              /*设置排列方式*/
  justify-content:flex-end;        /*设置对齐方式*/
}
```

运行结果如图 4-3-10 所示。

图 4-3-10 flex-end 运行效果图

【示例 12】 设置属性值为 center。

```
#div{
  width:500px;
  height:300px;
  background:lightblue;
  margin:auto;
  display:flex;                    /*定义为弹性盒*/
  flex-direction:row;              /*设置排列方式*/
  justify-content:center;          /*设置对齐方式*/
}
```

运行结果如图 4-3-11 所示。

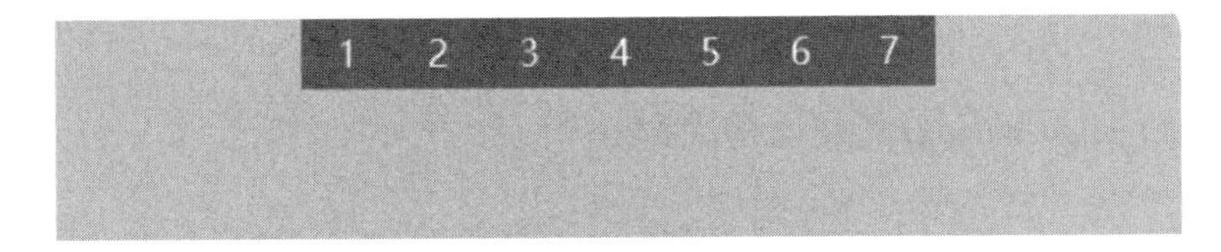

图 4-3-11 center 运行效果图

【示例 13】 设置属性值为 space-between。

```
#div{
  width:500px;
  height:300px;
  background:lightblue;
```

```
    margin:auto;
    display:flex;                              /* 定义为弹性盒 */
    flex-direction:row;                        /* 设置排列方式 */
    justify-content:space-between;             /* 设置对齐方式 */
  }
```

运行结果如图 4-3-12 所示。

图 4-3-12　space-between 运行效果图

【示例 14】　设置属性值为 space-around。

```
  #div{
    width:500px;
    height:300px;
    background:lightblue;
    margin:auto;
    display:flex;                              /* 定义为弹性盒 */
    flex-direction:row;                        /* 设置排列方式 */
    justify-content:space-around;              /* 设置对齐方式 */
  }
```

运行结果如图 4-3-13 所示。

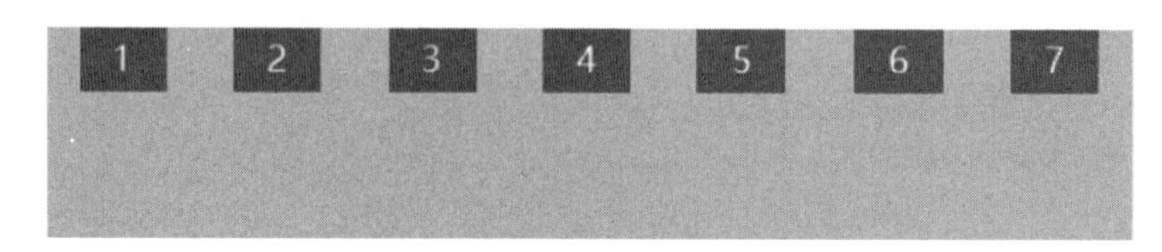

图 4-3-13　space-around 运行效果图

(5) align-items:设置该行在垂直方向的对齐方式。

【示例 15】　align-items 属性语法格式如下:

```
  align-items:flex-start | flex-end | center;
```

属性值和 justify-content 相似,只是方向上不同。

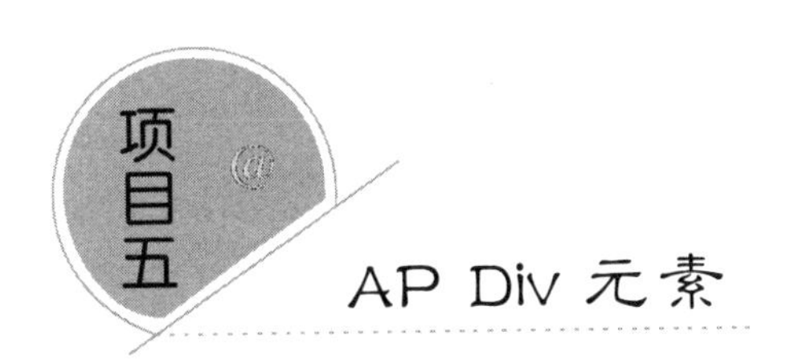

知识目标

➤ 掌握创建 AP Div 元素的方法。
➤ 能够通过 CSS 样式来控制 AP Div 元素的属性。
➤ 能够利用 AP Div 元素进行页面布局。

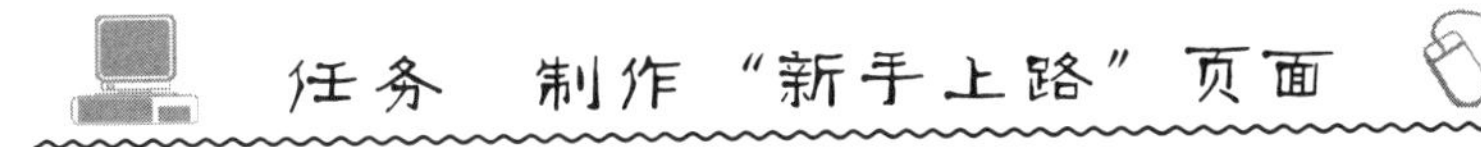

任务 制作"新手上路"页面

效果展示

制作"新手上路"页面,效果图如图 5-1-1 所示。

图 5-1-1 网页效果图

这是该站点下“服务与帮助”页面,用于指导新用户解决网页中的常见问题、指导用户进行身份注册、快乐购物和安全支付,并且向用户详细地介绍该网站支持的所有服务。该页面信息量大,为了更好地利用网页空间,该任务将利用层的显示和隐藏特性,在有限的空间内,分别显示各项内容。

操作引导

一、新建外部样式文件

(1)启动 Dreamweaver CS6,将素材文件夹复制到站点根目录下,打开“FullService. html”网页文档,制作如图 5-1-2 所示的页面效果。

图 5-1-2　网页效果图

温馨提示

该页面中的样式有很多是用在网站的大多数页面中的,因此,可以使用外部样式文件统一设置页面的样式。

(2)新建 body 标签样式,将样式保存在一个独立的样式文件“css/Style. css”中,分别如

图 5-1-3 所示。

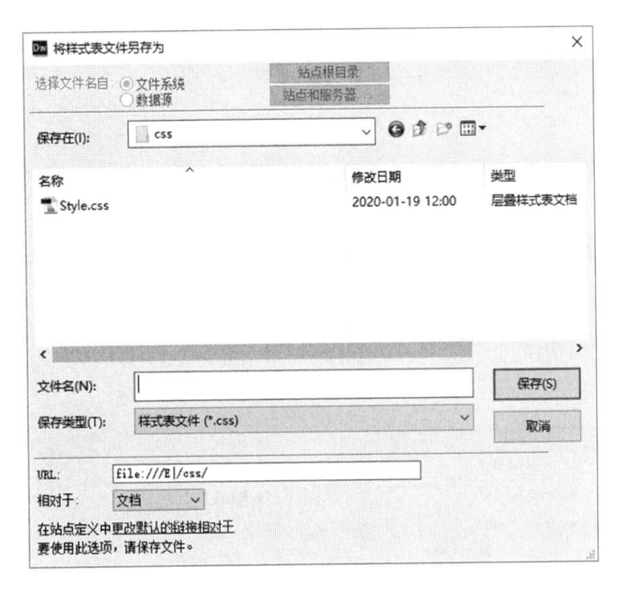

图 5-1-3　保存样式文件

（3）设置 body 标签的属性，分别如图 5-1-4、图 5-1-5、图 5-1-6 所示。

（4）设置 td 标签的属性，如图 5-1-7 所示。

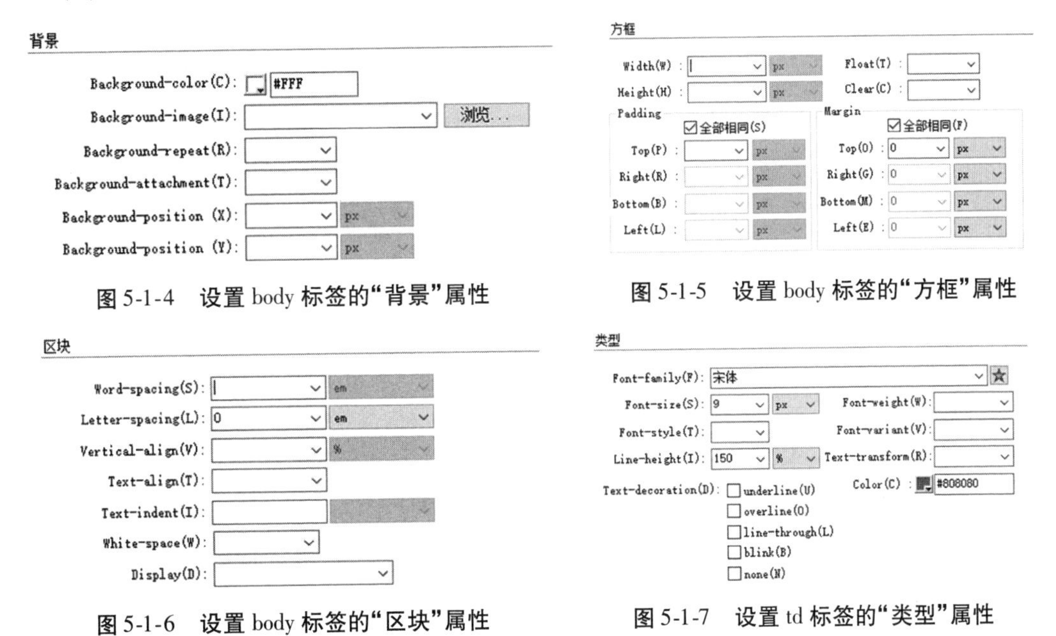

图 5-1-4　设置 body 标签的“背景”属性

图 5-1-5　设置 body 标签的“方框”属性

图 5-1-6　设置 body 标签的“区块”属性

图 5-1-7　设置 td 标签的“类型”属性

（5）设置 p 标签的属性，分别如图 5-1-8、图 5-1-9 所示。

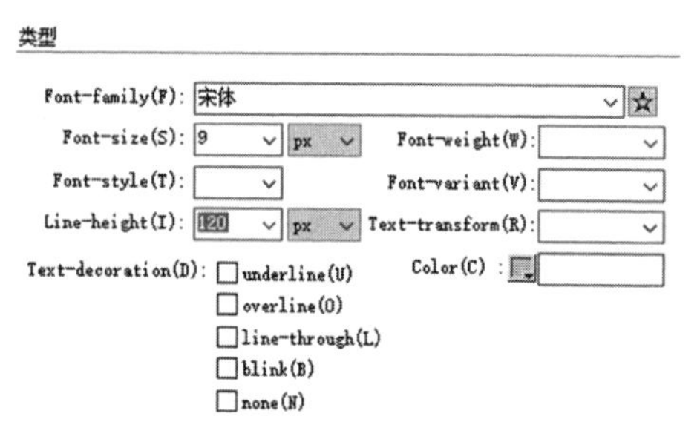

图 5-1-8　设置 p 标签的“类型”属性

图 5-1-9　设置 p 标签的“方框”属性

（6）为表单文本框设置类样式“. textfield01”，并将此类用在“订单查询”和“站内搜索”后的文本框和列表框上，分别如图 5-1-10、图 5-1-11、图 5-1-12 所示。

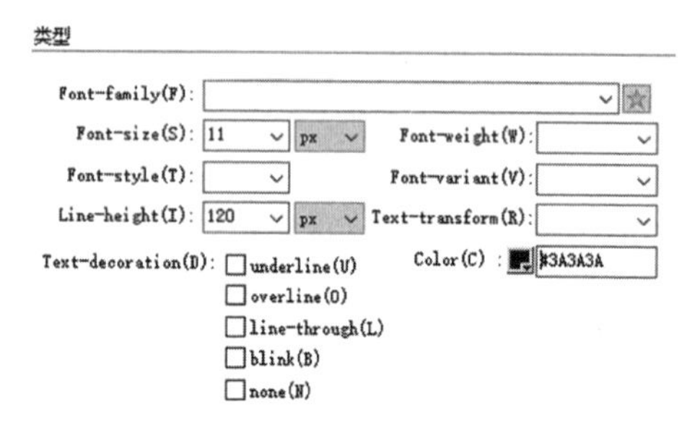

图 5-1-10　设置“. textfield01”类样式的“类型”属性

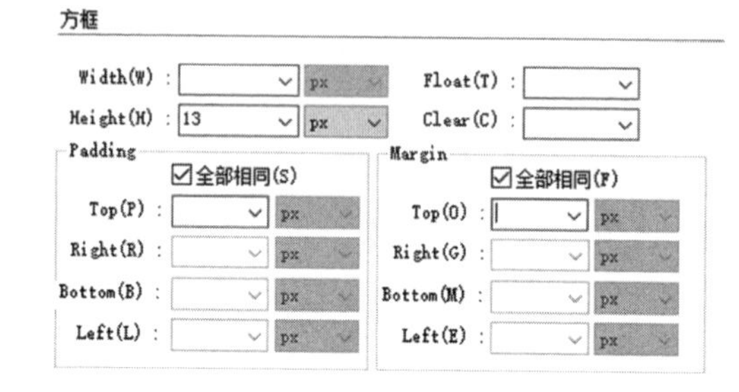

图 5-1-11　设置“. textfield01”类样式的“方框”属性

图 5-1-12　类样式“. textfield01”的使用效果图

（7）为表单文本框设置类样式“. textfield02”，并将此类用在“用户名”和“密码”后的文本框上。

（8）打开“Style. css”文件，在此样式文件中，编写如下样式代码（操作同上步，这里将不再截图）。

【示例 1】　设置表单文本框样式。

```
.textfield02 {
    width:75px; height:13px; color:rgb(58, 58, 58); font-size:11px;
}
```

（9）设置页面中的文字效果。

① 新建“. text01”类，并将此类用在“订单查询”和“站内搜索”的文字上。

【示例 2】　设置“. text01”类样式。

```
.text01 {
    color:#fff; font-family:"宋体"; font-size:12pt;
}
```

效果如图 5-1-13 所示。

图 5-1-13　类样式“. text01”的使用效果图

② 新建“. title1”类,并将此类用在“用户名”和“密码”的文字上。

【示例3】 设置“. title1”类样式。

```
.title1{
    color:#fff; font-family:"宋体"; font-size:12pt; font-weight:bold;
}
```

效果如图 5-1-14 所示。

图 5-1-14 类样式“. title1”的使用效果图

(10) 设置页面中的链接效果。

① 新建“. menu01”类,将此类用在页首的“加入收藏”等链接上。

【示例4】 设置“. menu01”类样式。

```
a.menu01:link {
    color:#000; font-family:"宋体"; font-size:9pt;
      font-weight:bold;
}
a.menu01:visited {
    color:#000; font-family:"宋体"; font-size:9pt; font-weight:bold;
}
a.menu01:active {
    color:#000; font-family:"宋体"; font-weight:bold;
}
a.menu01:hover {
  color:#000; font-family:"宋体"; font-weight:bold; text-decoration:underline;
}
```

效果如图 5-1-15 所示。

图 5-1-15 类样式“. menu01”的使用效果图

② 新建“. menu02”类,将此类用在”进入产品高级搜索”链接上。

【示例5】 设置“. menu02”类样式。

```
a.menu02:link {
    color:#fff; font-family:"宋体"; font-size:9pt; font-weight:bold;
}
a.menu02:visited {
    color:#fff; font-family:"宋体"; font-size:9pt; font-weight:bold;
}
a.menu02:active {
    color:#fff; font-family:"宋体"; font-weight:bold;
}
a.menu02:hover {
    color:#fff; font-family:"宋体"; font-weight:bold; text-decoration:underline;
```

```
}
```

效果如图 5-1-16 所示。

订单查询（请输入订单号）： 站内搜索： 请选择 进入产品高级搜索>>

图 5-1-16 类“. menu02”使用效果图

③ 新建“. new01”类，将此类用在“我们的承诺”中的链接上以及页脚的链接上。

【示例 6】 设置“. new01”类样式。

```
a. news01:link {
    color:#fff; font-family:"宋体"; font-size:9pt;
}
a. news01:visited {
    color:#fff; font-family:"宋体"; font-size:9pt;
}
a. news01:active {
    color: #fff; font-family:"宋体"; text-decoration: underline;
}
a. news01:hover {
    color: #fff; font-family:"宋体"; text-decoration: underline;
}
```

我们的承诺 Conmmitment
1、无条件退货
2、权威机构认证
3、EMS免费配送
4、全程运输保险
5、订单短信通知
6、e克拉的优势

图 5-1-17 类样式“. news01”的使用效果图 1

效果分别如图 5-1-17、5-1-18 所示。

关于我们 | 诚征英才 | 新手上路 | 关于支付 | 配送政策 | 质量保证 | 售后服务 | 退货政策 | 联系我们

图 5-1-18 类样式“. news01”的使用效果图 2

（11）保存样式文件。

温馨提示

（1）站点中的其他页面如需要制作样式，且有通用性，可将样式直接追加到此样式文件中。

（2）px 表示像素，为屏幕上显示数据的最基本的点，而 pt 是印刷行业常用单位，等于 1/72 英寸。px 和 pt 都可作为字体大小的单位。

二、创建显示隐藏层

（1）选中“常见问题”下的单元格，执行“插入”/“布局对象”/“AP Div”命令，创建层“apDiv1”，如图 5-1-19 所示；设置属性如图 5-1-20 所示。

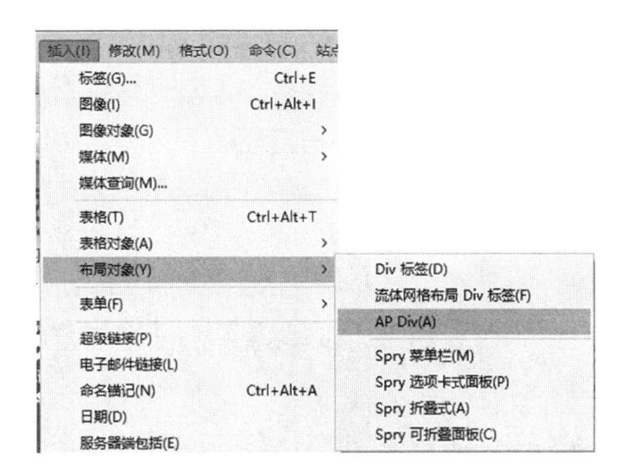

图 5-1-19 插入 AP Div 层

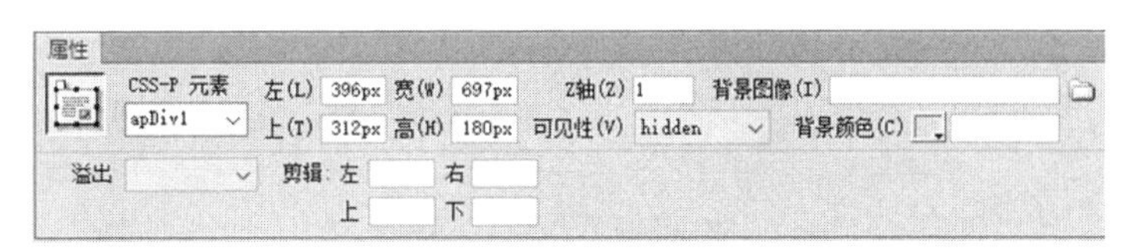

图 5-1-20 “apDiv1”属性设置

（2）将“txt”文件夹下“常见问题”文档中的内容复制、粘贴到层中。

（3）依照以上设置，陆续插入“apDiv2”“apDiv3”“apDiv4”，分别设置它们的属性，如图 5-1-21、图 5-1-22、图 5-1-23 所示；AP 元素界面如图 5-1-24 所示。

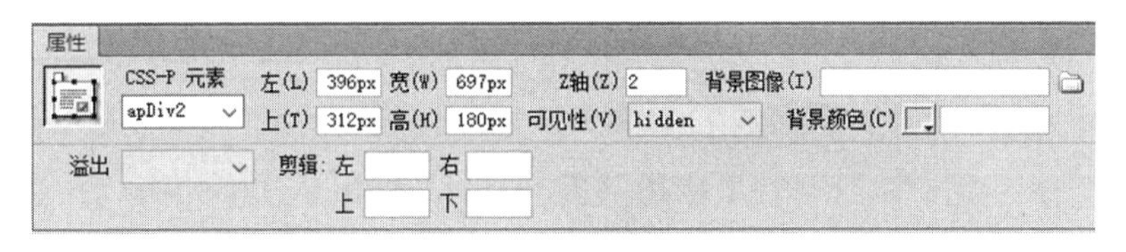

图 5-1-21 “apDiv2”属性设置

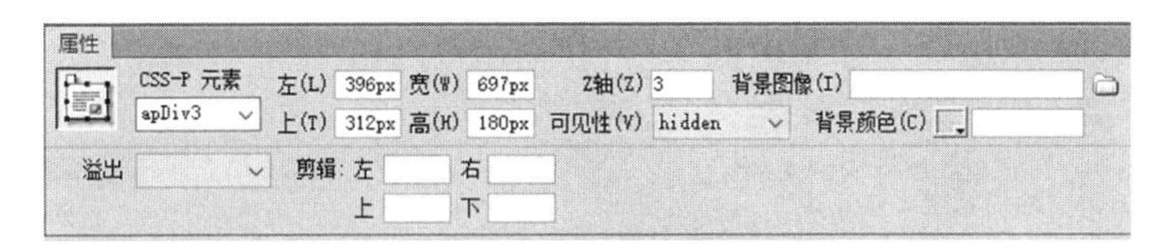

图 5-1-22 “apDiv3”属性设置

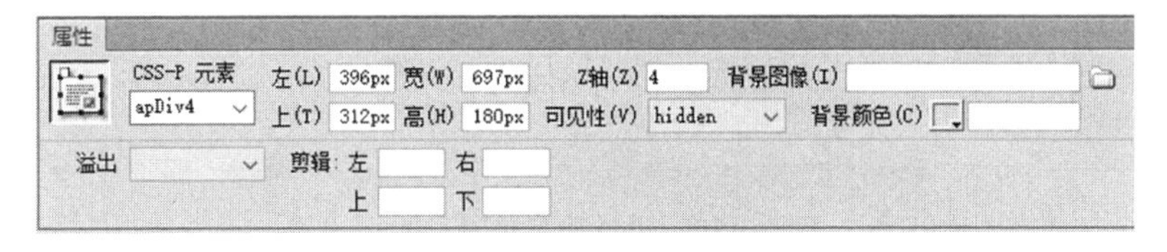

图 5-1-23 “apDiv4”属性设置

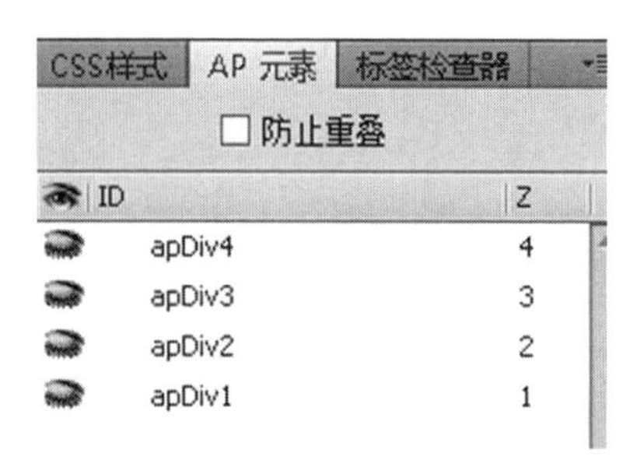

图 5-1-24　AP 元素界面效果

（4）分别将相应的文本文件中的内容添加到层中。

（5）选中“常见问题”图片，在“行为”中添加“显示-隐藏层”命令。设置 apDiv1 为“显示”，apDiv2、apDiv3、apDiv4 为“隐藏”，如图 5-1-25 所示；设置事件为“onClick”，如图 5-1-26 所示。

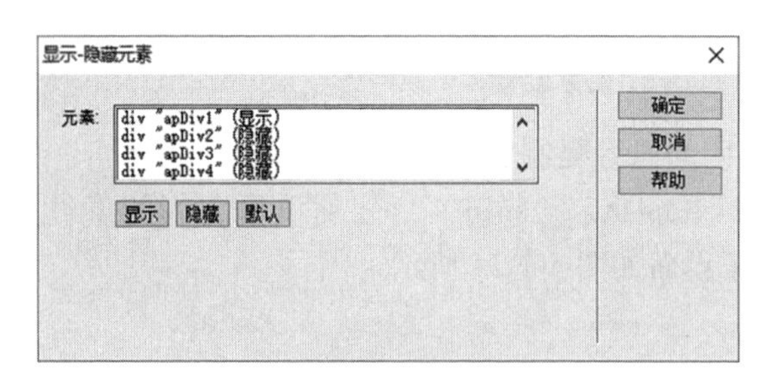

图 5-1-25　设置“显示-隐藏元素”面板

图 5-1-26　设置“onClick”事件的行为

（6）继续选中“用户注册”“快乐购物”“安全支付”界面，依次添加“显示-隐藏层”命令。保证单击“用户注册”时，apDiv2 显示，其他层隐藏；单击“快乐购物”时，apDiv3 显示，其他层隐藏；单击“安全支付”时，apDiv4 显示，其他层隐藏。

（7）保存并预览网页，效果如图 5-1-27 所示。

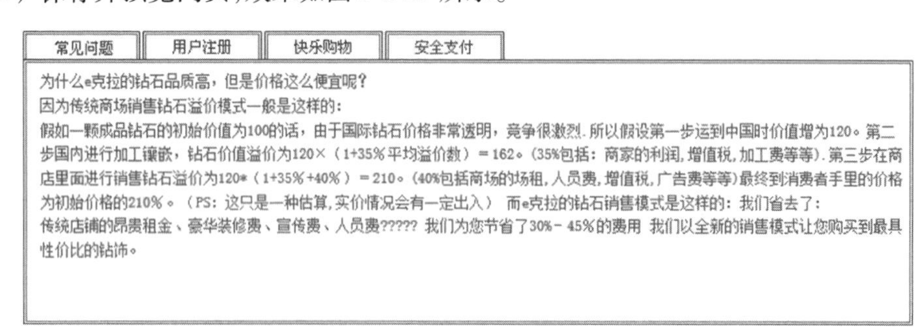

图 5-1-27　预览显示隐藏层效果

技术支持

一、AP Div 元素

1. AP Div 元素的概念

AP Div 元素是一种页面元素,用于控制页面中对象的精确位置,可以将它放置于页面上的任意位置。层作为网页中的一个区域,可以显示、隐藏、重叠和嵌套,也可以使用行为来控制层的显示和隐藏,还可以使用时间轴移动层或改变层的内容。

2. AP Div 元素的创建

创建层一般有两种方法。

(1) 绘制 AP Div。

单击如图 5-1-28 中的“描绘 AP Div”图标,在页面中绘制一个大小合适的区域,释放鼠标完成 AP Div 的绘制,如图 5-1-29 所示。绘制时,按住【Ctrl】键,可以连续绘制多个 AP Div。

图 5-1-28 “布局”插入工具栏(标准模式)

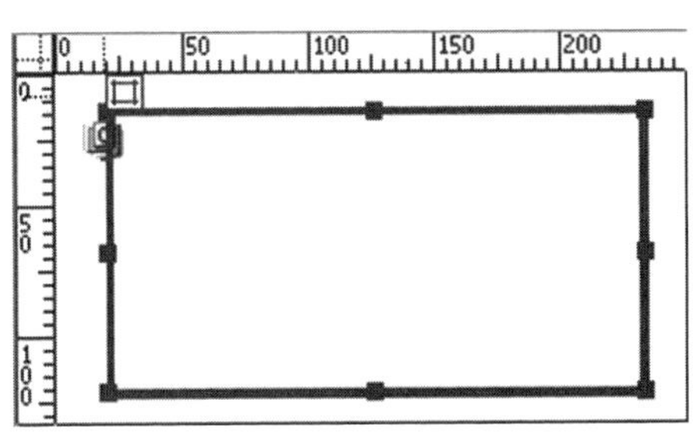

图 5-1-29 描绘层创建完成

(2) 插入 AP Div。

执行“插入”/“布局对象”/“AP Div”命令,在文档窗口内会自动插入一个预定大小的 AP Div 元素。

3. AP Div 元素的选择

使用鼠标指向层边框可以进行层的选择,当要选择多个层时,按住【Shift】键。

4. AP Div 元素的激活

单击层中的任意位置可以激活层。

5. AP Div 元素的属性设置

通过“属性”面板设置层的属性,如图 5-1-30 所示。

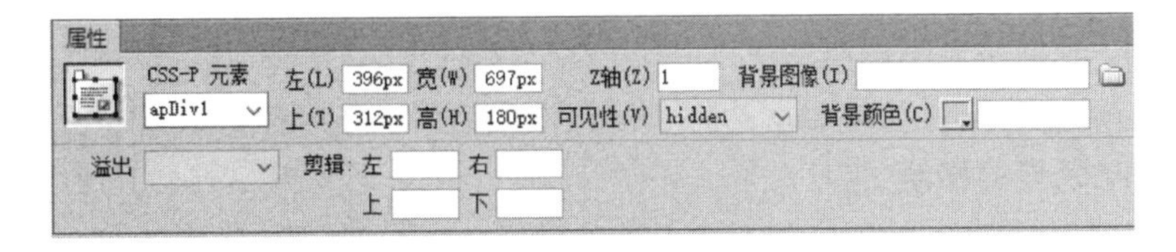

图 5-1-30 AP Div 元素的“属性”面板

AP Div 元素的“属性”面板中各项参数如下。

◉ AP Div 元素编号:用于设置 AP Div 元素的名称,唯一。

◉ 左:设置 AP Div 元素左边框相对于页面或者父层的距离。

◉ 上:设置 AP Div 元素上边框相对于页面或者父层的距离。

◉ 宽和高:设置好 AP Div 元素的宽和高。

◉ Z 轴:设置 AP Div 元素叠加的顺序。值越大,越优先显示。

◉ 可见性:设置 AP Div 元素的初始可见性。包含四个选项:“default”表示默认可见性;“inherit”表示继承其父 AP Div 元素可见性;“visible”表示总是显示该 AP Div 元素;“hidden”表示总是隐藏该 AP Div 元素。

◉ 背景图像和背景颜色:设置 AP Div 元素的背景图像和背景颜色。

◉ 溢出:设置当层的内容超出 AP Div 元素的大小时,AP Div 元素中的内容显示方式。包含四个选项:“visible”表示增加 AP Div 元素的大小,以便 AP Div 元素中的内容全部显示出来;“hidden”表示保存 AP Div 元素的大小,剪掉超出部分不显示;“scroll”表示不管内容是否超出,显示滚动条;“auto”表示根据内容自动显示滚动条。

◉ 剪辑:用于定义 AP Div 元素的可见区域。

6. AP Div 元素的管理面板

还可以通过 AP Div 元素的管理面板管理层。如图 5-1-31 所示,图的管理面板由可见性图标、AP Div 元素名称、AP Div 元素编号构成。

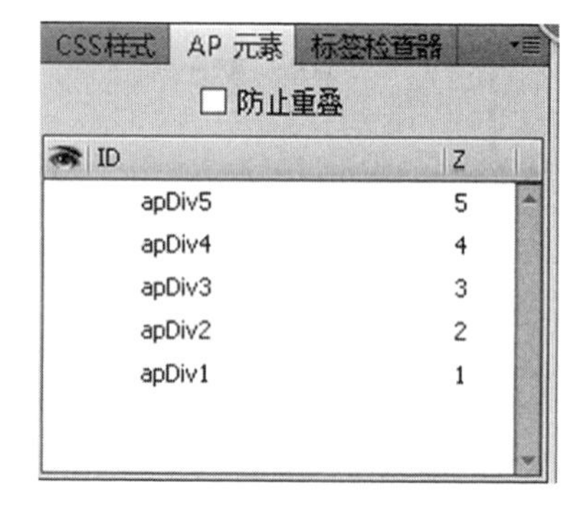

图 5-1-31　AP Div 元素面板

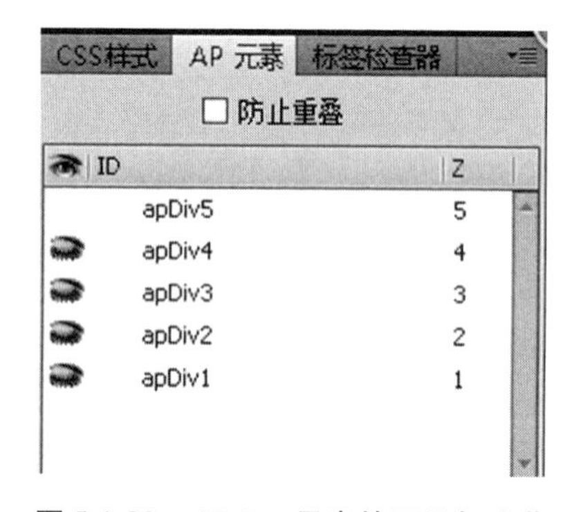

图 5-1-32　AP Div 元素的可见与隐藏

◉ 可见性图标:设置 AP Div 元素是否可见。包含默认、隐藏、可见三个状态。没有图标时表示默认; 表示可见; 表示隐藏。单击可切换状态,如图 5-1-32 所示。

◉ AP Div 元素的名称:双击可以修改名称。

◉ AP Div 元素的编号:表示其叠放的顺序,可修改。

◉ 防止重叠:选中时,层不能叠放在一起。

7. AP Div 元素的大小调整

选中需要调整大小的层,拖动层边框,即可在相应的方向上调整 AP Div 元素的大小。

8. AP Div 元素的移动

选定 AP Div 元素左上角的选择柄或者将鼠标移动到 AP Div 元素边框上,都可以移动 AP Div 元素位置。

9. AP Div 元素和表格的互相转换

◉ 将表格转换为 AP Div 元素:单击菜单“修改”/“转换”/“表格到 AP Div”,设置好各项参数后确认即可。

◉ 将 AP Div 元素转换为表格:单击菜单“修改”/“转换”/“AP Div 到表格”,设置好各项参数后确认即可。

拓展实践

完成页面中“我们的服务”部分,设置其 AP Div 元素的显示/隐藏效果的操作,如图 5-1-33所示。

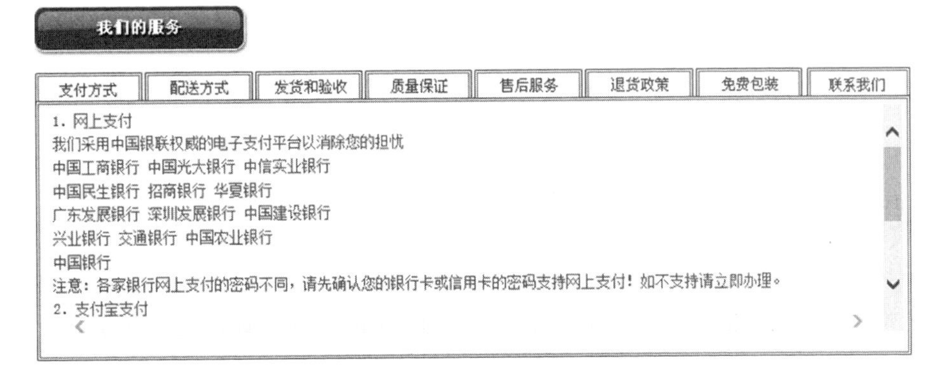

图 5-1-33 “我们的服务”效果图

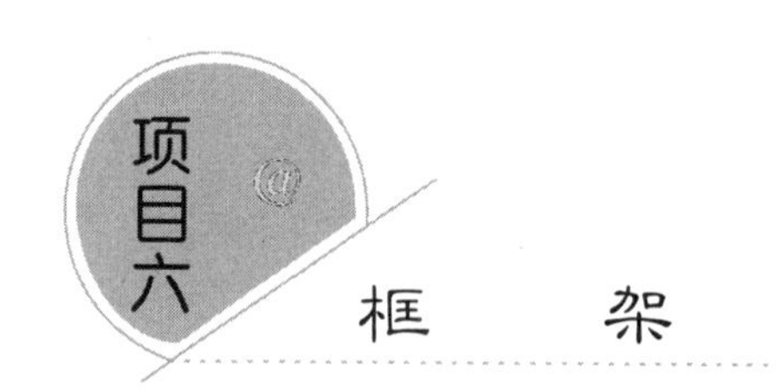

项目六 框 架

知识目标

➢ 掌握框架的基本使用方法。
➢ 掌握框架页面之间的跳转设定方法。

任务 制作网站首页

效果展示

网页效果图如图 6-1-1 所示。

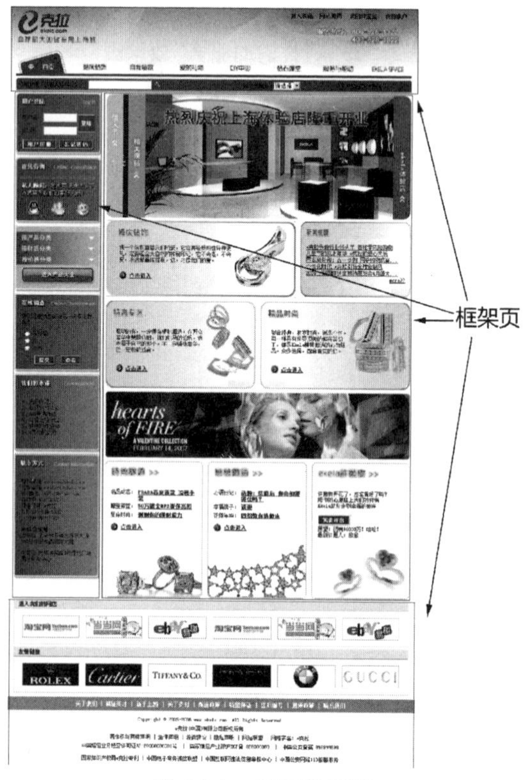

图 6-1-1 网页效果图

操作引导

1. 准备素材

创建并定义站点，将素材文件夹中所有文件拷贝到站点文件夹中。

2. 分析布局

从效果图中可以看出，首页被划分为四个区域，即四个框架页，整个首页即为一个框架集。页面首先被划分为上、中、下三个区域，其中中间部分又划分为左、右两个区域，因此中间部分也为一个框架集。

每个框架页对应一个独立的网页，首页被划分为四个网页，如图 6-1-2 所示。

3. 制作框架页

(1) 创建 header. html。

打开 Dreamweaver CS6，选择“文件”/“新建”/“空白页”/“HTML”/“布局”/“无”，创建一个空白页面，然后将其保存为“header. html”，且保存在与“index. html”相同目录下，以保证图片等能够正常显示。目录结构如图 6-1-3 所示。

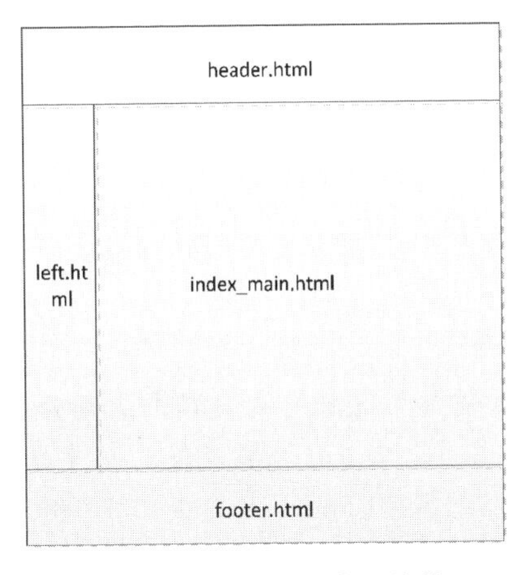

图 6-1-2　首页框架布局结构

css
images
footer. html
header. html
index. html
index_main. html
left. html

图 6-1-3　框架页的目录结构

在 Dreamweaver CS6 中打开文件 index. html，选择顶部内容表格，将其复制到 header. html 中。最后将样式表文件 css/Style. css 附加到 header. html 中。header. html 页最终效果如图 6-1-4 所示。

图 6-1-4　header. html 页面效果

(2) 创建 left. html。

新建页面，保存名称为“left. html”，且保存在与“index. html”相同路径下。

将“index. html”文件中左侧内容表格复制到“left. html”中,在“left. html”中将表格宽度更改为207像素,最后将“css/Style. css”附加到页面中。

(3) 创建index_main. html。

新建页面,保存名称为“index_main. html”,且保存在与“index. html”相同路径下。将“index. html”中主体内容复制到“index. html”中,修改表格宽度为728像素,对齐方式为左对齐。最后附加“css/Style. css”样式表文件。

(4) 创建footer. html。

步骤同(1)(2),请读者自行操作。

4. 制作框架集页面

(1) 创建页面。

在Dreamweaver CS6中新建空白页面,执行“插入”/“HTML”/“框架”/“上方及左侧嵌套”命令,创建框架集页面,并保存名称为“frameset. html”,保存路径与“index. html”相同。

(2) 配置框架页属性。

执行“窗口”/“框架”命令,打开“框架”面板,分别设置每个框架的源文件路径,如图6-1-5所示,设置顶部框架页显示源文件。

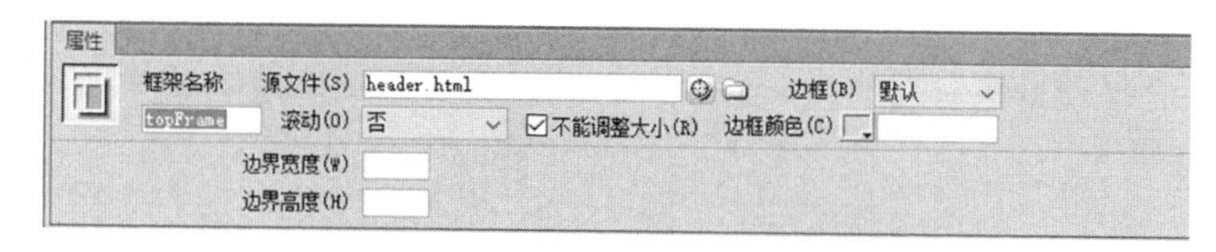

图6-1-5 顶部框架页“属性”设置

温馨提示

在设置完三个框架的源文件后,发现中间框架页面内嵌网页内容无法完全显示,这是因为框架技术的本质是将浏览器窗口拆分为多个区域,最外层框架的高度默认为浏览器的高度,框架不能像表格或层一样可以自定义高度(Frame标签没有height属性),因此中间部分区域需要设置自动显示滚动条。顶部的高度和左侧区域的宽度可以拖动设置。

(3) 手动添加底部框架页。

在第(1)步中,通过使用Dreamweaver提供的示例创建了一个具有三个框架的页面,在效果图中首页底部还有一个框架页。在Dreamweaver中打开“frameset. html”查看源代码,在最外层frameset内部最后插入frame标签,创建一个新的框架页,同时需修改最外层frameset标签的rows属性值。

【示例】 手动添加底部框架页完整代码。

```
<frameset rows="198,500,*" cols="*" frameborder="no" border="0" framespacing="0">
  <frame src="header. html" name="topFrame" scrolling="No" noresize="noresize" id="topFrame" title="topFrame" />
```

```
<frameset rows = "*" cols = "240,*" framespacing = "0" frameborder = "no" border = "0">
    <frame src = "left.html" name = "leftFrame" scrolling = "auto" id = "leftFrame" title = "leftFrame" />
    <frame src = "index_main.html" name = "mainFrame" scrolling = "auto" id = "mainFrame" title = "mainFrame" />
</frameset>
<frame src = "footer.html" name = "footFrame" scrolling = "No" noresize = "noresize" id = "footFrame" title = "footFrame" />
</frameset>
```

代码中第一行属性 rows = "198,500,*"说明将浏览器窗口划分为三行,第一行的高度为198 像素,第二行的高度为 500 像素,第三行的高度为浏览器剩余的区域高度。由于浏览器分辨率不同,其中第二行的高度可自行调整。

5. 设置导航链接

打开"header. html",选择 DIY 中心图片,设置超级链接到"diy. html",且设置目标属性值为 mainFrame(mainFrame 为页面主区域框架的名称),如图 6-1-6 所示。这样即可实现单击顶部导航"DIY 中心"后在页面主区域显示"DIY 中心"页面内容。

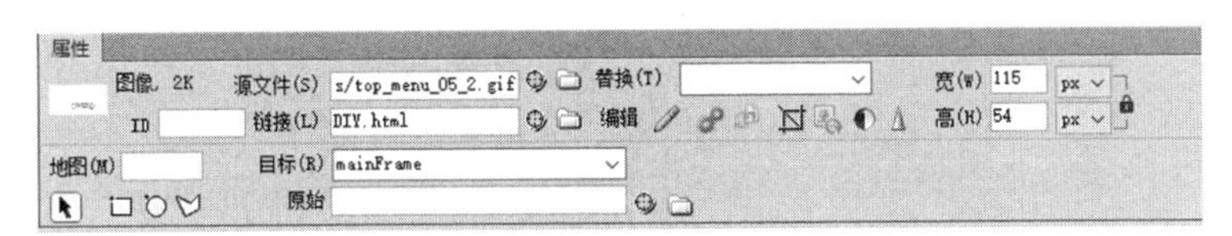

图 6-1-6 "DIY 中心"超级链接设置

技术支持

一、框架概述

框架是一种常用的网页布局方式,使用框架布局可以将浏览器窗口划分成多个区域,每个区域可以分别指定显示独立的网页。这些被划分出的每个区域即称为"框架(Frame)",多个框架则称为"框架集(Frameset)"。图 6-1-7 演示了一个包含两个框架的网页,浏览器窗口被划分成左右两个部分,即左侧框架和右侧框架,这两个框架统称为框架集。

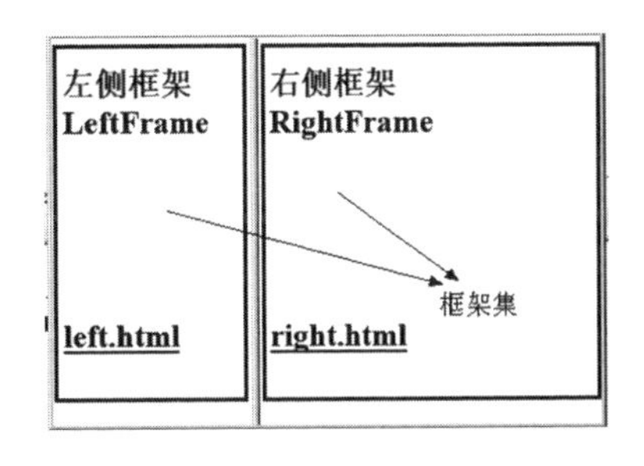

图 6-1-7 框架演示

使用框架布局的好处主要有两点:

(1) 可以实现页面重用。一般在设计网站时为了保证网站页面风格的统一,会采用相同的顶部及底部设计。因此,可以将顶部内容和底部内容分别保存为两个页面,然后使用框架将这两个页面嵌套,这样其他页面就可以重复使用了。

(2) 可以方便实现目录结构式的网页。目录结构式的网页即左侧目录、右侧内容。例如，在线教程、后台管理系统均为此种结构。

二、框架实现方式

在网页中应用框架有两种方式：

（1）使用框架 Frame/框架集 Frameset。网页被划分为多个区域，每个区域为一个框架，多个框架形成框架集。

（2）使用内嵌框架 IFrame。内嵌框架也称浮动框架，内嵌框架较第一种最为灵活，它可以实现将网页中任何部分内容作为框架用于显示其他页面，而不是将整个页面划分为多个框架，因此使用内嵌框架布局非常方便和灵活。

三、Dreamweaver 中如何使用框架

1. 创建框架页

Dreamweaver 软件对于制作框架页面有着良好的支持，在 Dreamweaver 中制作框架页有两种情况：

（1）已有页面应用框架。在“插入”面板中的“布局”中有框架按钮，如图 6-1-8 所示，单击相应的框架布局方式，即可为现有页面应用框架布局。但需要注意的是，现有页面应用框架后，其页面将作为主体区域页面显示。

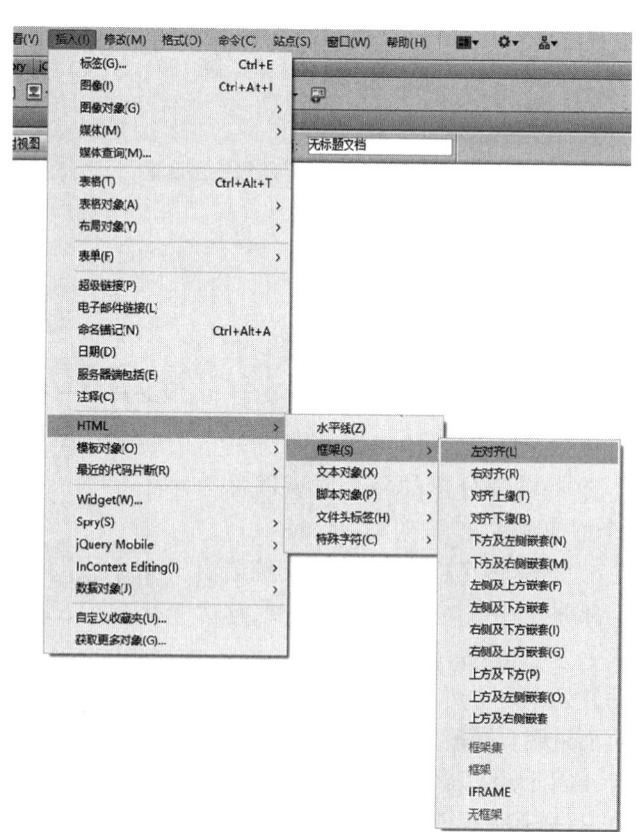

图 6-1-8　为现有页面应用框架

（2）新建页面时使用自带示例实现框架布局。如图 6-1-9 所示，在新建页面时，单击左侧“示例中的页”，然后选择“框架页”示例文件夹，即可看到 Dreamweaver 中自带的框架示例页。

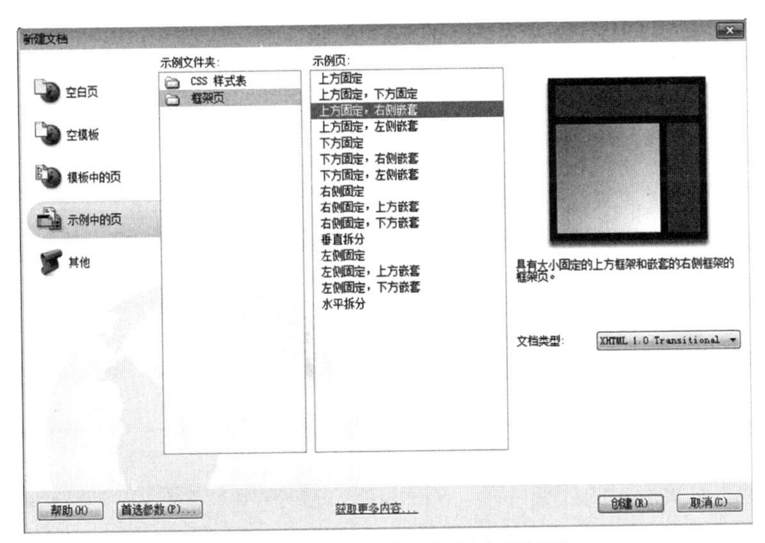

图 6-1-9 使用自带示例创建框架页

温馨提示

第二种新建页面时使用自带示例实现框架布局在 Dreamweaver CS6 中已经被取消。

2. 设置框架属性

使用上面任意一种方式创建完框架页后，Dreamweaver 会立即弹出“框架标签辅助功能属性”对话框，如图 6-1-10 所示。

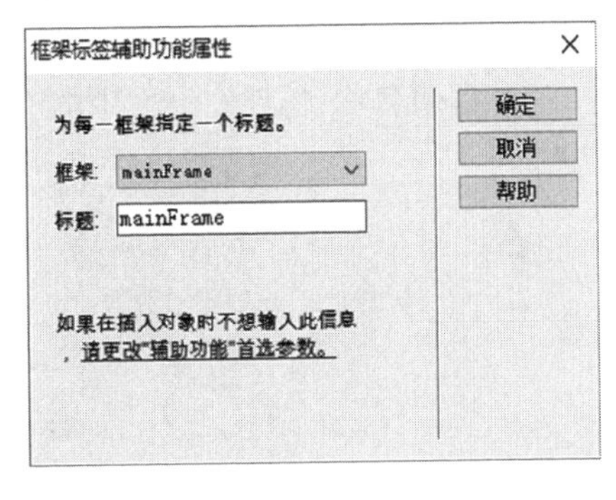

图 6-1-10 “框架标签辅助功能属性”对话框

对话框中的“框架”下拉框用于设置每个框架的名称（框架的名称是在网页中区分框架的唯一标识，因此不能重复），框架的“标题”用于设置当鼠标移动到框架上时弹出的提示信息。以上两项 Dreamweaver 都已经做了默认设置，因此开发时可以不用修改，直接使用默认值。

在设置完框架名称及标题后，Dreamweaver 即自动创建框架页。图 6-1-11 创建了一个包含两个框架（左侧固定，右侧显示内容）的页面。整个页面被分为左、右两列，中间的竖线即两个框架的分隔线，拖动分隔线，可设置框架的宽度，此分隔线也是框架的边框。若在设计时，需要再次对框架进行分割，可以在按住【Alt】键的同时，拖动框架边框进行拆分。

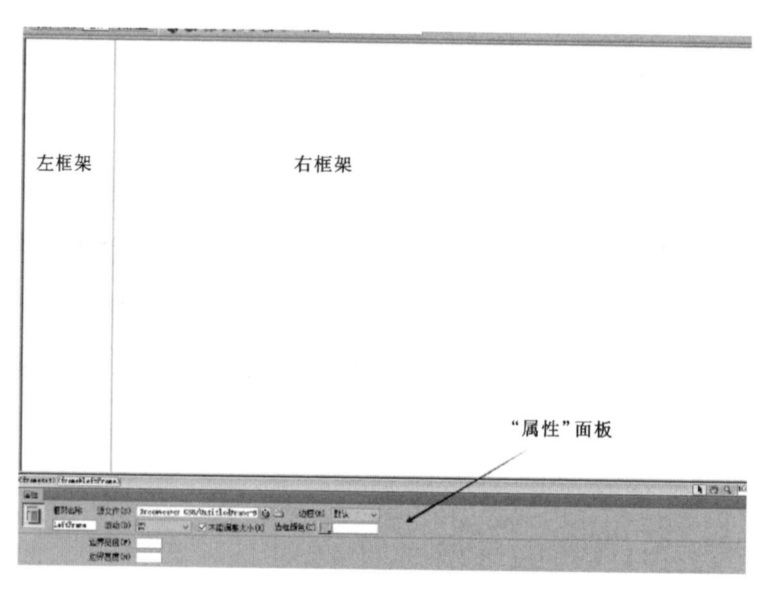

图 6-1-11　创建框架页

为了更好地查看页面中的框架，按下【Shift】+【F2】快捷键，可以显示“框架”面板，如图 6-1-12 所示。单击“框架”面板中各部分，可以快速选中页面中框架。

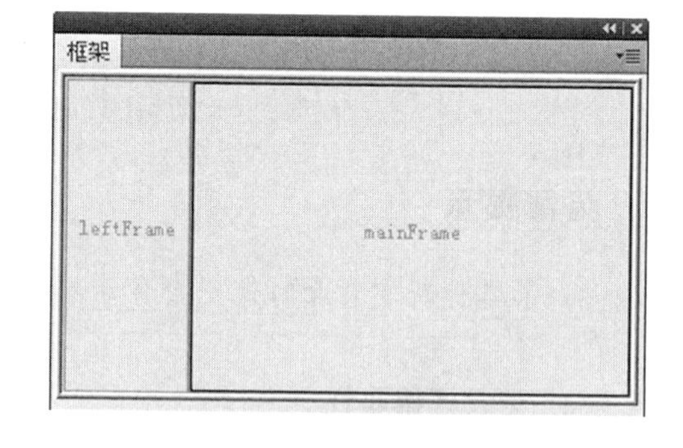

图 6-1-12　“框架”面板

为了方便地设置和调整框架的属性，Dreamweaver 为我们提供了框架的“属性”面板，如图 6-1-13所示。

框架的“属性”面板中可以设置的属性项如下。

◉ 框架名称：框架在页面中的唯一标识。

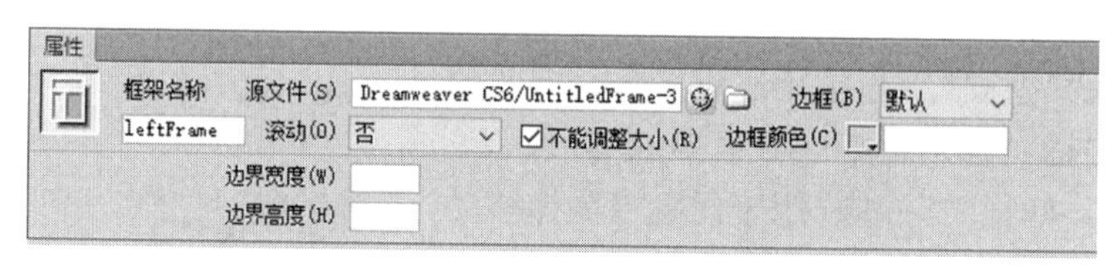

图 6-1-13　框架的“属性”面板

◉ 源文件：框架所显示的文件路径，建议使用相对路径，如 left. html。我们可以通过单击 两个按钮来选择要显示的文件。

◉ 边框：边框下拉框的选项包括“是”“否”“默认”。若选择“是”，则表明有边框，边框宽度为 1 像素；若选择“否”，则没有边框。默认值为“否”。

◉ 边框颜色：即设置边框的色彩值，可以通过单击 按钮来选择颜色，也可在文本框中输入十六进制颜色值。

◉ 滚动：取值包括“是”“否”“自动”“默认”。滚动属性用于设置是否显示此框的滚动条。若取值为“是”，则表明显示滚动条；若取值为“否”，则不显示滚动条；若取值为“自动”，则浏览器根据需要时显示。默认值为“自动”。

- 不能调整大小：若勾选此项，则不可调整浏览器框架的大小（即边框不可拖动）。
- 边界宽度：用于设置框架内页面内容的左侧边距，单位为像素。
- 边界高度：用于设置框架内页面内容的顶部边距，单位为像素。

3．保存框架

框架的保存分为两个步骤。

第一步，保存框架集，即保存整个页面。通过单击菜单栏“文件”/“框架集另存为”或使用快捷键【Ctrl】+【Shift】+【S】进行保存，Dreamweaver 默认为框架集命名为“UntitledFrameset-1. html”。

第二步，保存框架，若每个框架指定了显示已有网页，则此步可以省略。否则应该先将光标定位在所要保存的框架中，然后单击菜单栏“文件”/“保存框架”或使用快捷键【Ctrl】+【S】进行保存。

温馨提示

建议将框架页保存在与框架集同一目录下。

对于图 6-1-7 所示框架页面，其对应的网页一共包括三个，它们分别如下：左侧框架页“left. html”，右侧框架页“right. html”和整个网页（框架集页面）“frameset. html”。

四、框架间的跳转

在将页面划分为多个框架后，框架之间如何实现关联的呢？例如，实现如图 6-1-14 所示的功能，当单击左侧超级链接后，其在右侧区域显示。

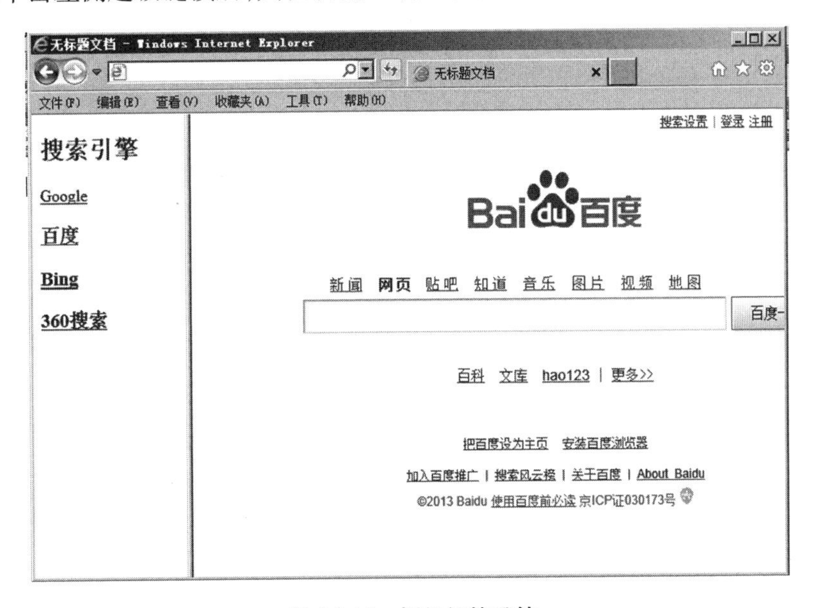

图 6-1-14　框架间的跳转

实现框架间的跳转，其关键是设置超级链接的"目标"属性。当页面中存在框架，在设置超级链接的"目标"属性时，则会在其选项列表中添加页面中包括的框架名称，如图 6-1-15 所示。

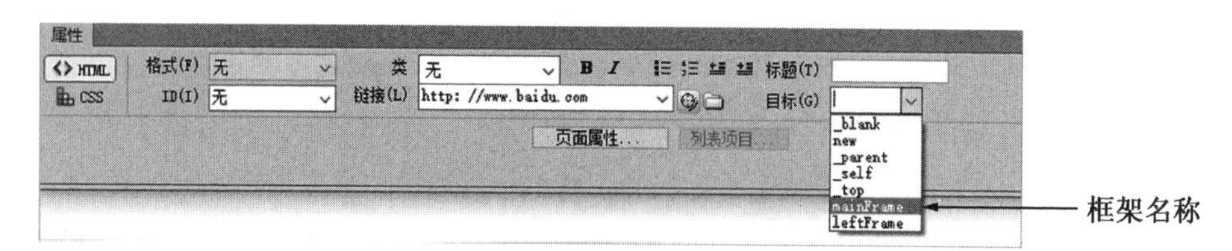

图 6-1-15 框架间的关联

目标属性值含义见表 6-1-1。

表 6-1-1 超级链接目标属性值

属性值	含 义
_blank	在新窗口中打开链接
_self	在链接所在页面的自身窗口中打开链接
_parent	在父框架集中打开链接
_top	在顶级窗口即整个浏览器中打开链接
框架名称	在指定框架窗口中打开链接

温馨提示

虽然使用框架可以实现表格、层无法实现的功能，但不应该在制作网站时大量使用框架，因其也有自身的劣势。

（1）不利于搜索引擎（Google、百度等）收录。搜索引擎采用蜘蛛爬虫进行网页抓取，其不会自动识别框架内的图片、文本、超级链接等内容，因此采用框架的页面不利于搜索引擎优化（SEO）。

（2）无法打印完整的网页。利用框架可以方便地显示多个页面，如果页面内容较多，框架则会自动出现滚动条，让用户拖动。因此，打印时只能打印当前所看到的内容，而无法打印整个网页。

综上所述，框架布局一般仅用于制作在线帮助类、后台管理页面等，不应该使用框架实现整个网站的布局。

拓展实践

请制作实现如图 6-1-16 所示拓展实践演示效果图。

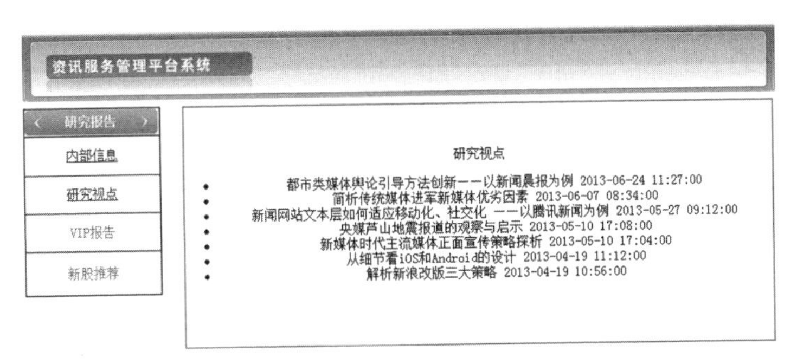

图 6-1-16　拓展实践演示效果图

制作要求：

此页面被划分为三个部分：顶部 LOGO 部分、左侧菜单导航部分和右侧内容显示部分，这三个部分即对应三个框架。另外要实现，当单击左侧链接“内部信息”和“研究视点”时跳转到右侧显示。

推荐实现步骤如下：

（1）准备素材：创建站点，将素材文件夹中所有内容拷贝到站点文件夹中。

（2）打开 Dreamweaver CS6，新建空白页面，选择“插入”/“HTML”/“框架”/“上方及左侧嵌套”，在弹出的“框架标签辅助功能属性”对话框中选择默认值，单击“确定”按钮。

（3）保存框架集页面到站点文件夹中，名称为“frameset. html”。

（4）在顶部框架中插入图片，图片为 images 文件夹下的“top. jpg”，并保存框架页到站点文件夹中，名称为“top. html”。

（5）在左侧框架中使用表格布局，插入五行一列表格，并保存框架页到练习文件夹中，名称为“left. html”。

（6）在右侧框架中插入一行一列表格，并在其中插入文本，保存此框架页到练习文件夹，名称为“1. html”。

（7）设置左侧框架页中文本“内部信息”链接到“1. html”，并设置“目标”属性为 mainFrame。以上步骤在 Dreamweaver 中效果如图 6-1-17 所示。

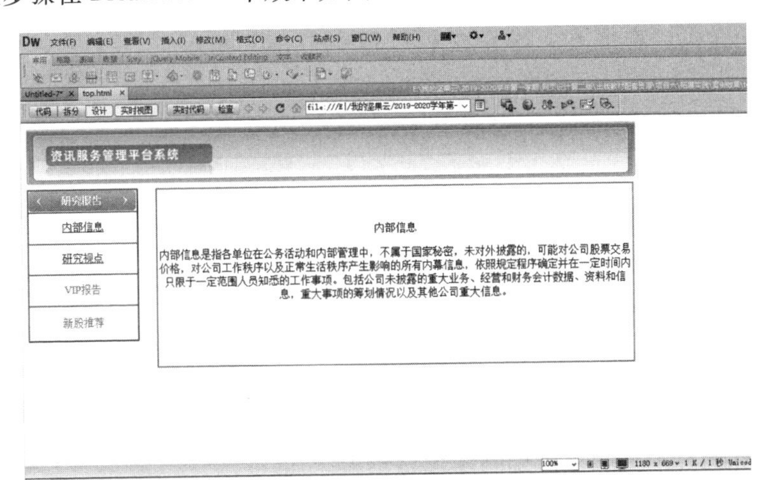

图 6-1-17　拓展实践制作效果图

网页应用篇

知识目标

- 掌握在表单网页中插入表单域的方法。
- 掌握在表单网页中插入文本域和文本区域的方法。
- 掌握在表单域中插入单选按钮、单选按钮组和复选框的方法。
- 掌握在表单域中插入列表/菜单、按钮和图像域的方法。
- 掌握对提交到服务器中的表单内容进行验证的方法。
- 掌握实现表单内容的自动清除的方法。

任务　制作“新用户注册”页面

效果展示

一个网站不仅需要各种供用户浏览的网页，而且需要与用户进行交流。本项目要制作一个用户注册页面，用户可以在该页面内完成个人资料的填写，然后将注册信息提交到网站，从而完成注册工作（图 7-1-1）。在填写信息的过程中，网页可以即时检查用户填写的信息是否完整、一些输入的数据是否合理有效。

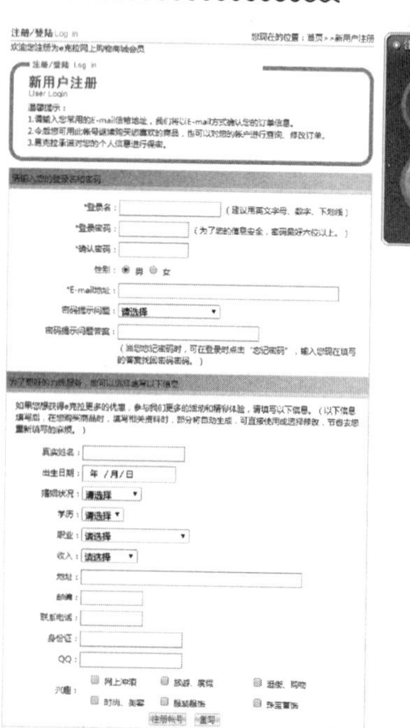

图 7-1-1　新用户注册页面效果图

操作引导

一、制作注册表单

（1）将制作网页的素材复制到网站根目录下的相应文件夹中。

（2）新建网页文档“Register. html”，页面属性设置同前。

（3）在文档中插入一个表格（1 行 3 列，宽 716 像素，其他参数均为 0），设置表格“对齐”为“居中对齐”。设置左列“宽”为 546 像素，右列“宽”为 155 像素，两个单元格均设置“垂直”为“顶端”对齐，如图 7-1-2 所示。

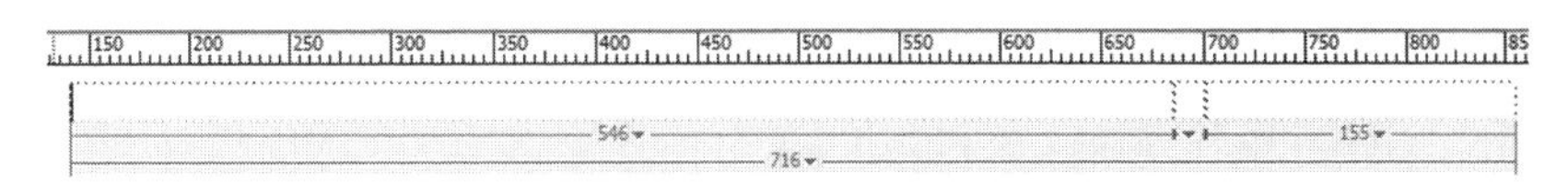

图 7-1-2　插入表格

（4）在左列中插入表格（5 行 1 列，宽 100%，其他参数均为 0），将第 2、4 行行高设为 10 像素，删除空格字符，如图 7-1-3 所示。

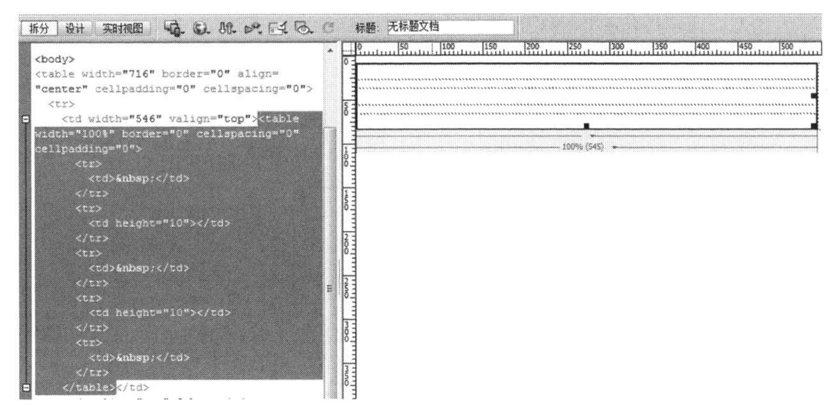

图 7-1-3　嵌套表格

（5）在当前表格第 1 行中插入一个表格（3 行 2 列，“宽”100%，其他参数均为 0），在第 1 行左侧单元格中插入图像“images/register_title_01. gif”。将第 2 行单元格合并，设置高度为 2 像素，“背景颜色”为“#DBDBDB”，同时删除空格字符，在其他单元格中输入文本，如图 7-1-4所示。

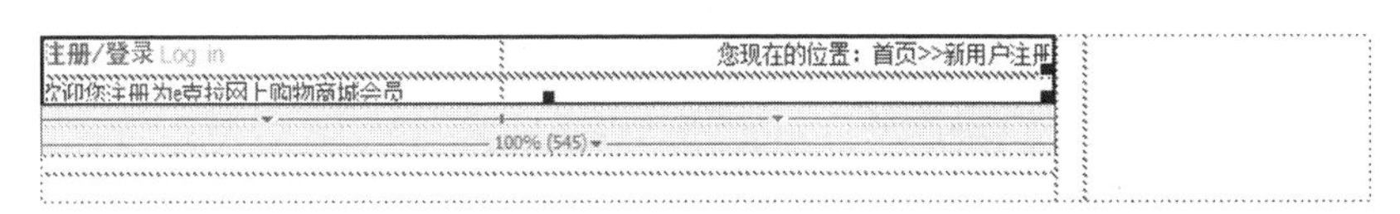

图 7-1-4　嵌套表格的设置

（6）在外层表格第 3 行中插入表格（3 行 1 列，“宽”100%，其他参数均为 0），设置表格“background”为“images/box_note_bg. gif”，然后分别在第 1 行和第 3 行中插入图像“images/box_note_top. gif”和“images/box_note_foot. gif”，如图 7-1-5 所示。

图 7-1-5　表格效果

(7) 在第2行中再插入表格(3行1列,宽90%,其他参数均为0),设置表格“对齐”为“居中对齐”。设置嵌入表格的第2行单元格“高”为5像素,删除空格字符。在第1行中插入图像“images/register_title_03. gif”,在第3行中输入文本,如图7-1-6所示。

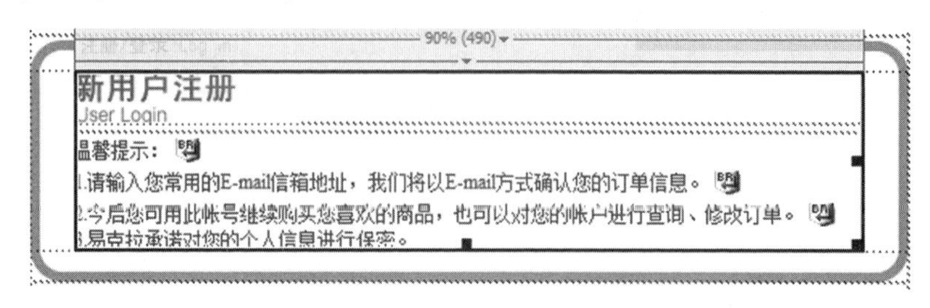

图7-1-6 表格效果

(8) 将光标定位在第二层表格的最后一行中,如图7-1-7所示;执行“插入”/“表单”/“表单域”命令,然后在该表单域中插入表格(5行1列,“宽”100%,“边框”0,“填充”0,“间距”1),如图7-1-8所示,设置表格“背景颜色”为“#F9D5CE”,如图7-1-9所示。

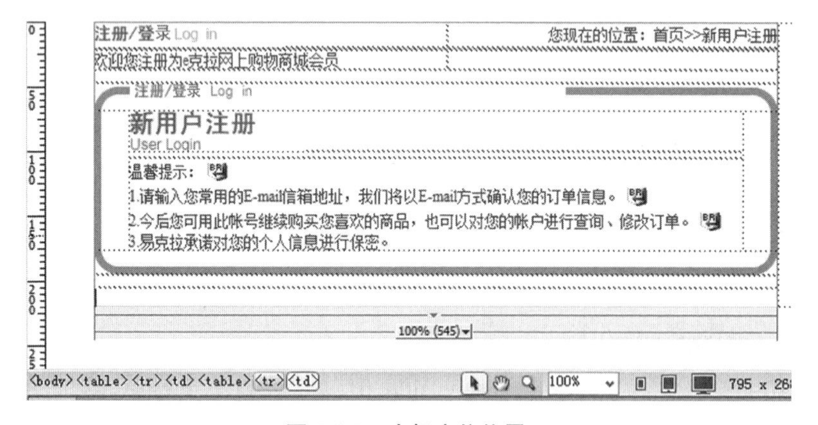

图7-1-7 光标定位位置

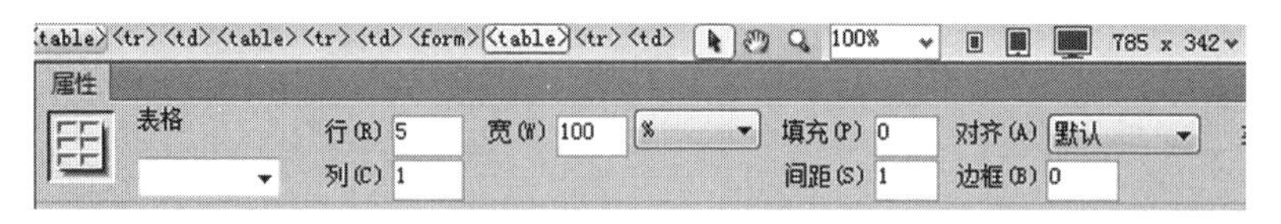

图7-1-8 表格属性设置

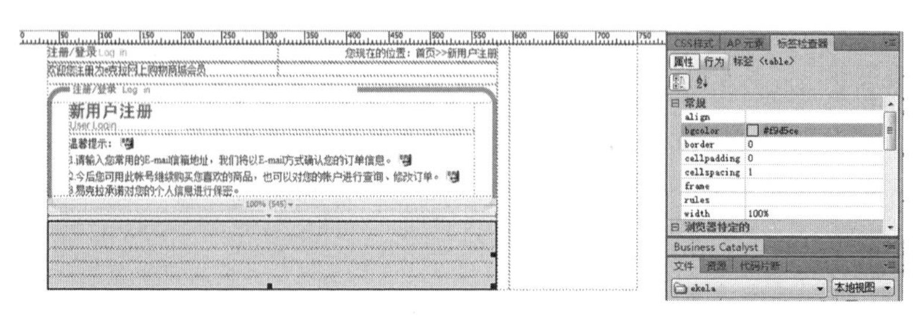

图7-1-9 表格背景颜色效果

温馨提示

我们可以在表单域中插入表格，从而更好地控制各个表单元素的位置以及排列方式。

(9) 设置嵌入表格的第1、3行单元格“高”为29像素，“background”为“images/box_product_top.gif”，输入文本，然后设置第2、4、5行单元格的“背景颜色”为“#FFFFFF”，如图7-1-10所示。

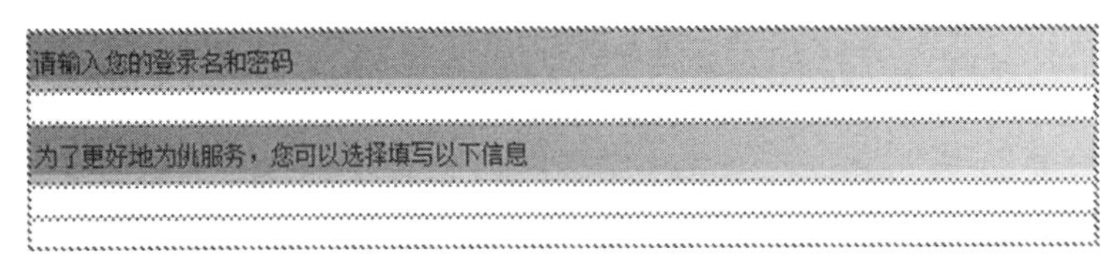

图7-1-10　表格设置

(10) 将光标重新定位到第2行单元格，在其中插入表格(10行2列，宽95%，其他参数均为0)，设置表格居中对齐，如图7-1-11所示。

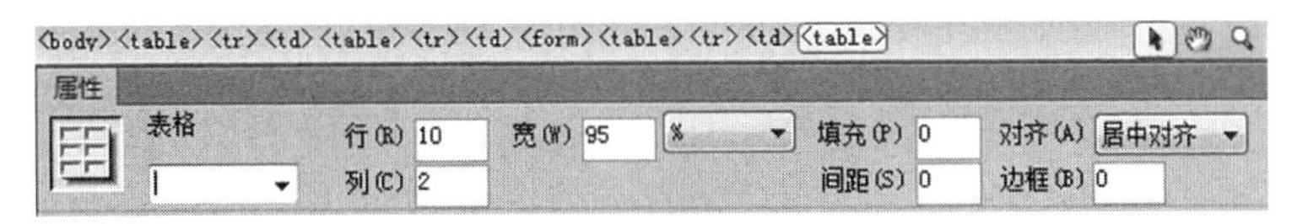

图7-1-11　表格属性设置

(11) 选中左列，设置“宽”为150像素，“高”为30像素，然后分别合并表格第1行和最后一行，设置单元格“高”为10像素，删除空格字符。

(12) 设置左列单元格“水平”右对齐，在第2行左侧单元格内输入“*登录名:”；在右侧单元格内插入“表单”/“文本域”，如图7-1-12所示。选中文本域，在“属性”面板中将文本域名称命名为“login_Name”，“字符宽度”设置为20，“最多字符数”设置为256，如图7-1-13所示。

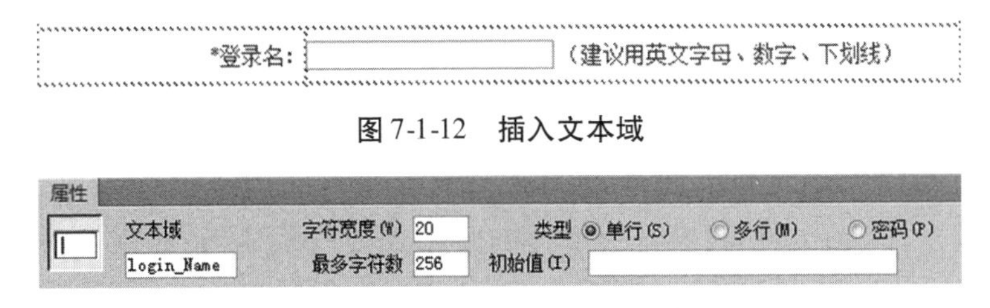

图7-1-12　插入文本域

图7-1-13　文本域“login_Name”的设置

温馨提示

“字符宽度”是指文本域在网页中的实际宽度，“最多字符数”是指文本域中可以输入的最多字符数。表单元素的名字一般取为英文或者汉语拼音，以便提高阅读性。

（13）分别在第3、4行单元格中输入文本，插入文本域“login_Password”和“re_Login_Password”，如图7-1-14所示；设置文本域的“字符宽度”均为12，“最多字符数”为32，“类型”为“密码”，如图7-1-15所示。

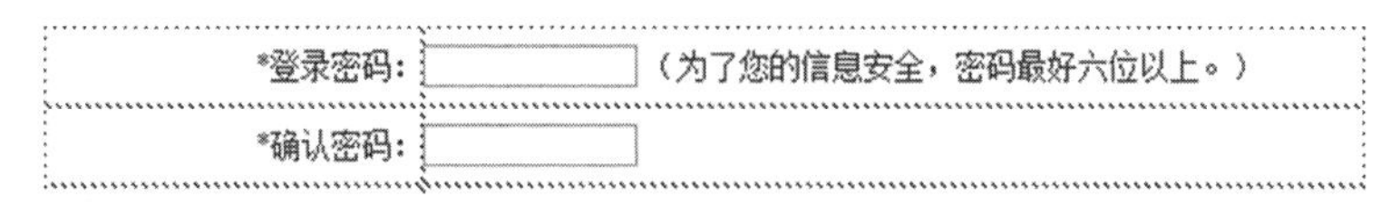

图7-1-14　插入两个文本域

图7-1-15　文本域“login_Password”属性设置

（14）在第5行左侧输入“ * 性别:”，在右侧单元格内插入两个“单选按钮”（表单面板◉），名称都取为“sex”，将代表“男”的单选按钮的“选定值”设置为“1”，“初始状态”设为“已勾选”，如图7-1-16所示；将代表“女”的单选按钮的“选定值”设置为“0”，“初始状态”设为“未选中”，如图7-1-17所示。性别项设置后的效果如图7-1-18所示。

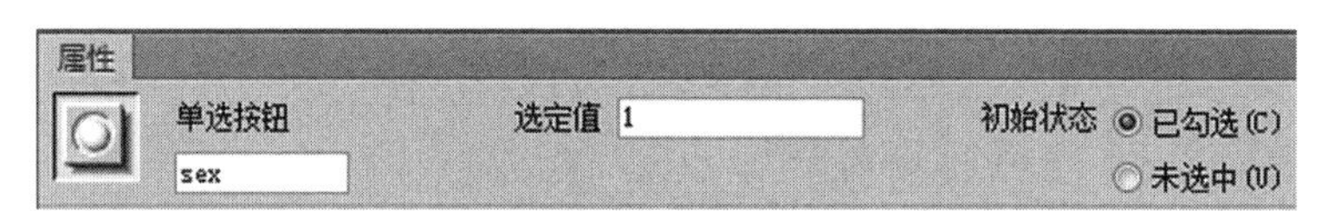

图7-1-16　表示“男”的单选按钮的设置

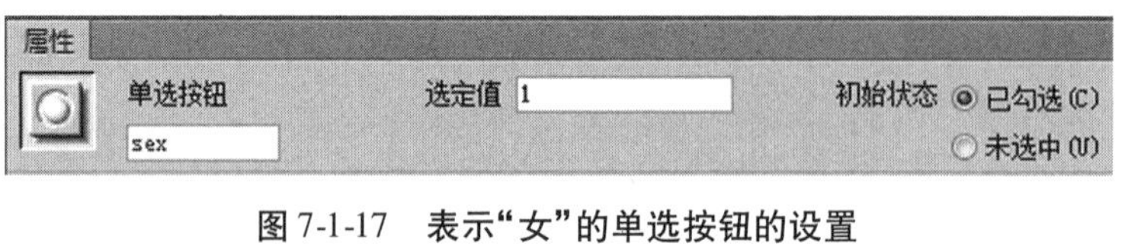

图7-1-17　表示“女”的单选按钮的设置

图7-1-18　性别项设置后的效果

温馨提示

单选按钮通常不会单独出现，都是多个按钮一同出现，且这些按钮的名字必须相同，这是前提。表单被提交后，只有一个选项值被记录下来，这就是“单选”的意思。多个单选按钮只能有一个被选中，选定值是判断单选按钮被选中的唯一依据，将每个按钮的选定值设置为不同的值。

（15）在表格下一行单元中插入“E-mail 地址:”所对应的文本域，并设置“属性”，如图7-1-19所示；切换到拆分视图中，将相应代码中的类型“type”修改为“E-mail”，如图7-1-20所示。

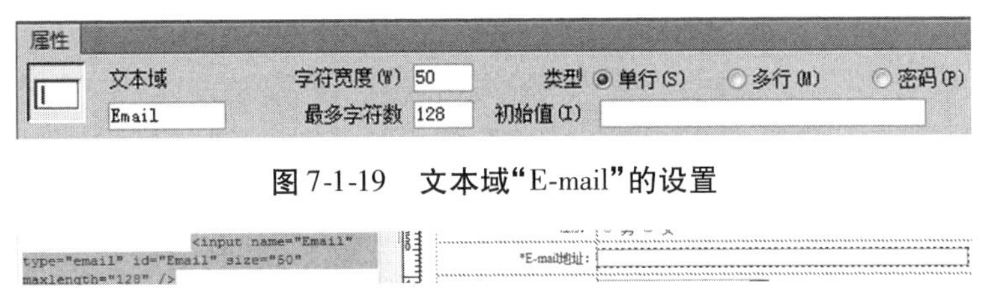

图 7-1-19　文本域“E-mail”的设置

图 7-1-20　修改输入域的类型为“E-mail”

（16）在第 7 行左侧输入“密码提示问题:”，在右侧执行“插入”/“表单”/“选择”（“列表”/“菜单”）命令，命名为“question”，“列表值”如图 7-1-21 所示。

图 7-1-21　列表“question”的设置

（17）选中菜单域“question”，并在“属性”面板中单击“列表值”按钮，打开“列表值”对话框，顺序添加表示密码提示问题的菜单项，并为这些菜单项赋值，完成之后设置“初始化时选定”为“请选择”选项，如图 7-1-22 和图 7-1-23 所示。

项目标签	值
请选择	
您最爱的人的名字	1
您的宠物的名字	2
您最爱的人的生日	3
您的生日	4
您最重要的一个纪念日	5
您最喜欢的一句话	6

图 7-1-22　列表值的设置　　图 7-1-23　列表设置效果

温馨提示

项目标签代表显示在菜单中的每一个菜单项的文本，而值代表我们将网页提交到服务器上时，每个菜单项所对应提交的值。

（18）在倒数第 3 行中插入“文本域”，并命名为“answer”，属性设置及完成效果分别如图 7-1-24 和图 7-1-25 所示。

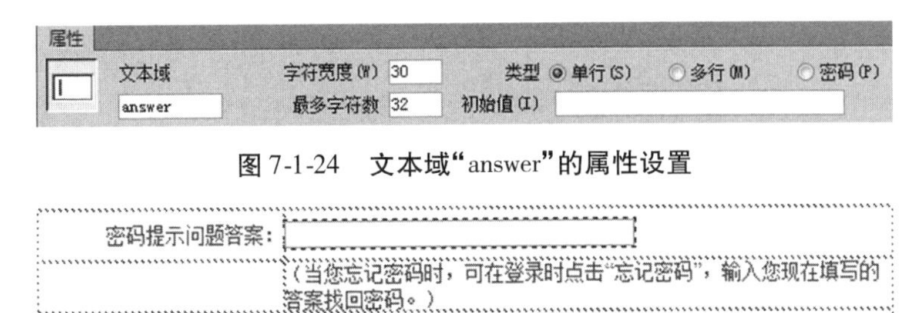

图 7-1-24　文本域“answer”的属性设置

图 7-1-25　文本域的设置效果

（19）将光标定位于其外层表格的第 4 行中，插入表格（16 行 2 列，宽 95%，其他参数均为 0），设置表格“对齐”为“居中对齐”。选中表格左列，设置“宽”为 100 像素，“高”为 30 像素，然后将第 1、3、16 行合并，设置“高”为 10 像素。

（20）设置左列单元格“水平”为“右对齐”，在第 4 行右侧单元格中插入代表“真实姓名：”的“文本域”，命名为“real_Name”，设置“字符宽度”为 20，“最多字符数”为 128，如图 7-1-26 所示。

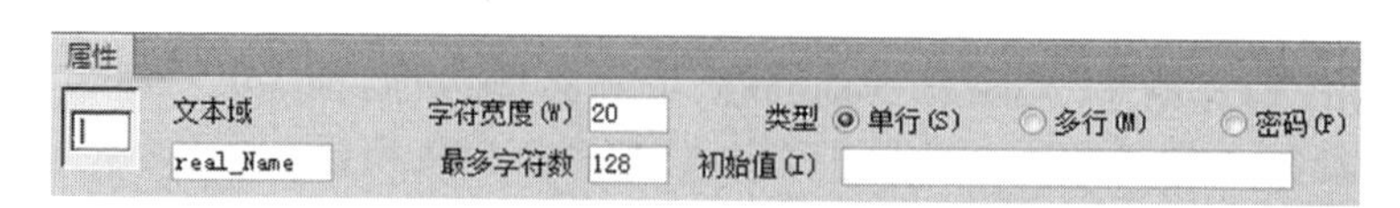

图 7-1-26 代表“真实姓名”的文本域的设置

（21）在第 5 行左侧输入“出生日期：”，在右侧插入一个文本域，将名称修改为“birthday”，切换到拆分视图，将相应代码中的类型“type”修改为“date”，如图 7-1-27 所示。

图 7-1-27 设置日期控件

（22）继续在第 6、7、8、9 行右侧单元格中插入“选择（列表/菜单）”，其命名和“列表值”设置如表 7-1-1 ~ 表 7-1-4 所示，最终完成效果如图 7-1-28 所示。

表 7-1-1 婚姻状况（marital_Status）的列表项

命名	marital_Status				
项目标签	请选择	未婚恋爱中	单身贵族	已婚	未婚
值		1	2	3	4

表 7-1-2 学历（degree）的列表项

命名	degree						
项目标签	请选择	小学	初中	高中	大学	硕士	博士
值		1	2	3	4	5	6

表 7-1-3 职业（career）的列表项

命名	career												
项目标签	请选择	IT	通信/电子	财务/审计/税务	服务行业	金融行业	私营业主	生产/运营	质量/安全管理	工程/机械/能源	技工	服装业	贸易	市场/营销
值		1	2	3	4	5	6	7	8	9	10	11	12	13
项目标签		广告/公关媒体	医药	艺术/设计	建筑工程	房地产	法律/咨询	教育/科研	公务员	翻译	在校学生	储备干部/培训生/实习生	兼职	其他
值		14	15	16	17	18	19	20	21	22	23	24	25	26

表 7-1-4 收入(income)的列表项

命名	income				
项目标签	请选择	2000 以下	2000～4000	4000～8000	8000 以上
值		1	2	3	4

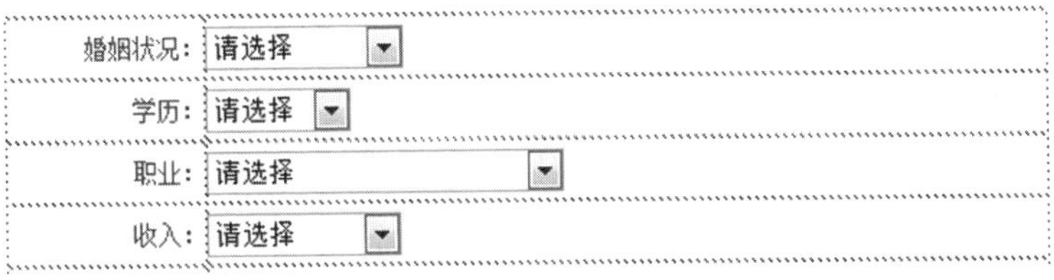

图 7-1-28 菜单域的设置效果

(23) 继续插入“地址”的文本域,命名为“address”,其“属性”设置如图 7-1-29 所示。

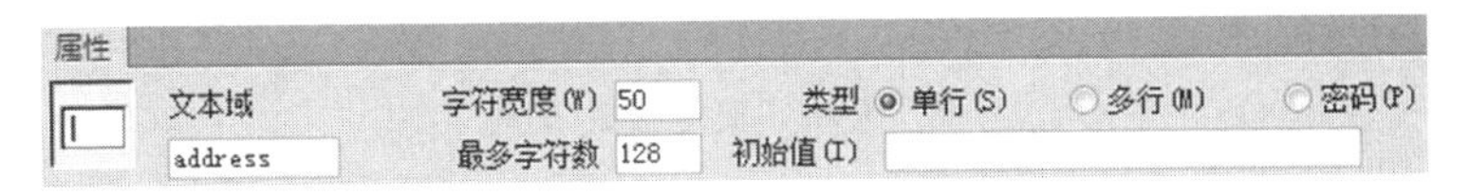

图 7-1-29 “地址”的文本域的设置

(24) 在下面的单元格中继续插入代表“邮编”“联系电话”“身份证”“QQ”的文本域,命名依次为“zip”“telephone”“identification”“qq”,“属性”设置分别如图 7-1-30、图 7-1-31、图 7-1-32 和图 7-1-33 所示,完成效果如图 7-1-34 所示。

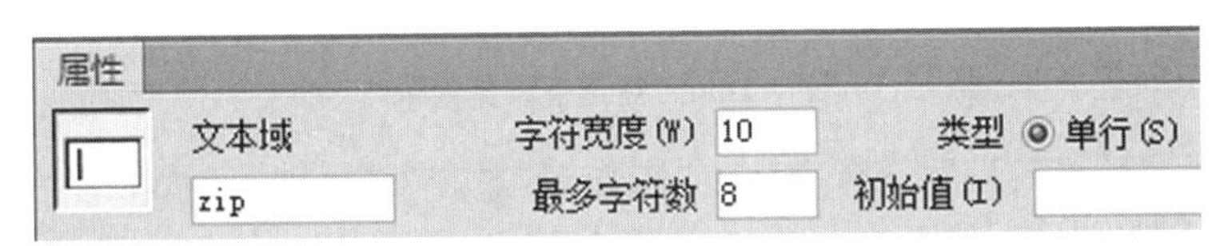

图 7-1-30 代表“邮编”的文本域的设置

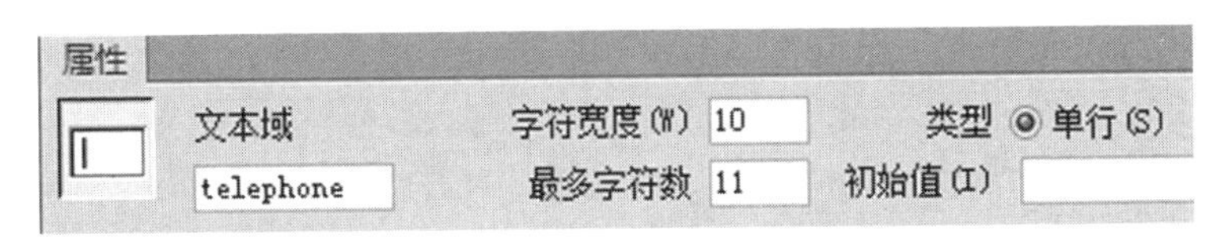

图 7-1-31 代表“联系电话”的文本域的设置

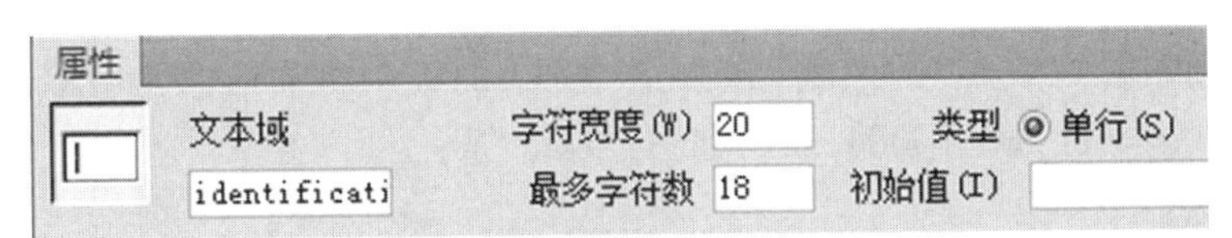

图 7-1-32 代表“身份证”的文本域的设置

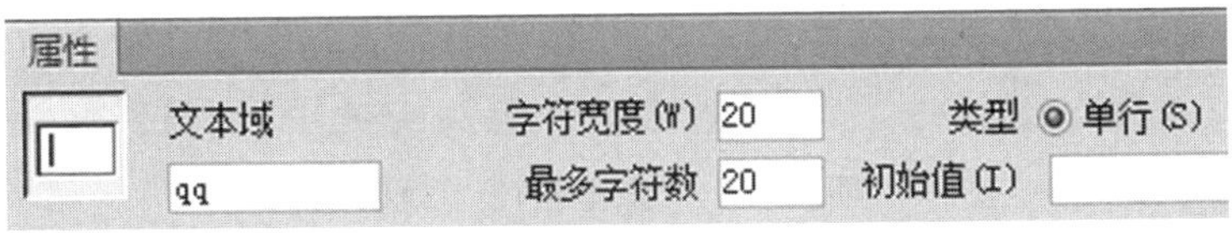

图 7-1-33 代表“QQ”的文本域的设置

邮编：
手机号：
身份证：
QQ：

图 7-1-34　文本域的设置效果

（25）接下来设置“兴趣”一栏，在右侧单元格中插入表格（2 行 4 列，宽 100%，其他参数均为 0）。选中第 1 列，设置单元格“高”为 30 像素，适当调整第 1 列的宽度。

（26）在新插入的表格的第 1 行第 2 个单元格中插入“复选框”☑，设置其“属性”，如图 7-1-35所示。

图 7-1-35　复选框的设置

（27）继续在该表格中插入复选框，“复选框名称”均为“hobbyIds”，“选定值”属性从“2”设定到“6”，“初始状态”为“未选中”，复选框设置效果如图 7-1-36 所示。

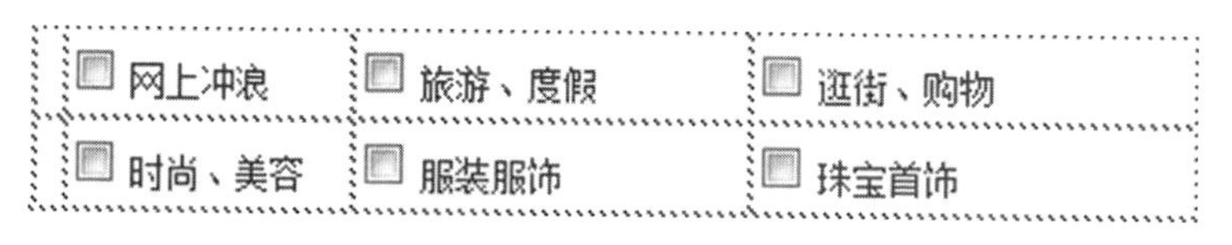

图 7-1-36　复选框设置效果

（28）在外层表格的最后一行中插入“图像域”，在“属性”面板中将其命名为“register”，设置“源文件”为“register_bt. gif”，如图 7-1-37 所示。

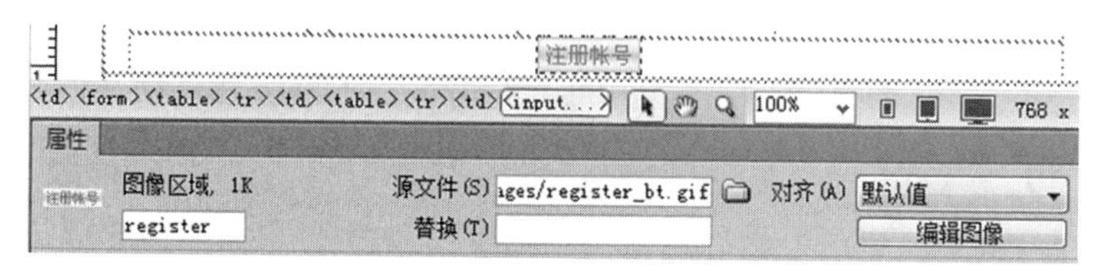

图 7-1-37　“注册帐号”的设置效果

（29）继续在右侧插入“图像域”，在“属性”面板中将其命名为“reset”，设置“源文件”为“images/account_menu_bt04. gif”，如图 7-1-38 所示。

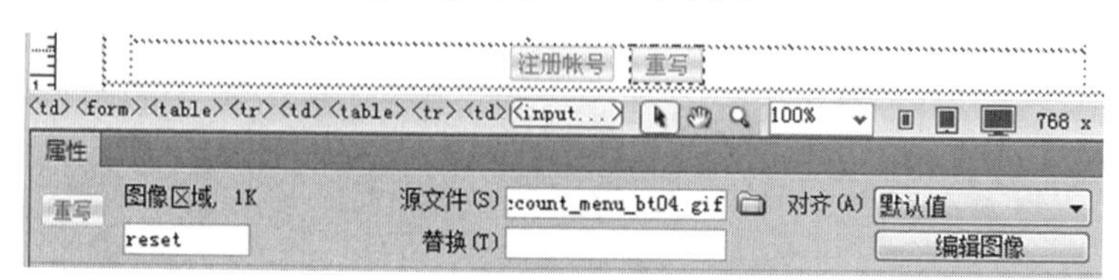

图 7-1-38　“重写”的设置效果

（30）将光标定位于最外层表格右列单元格，插入表格（4 行 1 列，宽 100%，其他参数均为0)，在4行中依次插入图像"images/login_step_top. gif"、"images/login_step_01_01. gif"、"images/login_step_02_02. gif"和"images/login_step_foot. gif"，插入图像后的效果如图7-1-39所示。

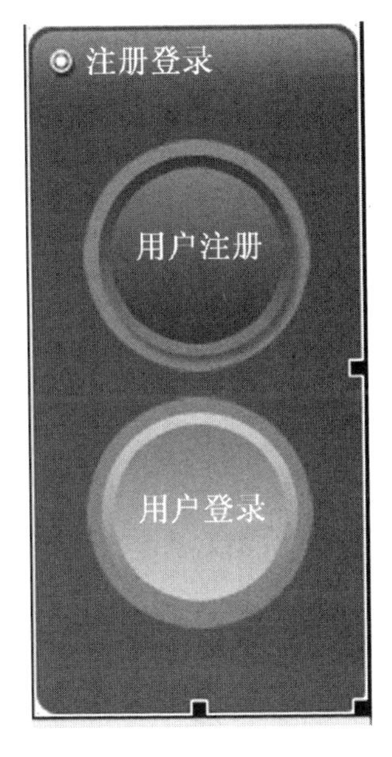

图7-1-39 插入图像效果

二、表单信息验证

在用户提交所填写的信息至网站前，我们需要对用户所填写的信息进行基本的检查，防止无效信息被提交到服务器，降低网站的运行效率。

(1) 设置表单提交时输入域不能为空。本表单中带"*"的字段为必填内容。单击选择"*登录名:"右侧的文本框"login_Name"，切换到"拆分"视图，将光标定位到选中代码内进行代码修改，如图7-1-40所示。同理，设置"login_Password""re_Login_Password""E-mail" 为必填内容。

图7-1-40 设置"登录名"为必填字段

(2) 设置表单提交时"E-mail地址"输入域中的值合法有效。单击选择"*E-mail地址:"右侧的文本框"E-mail"，切换到"拆分"视图，将"type"属性的值"text"修改为"email"，如图7-1-41所示。

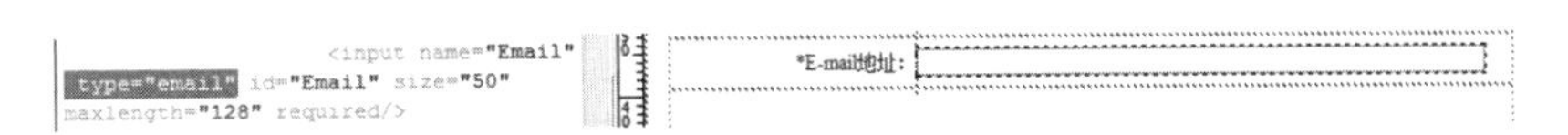

图7-1-41 设置"E-mail地址"合法有效

(3) 设置"邮编"中的输入内容只能是数字。单击选择"邮编:"右侧的文本框"zip"，切换到拆分视图，将光标定位到选中代码内进行代码修改，如图7-1-42所示。

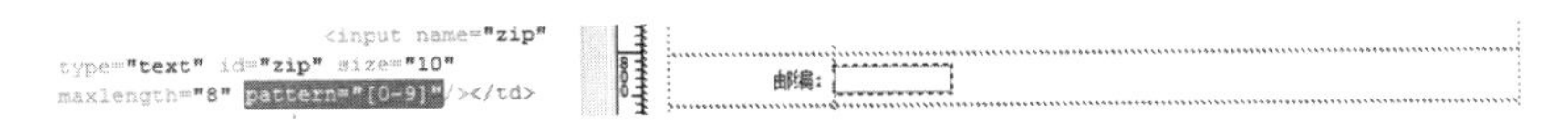

图7-1-42 设置"邮编"中只能输入数字

(4) 同理，设置"QQ"。而"手机号"中除了只能是数字外，还必须是11位长度，代码修改如图7-1-43所示，预览网页，当用户输入长度不是11位的手机号时，显示如图7-1-44所示的提示信息。

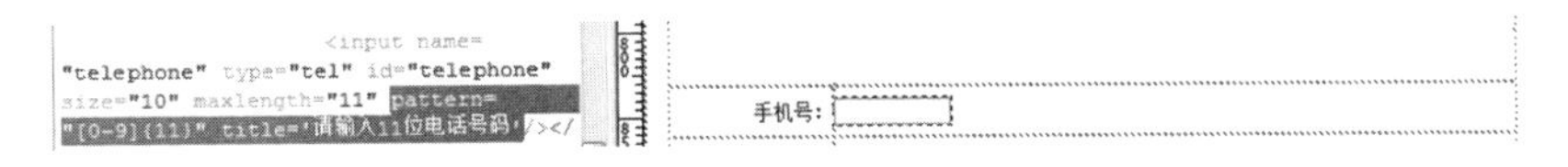

图7-1-43 设置"手机号"中只能输入11位数字

(5) 同理，设置"身份证"字段，限制其长度必须为18位，最后一位可出现X，代码修改如图7-1-45所示，预览网页，当用户输入长度不是18位的身份证号码或内容不正确时，显示如图 7-1-46 所示的提示信息。

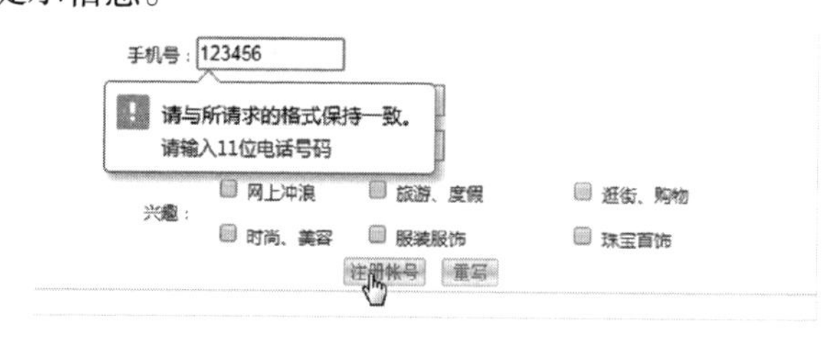

图 7-1-44 “手机号”输入错误时的提示信息

图 7-1-45 设置“身份证”字段的限制条件

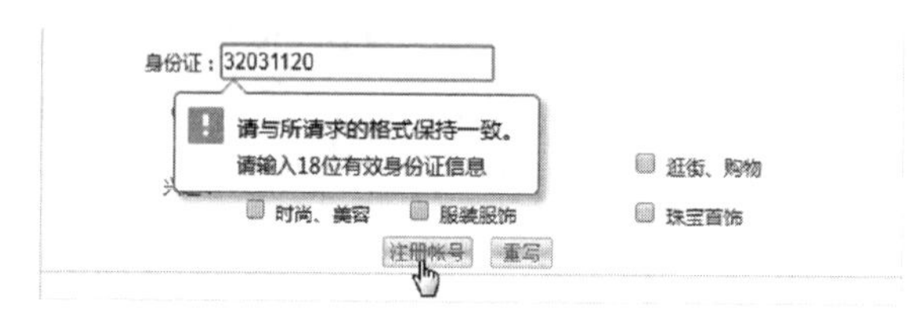

图 7-1-46 警告信息对话框

温馨提示

onBlur 事件是指表单元素失去焦点,即用户将光标从某一表单元素上移开。

(6) 验证两次密码一致性。

方法一:通过添加事件代码实现。右击表单底部的“注册帐号”图像域,在弹出的菜单中选择“编辑标签(E) <input>...”,如图 7-1-47 所示,继续在打开的对话框中选择“onClick”事件,输入如图 7-1-48 所示的代码。

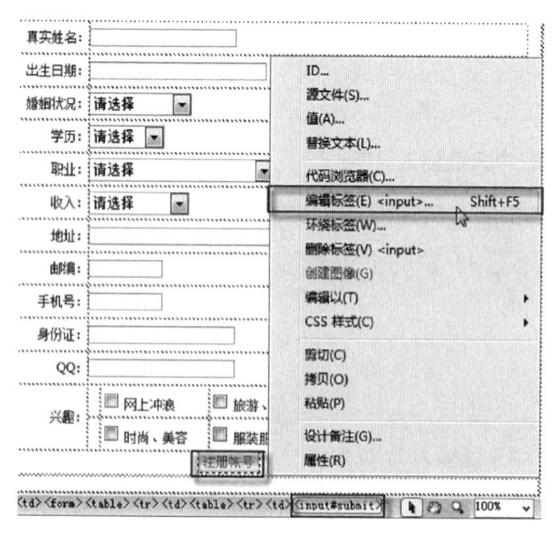

图 7-1-47 图像域的快捷菜单

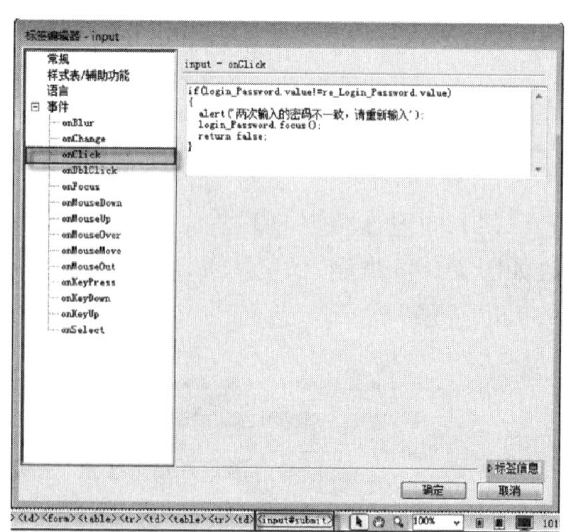

图 7-1-48 “标签编辑器”对话框

方法二：执行“插入”/“表单”/“Spry 验证密码”（或“Spry 验证确认”）命令，替换原来的登录密码和确认密码文本框，添加文本框的菜单如图 7-1-49 所示。

（7）保存并预览网页，填写相关信息提交，观察效果。

技术支持

一、表单及表单元素

1. 什么是表单

表单（form）用于收集不同类型的用户输入，是由一个或多个文本输入框、可单击的按钮、多选框、下拉菜单和图像按钮等表单元素组成的区域。一个文档中可以包含多个表单。所有表单元素都放在 form 标签内。

2. 表单作用

网站中最常见的表单应用是注册页面、登录页面等，也就是客户向服务器提交信息的场合。以申请论坛会员为例，用户填写好表单，单击某个按钮提交给服务器，服务器记录下用户的资料，并提示用户操作成功的信息，还会返回给用户帐号等信息。如果需要将用户在网页中填写的各种信息上传至网站服务器，则需要在设计时加入表单元素 。

图 7-1-49 表单中的 Spry 菜单项

3. 表单的属性

表单“属性”面板中的各项属性功能如下。

（1）表单名称：可以在这里为表单命名，在对表单数据进行处理的应用程序中有时候会用到。

（2）动作：用来处理表单数据的程序所在的地址。可以直接在文本框中输入地址，也可以单击右侧的“浏览”按钮，在打开的“选择文件”对话框中进行选择。

（3）方法：设置表单的提交方式，也就是传递数据的方法。在“方法”下拉列表框的选项中可以看到共有三种提交方式，分别是“默认”、“GET”和“POST”。

① 默认：选择“默认”方式，数据提交方式将由浏览器决定，通常是“GET”方式。

② GET：选择“GET”方式，表单中的数据将附在“动作”中指定的页面的地址末尾传送出去，GET 方式传送的速度快，但是能传送的数据量小，而且数据会在地址栏中被显示出来。

③ POST：“POST”方式不限制所传送数据的大小，它是将整个表单中的所有数据作为一个文件（POSTDATA. ATT）传送出去的，一般情况下都使用这种方式提交表单。

（4）目标：目标用来设置要新打开的页面在什么地方显示，在“目标”下拉列表框中可以看到有四种选项，分别是“_blank”、“_parent”、“_self”和“_top”。

① _blank：在新打开的空白窗口中显示。

② _parent：在显示链接的框架的父框架集中打开，同时替换整个框架集。

③ _self：在当前框架中打开链接，同时替换该框架中的内容。

④ _top：在当前浏览器窗口中打开链接的文档，同时替换所有框架。

4. 表单元素

表单元素是允许用户在表单中输入信息的元素，如文本域、下拉列表、单选框、复选框等。

（1）文本字段。

文本字段（ ）可以在表单中插入文本框，供用户输入数据，如姓名、年龄和电话号码等，在 HTML 中的标签是 input。

"属性"面板中的属性如下。

① 文本域：用来给文本字段指定一个名称，每个文本域必须有一个名称，且必须是唯一的，多个文本字段名称不能相同。

② 字符宽度：设置文本字段的长度。

③ 最多字符数：当类型为单行文本域或者密码文本域的时候，设置文本字段中最多可以输入的字符数，这个数字可以比"字符宽度"大。

④ 类型（type）：设置文本字段为单行、多行或者密码。

⑤ 初始值：设置文本域首次载入到页面中时其中所显示的内容。

（2）单选按钮。

单选按钮（ ）常用来让用户在一组互斥的选项中选择一项，如性别、学历等。在几个单选按钮中，用户若选择了一个选项，就不能选择其他的选项，当用户选中其他的选项时，以前选择的选项会自动取消选中状态。"属性"面板中属性如下。

① "单选按钮"：设置单选按钮的名字。

② "选定值"：为此单选按钮设定一个值，这个值在提交表单时将会被传递给应用程序进行处理。

③ "初始状态"：设置该单选按钮在页面中第一次载入时的状态，选中"已勾选"单选按钮，此单选按钮将是被选中状态；相反的，选中"未选中"单选按钮，则是没有选中的状态。

一定要注意将同一组中的单选按钮的名字都设为相同的，这样它们才能互斥，否则将不会产生只能单选一项的效果。

（3）列表/菜单。

列表/菜单（ ）可以创建一个列表或者菜单来显示一组选项，根据设置而定，可以一次选择一项，也可以一次选择多项。"属性"面板中的属性如下。

① "选择"：为此列表/菜单设置一个名字。

② "类型"：设置此列表/菜单元素是菜单还是列表。选择"列表"时，"高度"可用，用来设置列表框中显示的内容的行数，"选定范围"也变为可用，把"允许多选"前面的复选框选中，可以允许用户一次选择多个选项。

③ "初始化时选定"：设置列表/菜单元素第一次被页面载入的时候，哪个选项处于被选中状态。

④ "列表值"：单击"列表值"按钮 列表值... ，将打开"列表值"对话框，如图 7-1-50 所示。

(4) 复选框。

复选框与单选按钮作用相似,但是复选框允许选择多个选项,它只关心哪些选项被选中,可以一次选中一个,也可以一次选中多个。

(5) 文本区域。

文本区域其实就是一个多行文本域,供用户输入留言、说明等多行的文字或者段落等。

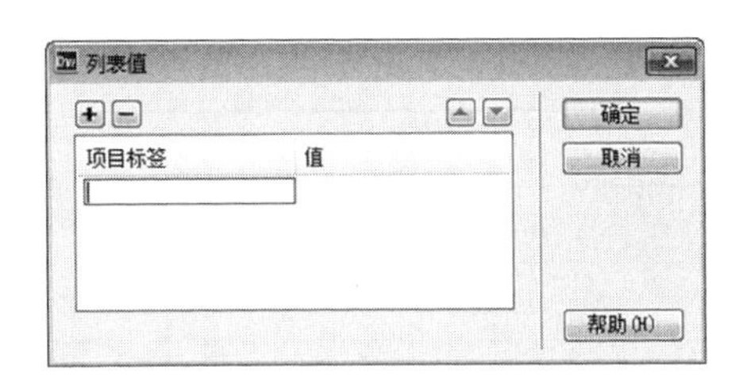

图 7-1-50 “列表值”对话框

(6) 按钮。

按钮是比较常见的也是很重要的一种表单元素,通过单击按钮,可以触发程序的执行,完成相应的操作。“属性”面板中的属性如下。

① “按钮名称”:为按钮设置一个名字,尽量为按钮设置一个唯一的而且能代表它的意义的名字,因为通常会编写一些程序来响应按钮的单击事件,即按钮被单击后自动执行的一系列操作。

② “值”:设置显示在按钮上的文字。

③ “动作”:动作属性包含三个选项,分别是“提交表单”、“重设表单”和“无”。

◉ 提交表单:把按钮设置为“提交”按钮,在单击此按钮后,会把表单提交给程序进行处理。

◉ 重设表单:把按钮设置为“重设”按钮,在单击此按钮后,会将表单中各个元素的值清除,提供给用户一个空白表单供用户重新输入各个表单元素的值。

◉ 无:按钮在被单击后将没有任何响应,必须再另外为该按钮编写要触发的程序,否则该按钮不起任何作用。

④ “类”:为按钮选择一个事先设置好的样式。

5. HTML 中的相关标签

(1) form 标签:用来定义表单对象,form 元素可以使用下列常用属性进行设置。

① action 属性:规定当提交表单时向何处发送表单数据,一般情况下值是一个相对地址或绝对地址。

② enctype 属性:规定在发送表单数据之前如何对其进行编码。

③ method 属性:定义表单结果从浏览器传送到服务器的方法,一般有两种方法,即 get 和 post。

④ name 属性:用于设置表单的名称。

⑤ target 属性:设置在何处打开 action URL,通常可以设置为以下四种值之一,即“_blank”“_self”“_parent”“_top”。

在 form 标签中可以包含如表 7-1-5 所示的五个表单元素标签,前四个属于表单中的常用标签。

表 7-1-5　表单常用标签

标　签	描　述
input	表单输入标记，定义输入域
select	菜单和列表标记，定义下拉菜单/列表
option	菜单和列表项目标记，定义下拉菜单/列表中的选项
textarea	文本域标记，一个多行的输入控件
optgroup	子菜单标记，定义选项组

（2）input 标签：用于指定输入项元素，其中包括文本字段、多选列表、可单击的图像和提交按钮等。虽然 input 标签中有许多属性，但对每种表单控件来说，只有 type 和 name 属性是必须的。当然，根据指定的表单元素类型，也可以设置 input 标签的一些其他属性。

① name 属性：用于设置输入元素的名称。从技术角度上讲，name 属性的值可以是任意的一个字符串，但是我们建议最好采用没有嵌入空格或标点的字符串。

② type 属性：必须有，用于设置控件的类型，其属性值如下。

◉ type = "text"：文本输入框，在浏览器窗口中显示为一行的空框，它用于接收用户输入的一行信息，当将表单提交给服务器时，这些信息就变成了元素值。

◉ type = "password"：密码输入框，输入内容会自动转成圆点或者星号，用于保护用户输入的密码。

◉ type = "radio"：单选输入按钮，name 属性值相同的一组单选输入按钮，遵守互斥原则，只能选中其中一项。可以使用 checked 属性设置其为被选中状态。

◉ type = "checkbox"：复选输入按钮，name 属性值相同的一组复选输入按钮，允许同时勾选多个；勾选多个时，会将每个被选中的项的值均提交到服务器。可以使用 checked 属性设置其为被选中状态。

◉ type = "file"：文件上传控件，用于指定本地文件上传到服务器。

◉ type = "hidden"：隐藏输入项，不会在页面显示，但是会随着表单的提交而将其中的数据提交到服务器。

◉ type = "submit"："提交"按钮，自动绑定了表单的提交时间，用于定义单击时提交表单的按钮。

◉ type = "reset"："重置"按钮，用于定义单击时清空表单中已经填写的内容的按钮。

◉ type = "button"："普通"按钮，用于定义按钮，通常需要绑定事件处理函数。

◉ type = "image"：图像域（"图像提交"按钮）。

除了以上常用类型外，在 HTML5 中增加了多个新的表单 input 输入类型，通过使用这些新增元素，可以实现更好的输入控制和验证。

◉ type = "email"：包含 E-mail 地址的输入域，在提交表单时，会自动验证 email 域的值是否合法有效（Internet Explorer 9 及更早 IE 版本不支持此类型）。

◉ type = "date"：日期控件。

◉ type = "tel"：定义输入电话号码字段。如 <input type = "tel" name = "tel" / >。

③ value 属性:用于设置输入项的参数值。

④ readonly 属性:用于设置输入项为只读,用户不可输入。

input 标签除了以上几个常用属性外,还有几个 HTML5 新增的常用属性。

⑤ required 属性:规定必须在提交之前填写输入域(不能为空),它是表单验证最简单的一种方式,如 <input type = ″text″ name = ″user_name″ required / >。

⑥ pattern 属性:规定用于验证 <input> 元素的值的正则表达式(正则表达式知识略过,如有需要,可网上查询)。例如,<input type = 'tel' pattern = '[0 - 9]{11}' title = '请输入 11 位电话号码' >,单击提交时,如果你输入的数据不符合 pattern 里面正则的格式,那么浏览器会阻止表单提交,并提示:请与所请求的格式保持一致 + title 里的内容。但注意,当你的文本框中内容为空的时候,浏览器不会对其进行检查,会直接提交表单,因为不是必填项。

⑦ placeholder 属性:规定可描述输入字段预期值的简短的提示信息。该提示会在用户输入值之前显示在输入字段中(Internet Explorer 9 及更早 IE 版本不支持此属性)。

(3) select 元素:用于定义下拉列表和下拉菜单元素。

① name 属性:用于设置输入项的参数名。

② multiple 属性:用于设置下拉列表允许多选。

③ size 属性:用于设置下拉列表一次可以显示的选项个数,默认为 1。

(4) option 元素:用于定义下拉列表中的选项元素,必须放在 select 元素中。

① value 属性:用于指定该下拉选项的值。

② selected 属性:用于指定该下拉选项为被选中状态。

(5) textarea 元素:用于定义一个文本域,可以输入多行文字。

① rows 属性:定义文本域显示的行数。

② cols 属性:定义文本域显示的列数。

6. 网页中各种常用事件

(1) OnClick 事件:是指用户单击某个表单元素时所发生的事件,可以在该事件中编写 JavaScript 或 VbScript 代码,完成特定的功能。

(2) OnChange 事件:当访问者改变页面某一数值时发生该事件。比如访问者从菜单中选择一条内容或者改变一个文本域的值,就会发生该事件。

(3) OnFocus 事件:当指定的元素成为网页访问者的焦点的时候发生该事件。例如,当光标置于一个文本域中时将触发一个 OnFocus 事件。

(4) OnBlur 事件:该事件表示指定网页元素不再是访问焦点时发生的事件。例如,当光标离开文本域时,就会发生该事件。

拓展实践

利用本项目所学知识完成下面的“找回密码”页制作,网页效果如图 7-1-51 所示。

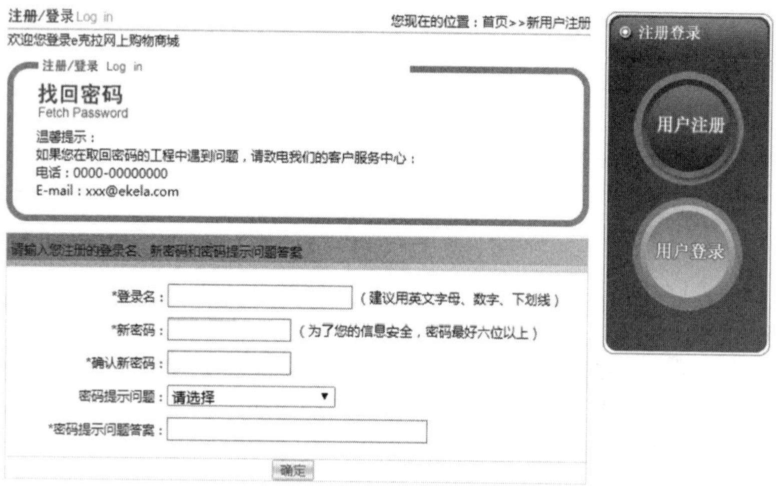

注册/登录 Log in　　您现在的位置：首页>>新用户注册

欢迎您登录e克拉网上购物商城

注册/登录 Log in

找回密码

Fetch Password

温馨提示：

如果您在取回密码的工程中遇到问题，请致电我们的客户服务中心：

电话：0000-00000000

E-mail：xxx@ekela.com

请输入您注册的登录名、新密码和密码提示问题答案

*登录名：（建议用英文字母、数字、下划线）

*新密码：（为了您的信息安全，密码最好六位以上）

*确认新密码：

密码提示问题：请选择

*密码提示问题答案：

确定

注册登录

用户注册

用户登录

图 7-1-51 “找回密码”网页预览效果图

多元化网页元素

知识目标

- 掌握在网页中插入 FLV 影片及设置其属性的方法。
- 掌握在网页中插入背景音乐的方法。
- 掌握在网页中实现滚动效果的方法。
- 掌握添加常见网页效果的方法。
- 掌握设置下拉菜单的方法。

任务一　在“钻石课程”页面中添加视频等多媒体元素

效果展示

多媒体技术的发展使网页设计者能够轻松自如地在网页中加入声音、动画和影片等内容,使网页具有更好的表现力,显示效果更加丰富多彩,从而给访问者增加了几分欣喜。

本次任务是在给定的“钻石课堂”网页中,通过插入影片和声音文件,让大家欣赏多媒体网页的多样化效果(图 8-1-1)。

图 8-1-1　预览效果图

操作引导

一、插入“金皇后钻石课堂”FLV 影片

（1）将制作网页的素材复制到网站的根目录下的相应文件夹中。

（2）打开文件夹中的“displayDiamondLesson. html”页面。

（3）在“钻石文化”和“选购指南”之间的单元格内插入一个表格（宽 400 像素，1 行 1 列，填充、间距、边框均为 0，id 为“flvtab”），居中对齐，如图 8-1-2 所示。

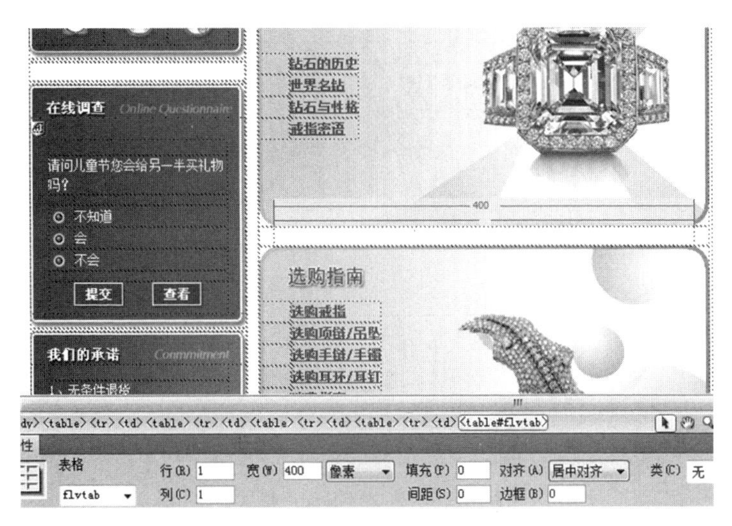

图 8-1-2　插入 1 行 1 列表格

（4）设置该表格所在单元格高度为 340 像素。

（5）执行“插入”/“媒体”/“FLV”命令，打开“插入 FLV”对话框，插入 flv 文件夹下的媒体文件“金皇后钻石课堂. flv”，设置播放外观为宽度 400 像素，高度 300 像素，自动播放。设置如图 8-1-3 所示。

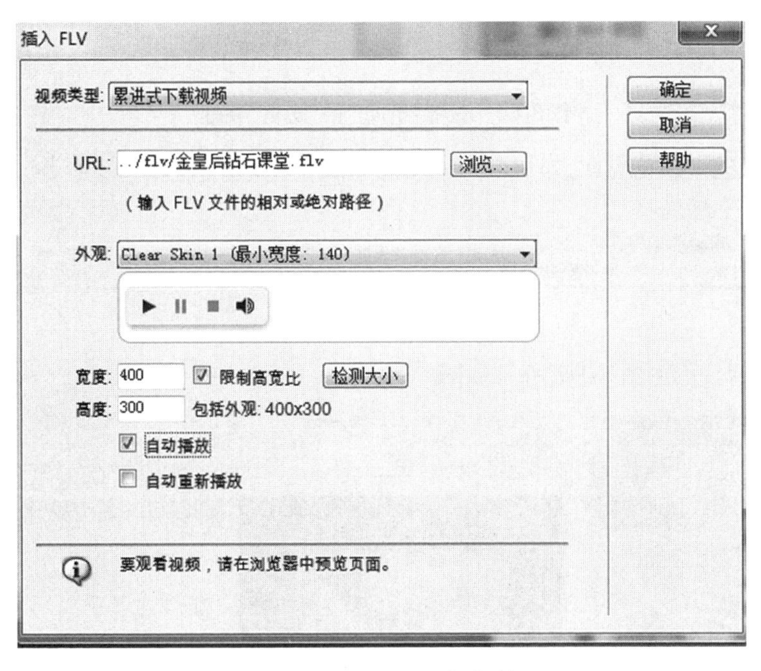

图 8-1-3　“插入 FLV”对话框

（6）为表格 flvtab 新建 CSS 样式，如图 8-1-4 所示；设置表格边框，如图 8-1-5 所示。

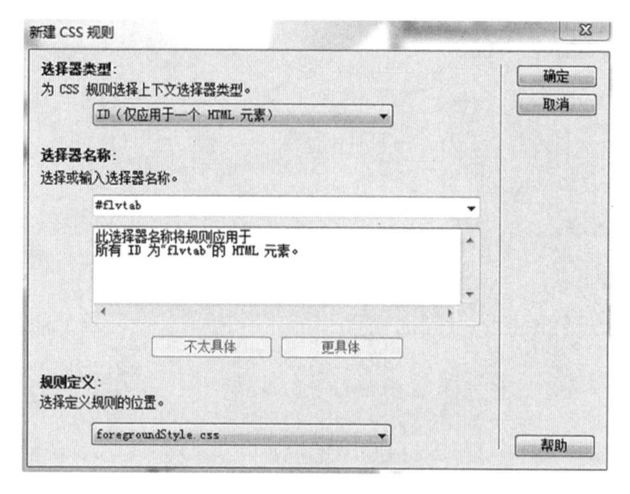

图 8-1-4　新建“flvtab”样式

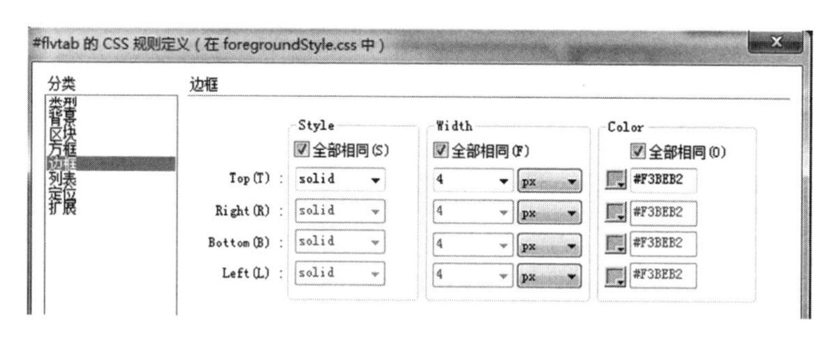

图 8-1-5　设置“flvtab”的“边框”属性

（7）设置完后，预览页面，如页面下方出现如图 8-1-6 所示的提示，单击“允许阻止的内容”按钮。

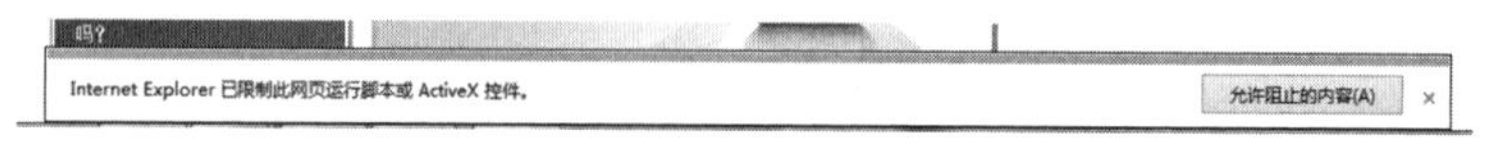

图 8-1-6　提示面板

（8）预览后页面如图 8-1-7 所示。

图 8-1-7　FLV 预览播放效果

二、插入“gdyy. mp3”背景音乐

(1) 打开“代码”视图,将光标定位在 head 标签下一行,在“插入”面板中打开“标签选择器”,插入 bgsound 标签,如图 8-1-8 所示。

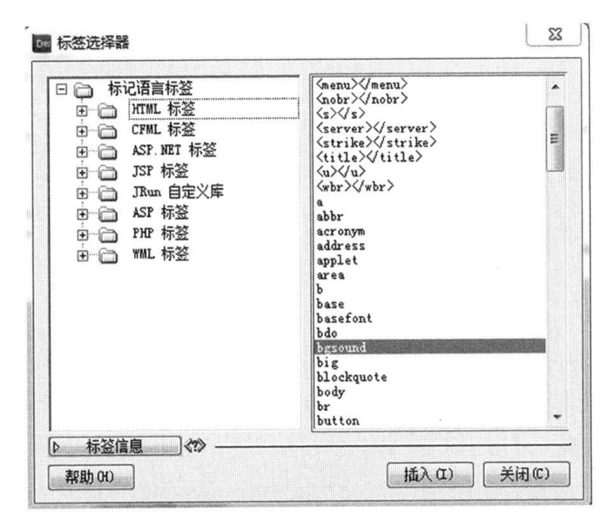

图 8-1-8 “标签选择器”对话框

(2) 在打开的面板内填写背景音乐信息,如图 8-1-9 所示。

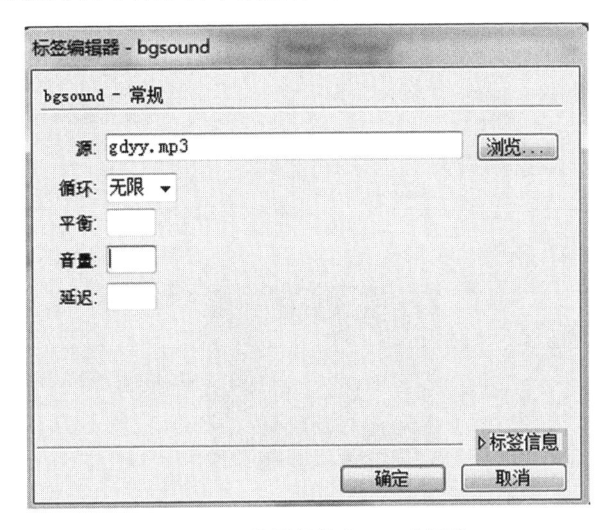

图 8-1-9 设置标签 bgsound 属性

温馨提示

bgsound 为背景音乐的 HTML 标签;“源”中设置的是要插入的背景音乐的路径和文件名;“循环”设置的是背景音乐的循环方式,“ -1”表示无限循环。

（3）设置好后，在“代码”窗口中自动生成如下代码，如图 8-1-10 所示。

```
<head>
<bgsound src="gdyy. mp3" loop="-1">
```

图 8-1-10 添加背景音乐代码

（4）保存网页，预览页面，在载入网页时会播放背景音乐，并且会看到插入的多媒体效果。

任务二 在相关页面中添加常见网页效果

效果展示

本次任务在上例的基础上对网页进行了局部的修改：对“特价热卖”模块增加了文字滚动效果，并增加了设置为首页和加入收藏夹功能，对导航条文字设置垂直弹出菜单，让用户能在有限的页面空间内获得更多的信息。修改后的效果如图 8-2-1 所示。

图 8-2-1 增加动态效果后的网页

操作引导

一、设置文字滚动效果

（1）在“特价热卖”模块内添加特价商品的信息，如图 8-2-2 所示。

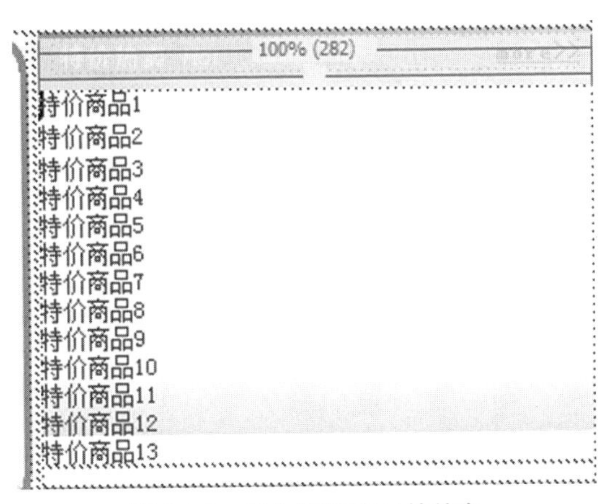

图 8-2-2　添加特价商品的信息

（2）选择“代码”命令，在“特价热卖”所在单元格内部插入“marquee”标签，如图 8-2-3 所示。

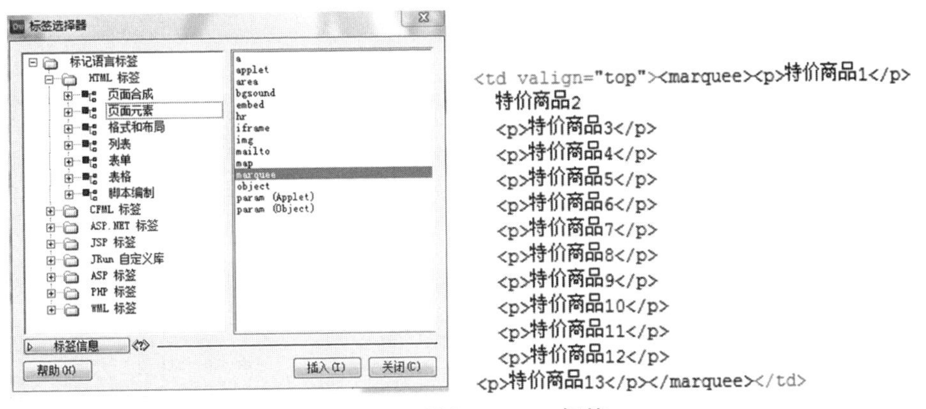

图 8-2-3　插入 marquee 标签

（3）在“代码”视图中，将“ </marquee> ”标签剪切、粘贴到“ <p> ”标签后面。

（4）切换到“代码”视图，将光标置于 marquee 标签内，打开“标签检查器”/“属性”面板，如图 8-2-4 所示。

（5）将“behavior”设置为“scroll”，“direction”设置为“up”，“height”设置为“150”，“loop”设置为“ -1”，“scrolldelay”设置为“200”，“scrollamount”设置为“5”。

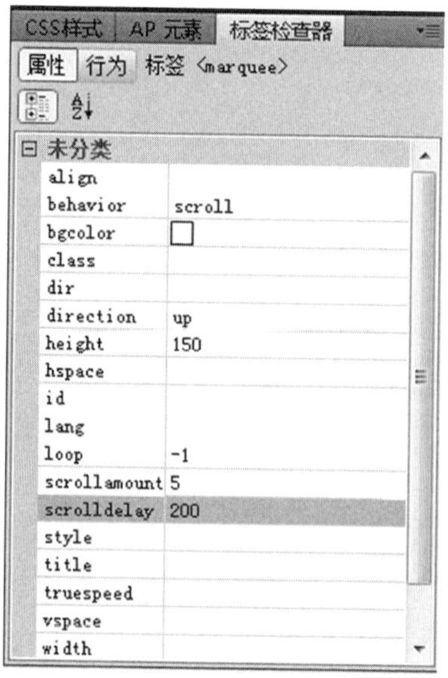

图 8-2-4 “标签检查器”/“属性”面板

温馨提示

“behavior”指文字滚动的行为方式,“scroll”指一直滚动;“direction”指文字滚动的方向,“up”为向上;“loop”为循环滚动;“height”为滚动的高度区间;“scrollamount”和“scrolldelay”分别指滚动刷新时间和延时时间。

(6) 此时预览网页,会看到循环向上滚动的文字效果,下面添加悬停效果。

(7) 在“属性”面板的左列底部添加“OnMouseover”,在右列添加“this. stop( )”,按回车键确认输入,如图 8-2-5 所示。

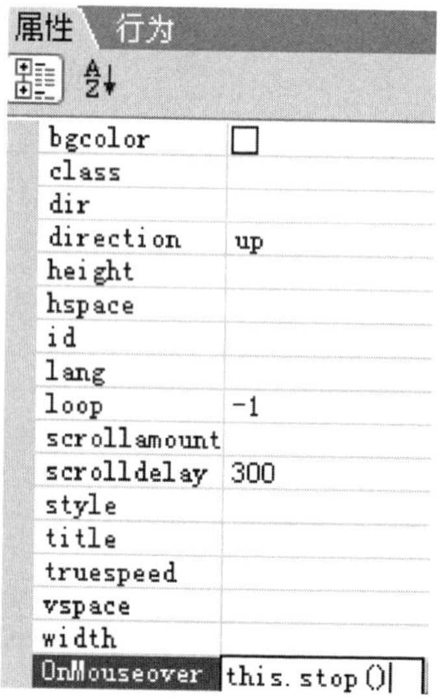

(8) 然后继续添加鼠标停留时的事件和代码:“OnMouseOut”,在右列添加“this. start ( )”,再次按下回车键,如图 8-2-6 所示。

(9) 预览网页,会发现链接图片自右向左滚动,当鼠标停留在图片上时,图片停止滚动;当鼠标离开时,图片继续滚动。

(10) 分别为 2 个单元格内(“加入收藏”和“设为首页”)的导航文字设置空链接,如图 8-2-7 所示。

(11) 选中文字“加入收藏”,在“标签”/“行为”面板中单击 +. 按钮,在弹出的菜单中选择“调用 JavaScript”,弹出“调用 JavaScript”对话框,在文本框中输入代码:window. external. AddFavorite('http://www. ekela. com/','e 克拉钻石

图 8-2-5 添加鼠标经过时滚动停止的代码

网'),如图 8-2-8 所示。

属性	行为
bgcolor	
class	
dir	
direction	up
height	
hspace	
id	
lang	
loop	-1
scrollamount	
scrolldelay	300
style	
title	
truespeed	
vspace	
width	
OnMouseOut	this.start()

图 8-2-6 添加鼠标离开时滚动继续的代码

图 8-2-7 设置导航文字

图 8-2-8 "调用 JavaScript"对话框

(12) 这段代码的作用是将网站的 URL 及名称加入浏览器的收藏夹中,我们可以修改单引号之间的网站 URL 和网站名称。

(13) 单击"确定"按钮完成设置,"行为"面板中成功添加了"onClick"事件,如图 8-2-9 所示。

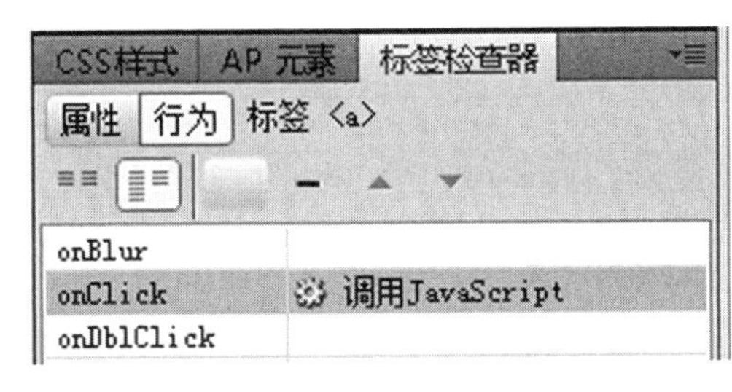

图 8-2-9 onClick 事件

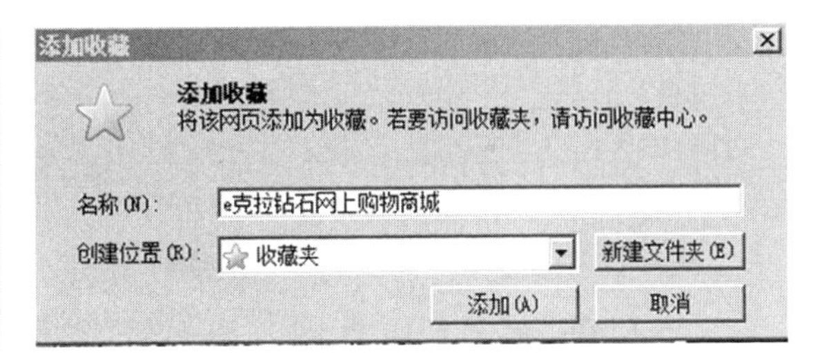

图 8-2-10 "添加收藏"对话框

(14) 当网页被载入时,单击文字"加入收藏夹",会弹出"添加收藏"对话框,如图8-2-10 所示。

(15) 在图 8-2-7 中,选中文字"设为首页",单击鼠标右键,在"行为"面板中输入事件和代码(素材文件夹中的"homepage. txt"),将文件中的代码复制、粘贴到"onClick"事件中,按回车键确认,如图 8-2-11 所示。

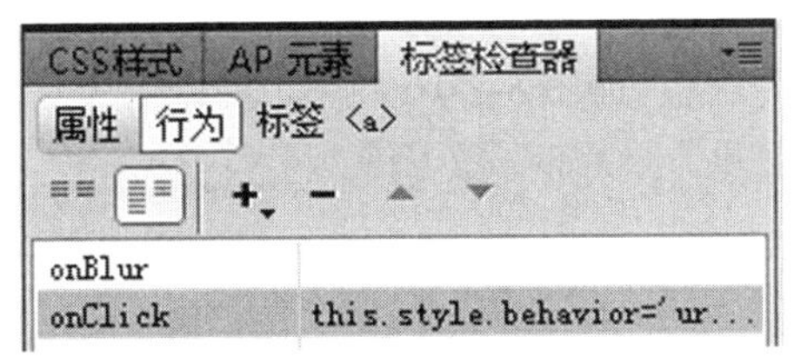

图 8-2-11 添加事件代码

(16) 当预览网页单击该链接时,会弹出消息框,询问用户是否设置为首页,如图 8-2-12 所示。

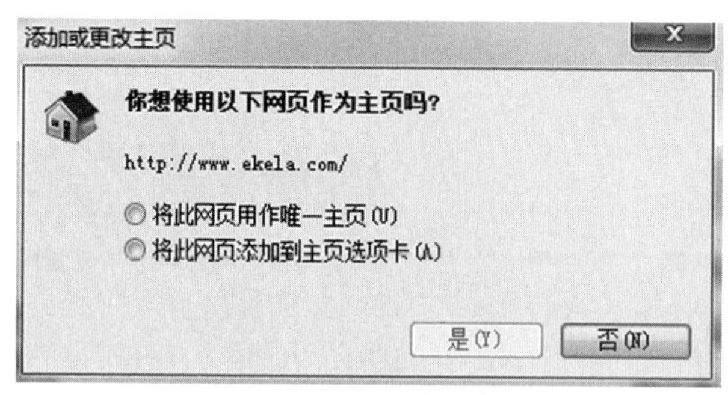

图 8-2-12　设置主页窗口

(17) 选中导航栏中"服务与帮助"图片,打开"标签检查器"/"属性"面板,如图 8-2-13 所示。

CSS样式　AP 元素　标签检查器

属性　标签 <img>

spry:state	
spry:test	
spry:when	
src	images/top_menu_07_2...
start	
style	
title	
usemap	
width	115

图 8-2-13　"标签检查器"/"属性"面板

属性　行为　标签 <img>

spry:state	
spry:test	
spry:when	
src	images/top_menu_07_2.gif
start	
style	
title	
usemap	
width	115
OnMouseOver	ages/top_menu_07_1.gif'

图 8-2-14　添加 onMouseOver 属性代码

(18) 在"属性"面板的左列底部添加"OnMouseOver",在右列添加"this. src = 'images/top_menu_07_1. gif'",按回车键确认输入,如图 8-2-14 所示。

(19) 然后继续添加鼠标停留时的事件和代码:"OnMouseOut","this. src = 'images/top_menu_07_2. gif'",再次按下回车键,如图 8-2-15 所示。

(20) 当预览网页时,将鼠标悬停在"服务与帮助"图片时,图片背景变为红色,如图 8-2-16 所示。当鼠标离开"服务与帮助"图片时,图片背景恢复正常。

CSS样式　AP 元素　标签检查器

属性　行为　标签 <img>

spry:state	
spry:test	
spry:when	
src	images/top_menu_07_2...
start	
style	
title	
usemap	
width	115
OnMouseOut	es/top_menu_07_2.gif'

图 8-2-15　添加 onMouseOut 属性代码

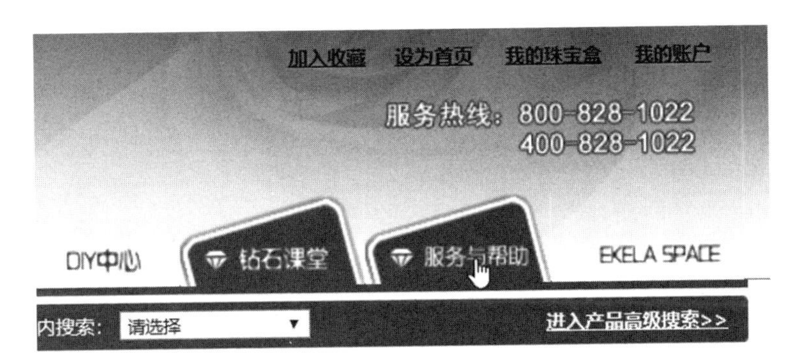

图 8-2-16 鼠标悬停在“服务与帮助”时背景变色

二、设置下拉菜单

（1）在顶部选择“foregroundStyle. css”，进入样式表编辑界面，如图 8-2-17 所示。

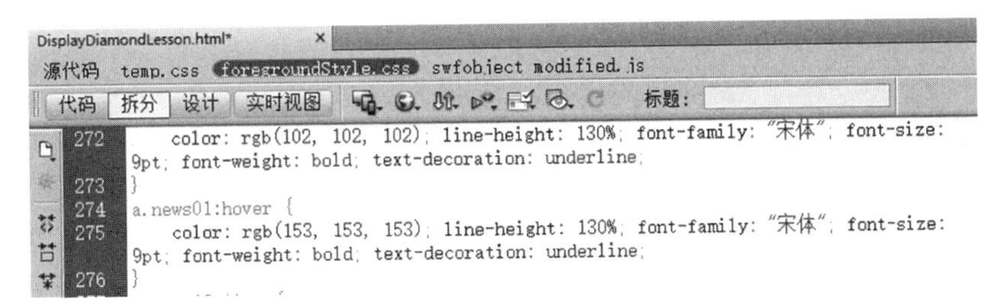

图 8-2-17 样式表编辑界面

（2）在文件底部添加以下样式表代码，该段 CSS 代码能够提供鼠标悬停在“. service_btn”类的时候触发显示“. service_dropdown”类的功能，如图 8-2-18 所示。

```
.service_btn{
    position:relative;
}
.service_dropdown{
    position:absolute;
    display:none;
    width:115px;
    z-index:5;
    background:rgba(255,255,255,0.8);
}
.service_dropdown a:link, .nav_service_dropdown a:visited{
    display:block;
    width:115px;
    height:35px;
    line-height:35px;
    vertical-align:middle;
```

```
        font-size:13px;
        text-align:center;
    }
    .service_btn:hover .service_dropdown{
        display:block;
    }
```

```
源代码 foregroundStyle.css swfobject_modified.js
代码 拆分 设计 实时视图 标题:
312 }
313 #flvtab {
314     border: 4px solid rgb(243, 190, 178); border-image: none;
315 }
316 .service_btn{
317     position: relative;
318 }
319 .service_dropdown{
320     position: absolute;
321     display: none;
322     width: 115px;
323     z-index: 5;
324     background: rgba(255,255,255,0.8);
325 }
326 .service_dropdown a:link, .nav_service_dropdown a:visited{
327     display: block;
328     width: 115px;
329     height: 35px;
330     line-height: 35px;
331     vertical-align: middle;
332     font-size: 13px;
333     text-align: center;
334 }
335 .service_btn:hover .service_dropdown{
336     display: block;
337 }
```

图 8-2-18　样式表编辑界面

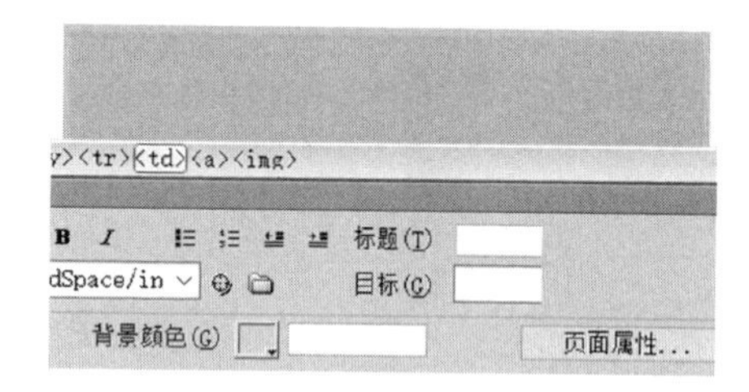

图 8-2-19　选择“<td>”标签

(3) 选择“设计”视图,再次选中导航栏中“服务与帮助”图片,在窗口左下角的标签中选择对应的 td 标签,如图 8-2-19 所示。

(4) 在“属性”的“类”中,为这个“<td>”标签选择“service_btn”类,如图 8-2-20 所示。

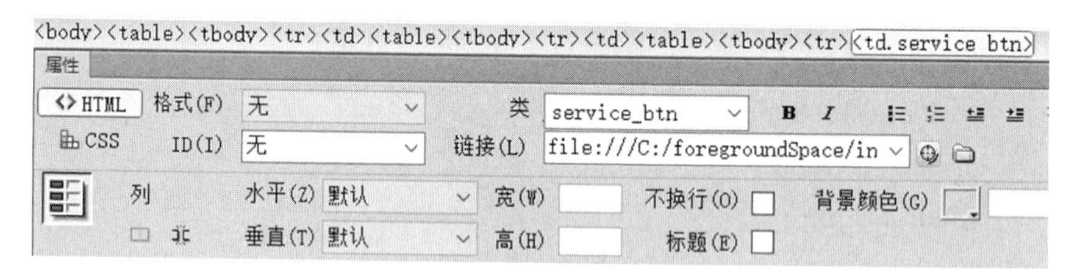

图 8-2-20　选择“service_btn”类

(5) 切换到“代码”视图模式,在高亮部分的“</TD>”之前插入以下代码,实现一个 service_dropdown 类的下拉菜单,如图 8-2-21 所示。

```
<div class="service_dropdown">
<a href="#">常见问题</a>
<a href="#">自助服务</a>
<a href="#">帮助中心</a>
<a href="#">联系我们</a>
```

</div >

图 8-2-21　插入的代码

（6）当预览网页时，将鼠标悬停在“服务与帮助”图片时，浮现下拉菜单，如图 8-2-22 所示。

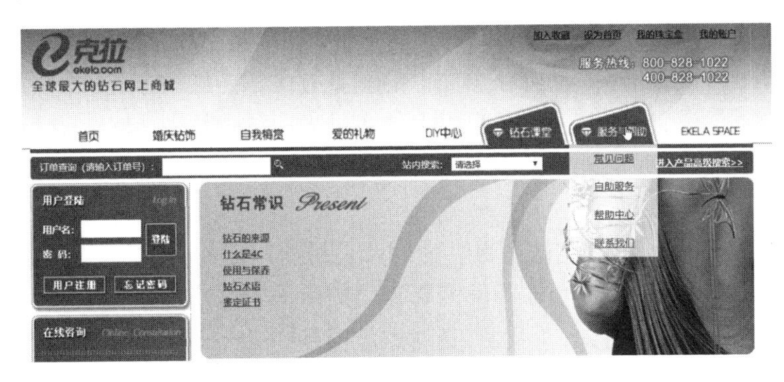

图 8-2-22　鼠标悬停在“服务与帮助”时浮现下拉菜单

技术支持

随着宽带网络技术的飞速发展，网络视频点播已经普及，通过网络可以在线看免费的影片，在线收看远程教学等。这些都是通过在网页中嵌入视频文件来实现的。

网页中视频文件的常见格式有 rm、wmv、asf、mov 等，嵌入方式与音频文件的嵌入方法一致。在网页中还可以插入更多的多媒体对象，如 Shockwave、Java Applet、ActiveX 等。

一、在网页中插入 Flash 元素

1. 插入 Flash 影片

Flash 影片也就是通常所说的 Flash 矢量动画，它与其他的动画剪辑相比，具有文件小、画质清晰和下载速度快等优点。要在网页中播放 Flash 动画，浏览器中必须集成 Flash 播放器，现在大多数的浏览器都支持 Flash 动画。

将鼠标光标定位至要插入 Flash 影片的位置，执行“插入”/“媒体”/“Flash”命令，或者单击“常用”插入栏中的“媒体”按钮 ，在弹出的下拉菜单中选择“Flash”命令，弹出“选择文件”对话框，选择要插入的 Flash 影片文件即可。

选中插入的 Flash 影片，出现 Flash 影片的“属性”面板，在其中可以设置 Flash 影片的属

性，如图 8-2-23 所示。

图 8-2-23　Flash 影片的“属性”面板

Flash 按钮的主要属性功能如下。

◉“宽”和“高”：设置 Flash 动画在网页上播放时的宽和高。

◉“文件”：指定 Flash 动画的路径，也可以单击其右侧的 📁 按钮，在弹出的对话框中选择 Flash 动画文件。

◉“循环”：选中此复选框，Flash 动画将循环播放。

◉“自动播放”：选中此复选框，打开网页时 Flash 动画将自动播放。

◉“垂直边距”：设置 Flash 动画在页面上的垂直方向的边距。

◉“水平边距”：设置 Flash 动画在页面上的水平方向的边距。

◉“对齐”：设置 Flash 动画在页面上的对齐方式。

2．插入 Flash Video

Flash Video 即 Flash 视频，它的后缀名为. flv，是目前广泛流行的一种视频文件格式。

一般的视频文件如 asf、wmv、rm 等都需要专门的播放器来支持视频文件的播放，否则无法收看，并且这类文件容量过大，下载慢，查看也不流畅。

为了解决播放器和容量的问题，可以将各类视频文件转换成 Flash 视频文件，即 flv 格式。经过编码后的音频和视频数据，通过 Flash Player 传送。

二、shockwave Flash

swf（shock wave flash）是 Macromedia（现已被 ADOBE 公司收购）公司的动画设计软件 Flash 的专用格式，被广泛应用于网页设计、动画制作等领域，swf 文件通常也被称为 Flash 文件。swf 普及程度很高，现在超过 99% 的网络使用者都可以读取 swf 档案。这个档案格式由 FutureWave 创建，后来伴随着一个主要的目标受到 Macromedia 支援：创作小档案以播放动画。可以在任何操作系统和浏览器中进行，即使网络较慢的人也能顺利浏览。swf 可以用 Adobe Flash Player 打开，浏览器必须安装 Adobe Flash Player 插件。其插入方法与在网页中插入 Flash 元素路径方法相同。

三、ActiveX 插件

在因特网上，ActiveX 插件软件的特点是：一般软件需要用户单独下载，然后执行安装，而 ActiveX 插件是当用户浏览到特定的网页时，IE 浏览器即可自动下载并提示用户安装。使用“ <object >”标签在页面上标记，如图 8-2-24 所示，只有 Windows 平台的 IE 浏览器支持。

```
<object width="32" height="32" accesskey="1" tabindex="1" title="led">
</object>
```

图 8-2-24　代码窗口的“ <object >”标签

四、Applet 程序

Applet 是 Java 程序的一种，能够在网页中运行。可以执行一定功能的 Java 应用程序，需要浏览器安装 Java 虚拟机，在打开网页时编译执行。

五、插件

插件是一种遵循一定规范的应用程序接口所编写出来的程序。很多软件都有插件，插件有无数种。在 IE 中，插件是集成到 Web 浏览器中的一组软件模块之一，它可以提供一定的交互和多媒体功能。例如，在 IE 中，安装相关的插件后，插件成为浏览器一部分，Web 浏览器能够直接调用插件程序，用于处理特定类型的文件，增强浏览器处理不同 Web 文件的能力。

IE 浏览器常见的插件，如 Flash 插件、RealPlayer 插件、MMS 插件、MIDI 五线谱插件、ActiveX 插件等；再比如 Winamp 的 DFX，也是插件。还有很多插件都是程序员在因特网上新开发的，ActiveX 插件软件的特点是：一般软件需要用户单独下载然后执行安装，而 ActiveX 插件是当用户浏览到特定的网页时，IE 浏览器即可自动下载并提示用户安装。

六、在网页中插入背景音乐

使用代码加入背景音乐，在 <head> </head> 标记对之间任何位置加入如下代码：<bgsound src ="音乐文件名"loop ="-1">。

其中，bgsound 为背景音乐的 HTML 标签；src 后的引号内设置要插入的背景音乐的路径和文件名；loop 后的引号内设置的是背景音乐的循环方式，"-1"表示无限循环。

如图 8-2-25 所示，marquee 标签"属性"面板中的各主要参数含义如下。

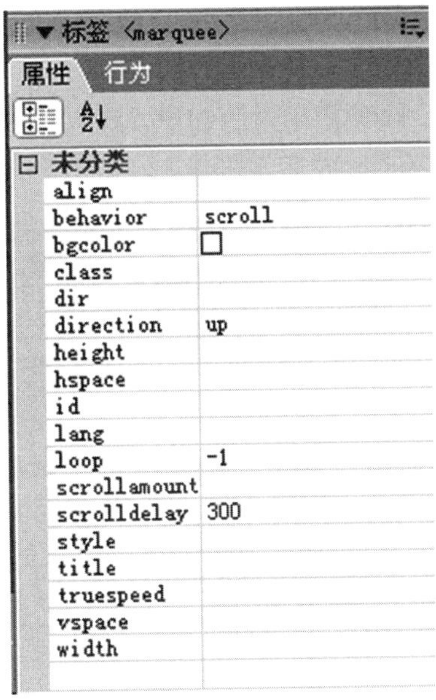

- behavior：行为，包括 alternate（表示往返滚动）、scroll（表示循环滚动）和 slide（表示滚动一次后固定）三个选项。
- bgcolor：背景颜色。
- direction：滚动方向，包括 up（向上）、down（向下）、left（向左）和 right（向右）四个选项。
- height：显示滚动效果的区域高度。
- hspace：水平方向的边界高度。
- loop：循环方式，"-1"表示无限循环。
- scrollamount：滚动量，以像素为单位。
- scrolldelay：滚动延迟，以毫秒为单位。
- vspace：垂直方向的边界高度。

标签 <marquee>
属性 行为

未分类	
align	
behavior	scroll
bgcolor	□
class	
dir	
direction	up
height	
hspace	
id	
lang	
loop	-1
scrollamount	
scrolldelay	300
style	
title	
truespeed	
vspace	
width	

图 8-2-25 "属性"面板参数

◉ width:显示滚动效果的区域宽度。

七、为按钮设置悬停效果

1. 悬停时切换图片

在该图片对应 img 的“属性”面板中分别设置 onMouseOver 和 OnMouseOut 事件。

(1) onMouseOver:会在鼠标指针移动到图像之内时执行的事件。为了实现悬停时切换图片,将该属性设置为“this. src ='悬停时显示的图片路径'”。

(2) onMouseOut:会在鼠标指针移动到图像之外时执行的事件。为了实现取消悬停时切换为原图片,将该属性设置为“this. src ='原有的图片路径'”。

2. 悬停时下拉菜单

在样式表中,创建一个父类 service_btn 和一个子类 service_dropdown。默认隐藏子类,在父类中通过:hover 选择器选择鼠标指针浮动在父类时,取消隐藏子类。

在“属性”的“类”中,为原有的按钮设置“service_btn”类作为父类,并将子类“service_dropdown”的代码写在父类标记对中。

拓展实践

利用学过的知识,制作一个学院的主页。在网页中插入 Flash 动感元素和网页特效,如图 8-2-26 所示。

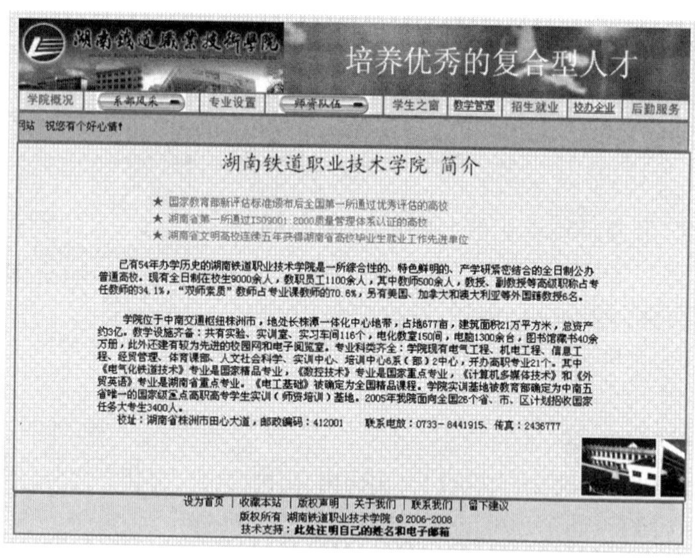

图 8-2-26 学院网页主页效果图

要求:

(1) 新建页面“xyzy. html”,规定页面字体大小为宋体 12 号,背景图片“bg_01. gif”。

(2) 页眉部分的右侧是一个名为“07. swf”的 Flash 文件。

(3) 在页眉部分的第 2 行中,有 Flash 文本、Flash 按钮和弹出式菜单,如图 8-2-27、

8-2-28 所示。

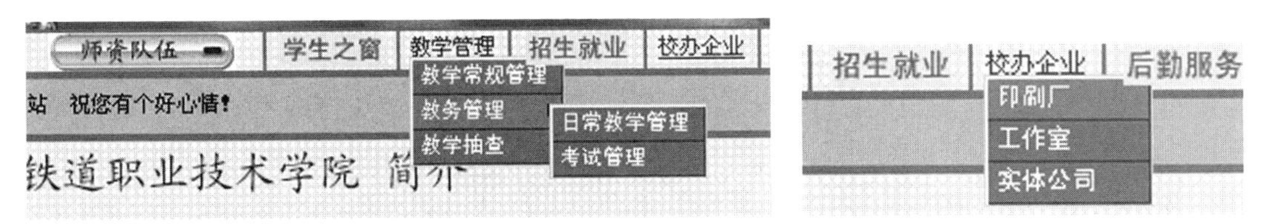

图 8-2-27 “教学管理”弹出菜单　　　　图 8-2-28 “校办企业”弹出菜单

（4）在页眉部分的第 3 行中输入欢迎文字，插入 marquee 标签，设法使欢迎文字从左至右滚动。

（5）在页面主体部分的下方插入表格，在表格中插入学院各个建筑的图片，并设法使图片从右至左滚动，如图 8-2-29 所示。

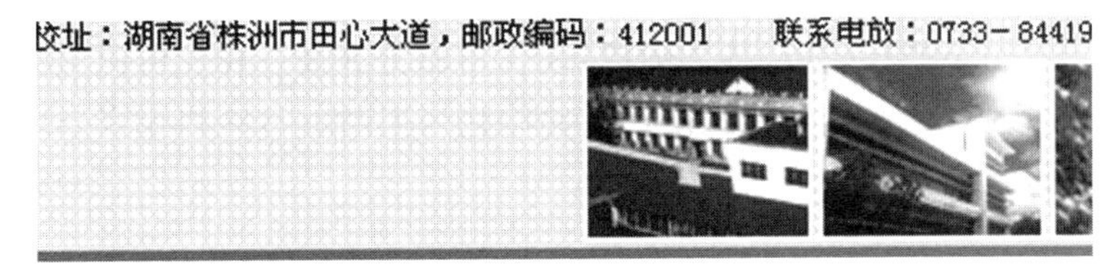

图 8-2-29 底部图片从右至左滚动

（6）在页脚处注明自己的姓名和电子邮箱。

项目九 库和模板

随着 Internet 的普及,很多人已经不满足于仅仅上网冲浪,而希望深入地参与其中。现在,拥有自己的 Web 网站已经成为一种潮流。虽然制作一个简单的网页并不困难,但是制作出一个超凡脱俗的网站就不那么容易了。

通常在一个网站中会有几十甚至几百个风格基本相似的页面,如果每次都重新设定网页结构以及相同栏目下的导航条、各类图标,就显得非常麻烦。我们可以借助 Dreamweaver 的库和模板的功能来简化操作。库和模板的功能就是把网页布局和内容分离,可以统一网站风格,提高工作效率。

知识目标

- 理解模板和库的作用。
- 学会建立、编辑和应用库项目和模板。
- 学会将已有网页生成模板的操作方法。

任务 制作网站模板

效果展示

利用首页制作网站模板,效果图如图 9-1-1 所示。

图 9-1-1 “e 克拉”网站模板

操作引导

一、创建和编排库项目

(1) 将本任务的素材复制到站点 ekela 根文件夹下。

(2) 启动 Dreamweaver，在“资源”面板中创建一个库项目“foot. lbi”，然后打开库项目“foot. lbi”，如图 9-1-2 所示。

图 9-1-2 创建库项目“foot. lbi”

(3) 单击“CSS 样式”面板底部的 按钮，在打开的“链接外部样式表”对话框中链接外部样式表文件“style. css”。

(4) 在该库文件中利用表格完成页脚的制作。

(5) 保存页脚库文件，如图 9-1-3 所示。

图 9-1-3　页脚库项目中的表格设计

二、将首页另存为模板文档

（1）打开“index. html”页面，选择“文件”/“另存为模板”，弹出“另存模板”对话框，如图 9-1-4 所示，输入模板文件的名称“moban”，保存并更新链接，如图 9-1-5 所示。

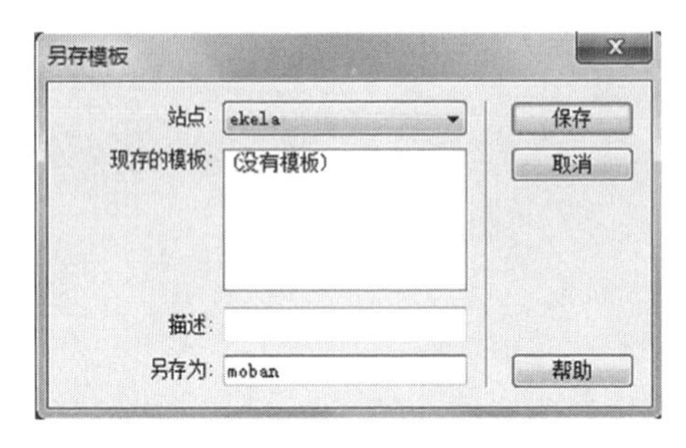

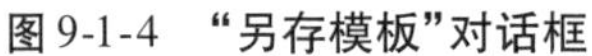

图 9-1-4　“另存模板”对话框　　　　图 9-1-5　更新链接提示消息

（2）此时，打开了模板文件“moban. dwt”。展开“文件”面板，我们观察在站点根目录下增加了一个文件夹“Templates”，模板文件则自动保存在此文件夹下，如图 9-1-6 所示。

图 9-1-6　“文件”面板中的“Templates”文件夹目录　　　　图 9-1-7　链接外部样式表文件“style. css”

（3）展开“CSS 样式”面板，选择“style. css”规则，单击面板底部的按钮，删除该规则。然后单击面板底部的按钮，在打开的“链接外部样式表”对话框中链接外部样式表文件“style. css”，如图 9-1-7 所示。

（4）选中文本“加入收藏”所在的表格，设置“表格 Id”为“topmenu”，在“style. css”中创建基于表格“topmenu”的“高级”CSS 链接样式“#topmenu a:link，#topmenu a:visited”，设置文本颜色为“#505050”，无下划线，效果如图 9-1-8 所示。

（5）继续创建基于表格“topmenu”的“高级”CSS 链接样式“#topmenu a:hover”，设置文本颜色为“#505050”，无下划线。

（6）选中页面主体区域左侧“我们的承诺”板块的表格，设置“表格 Id”为“left5”，并为该表格内的文字添加链接，链接页面“Conmmitment. html”如图 9-1-9 所示。

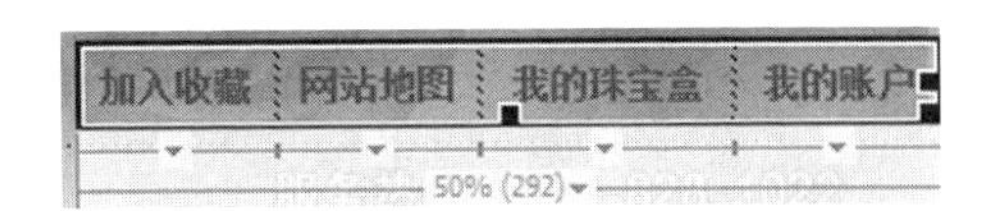

图 9-1-8　设置 CSS 样式后的链接效果

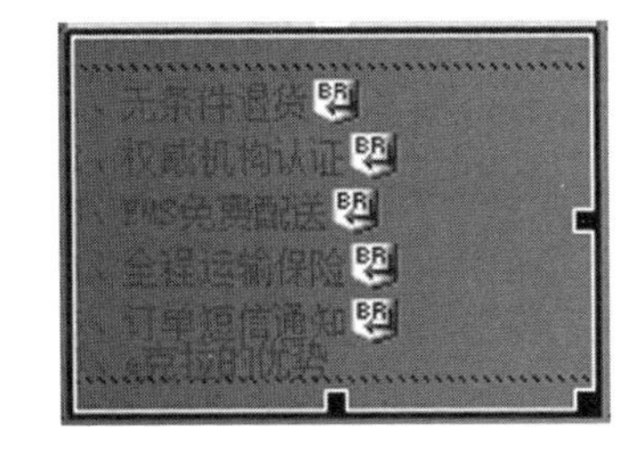

图 9-1-9　给文本添加链接

（7）在“style. css”中创建基于表格“left5”的“高级”CSS 链接样式“#left5 a:link,#left5 a:visited,#left5 a:hover”,设置文本颜色为“#FFFFFF”,无下划线。

（8）选中页面主体区域右侧单元格中的“9 行 1 列”的表格,将其删除。

（9）设置单元格“垂直”为“顶端”对齐,选择“插入”/“模板对象”/“可编辑区域”命令,打开“新建可编辑区域”对话框,在“名称”文本框中输入“主体内容”,然后单击 确定 按钮,在单元格内插入可编辑区域,如图 9-1-10 所示。

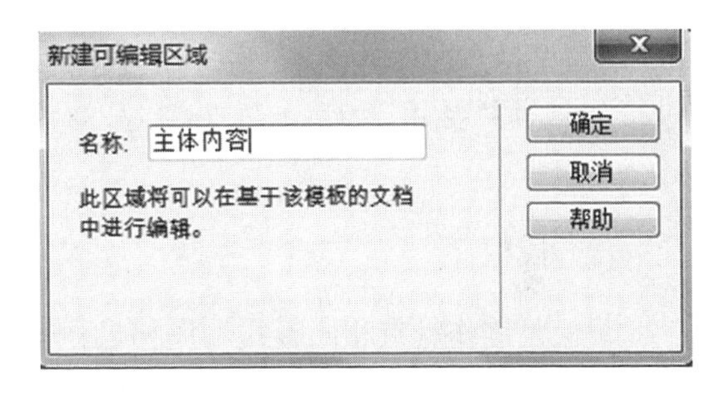

图 9-1-10　“新建可编辑区域”对话框

（10）删除页脚部分的表格,在“资源”面板中切换至“库”分类,并在列表框中选中库文件“foot. lbi”,单击“资源”面板底部的

按钮,将库项目插入模板底部。

（11）保存模板文件。

技术支持

一、“资源”面板

“资源”面板用于管理和使用制作网站的各种元素,如图像或影片文件等。选择“窗口”/“资源”命令或按【F11】键,启用“资源”面板,如图 9-1-11 所示。

“资源”面板提供了“站点”和“收藏”两种查看资源的方式,“站点”列表显示站点的所有资源,“收藏”列表仅显示用户曾明确选择的资源。在这两个列表中,资源被分成图像、颜色、URLS、Flash、Shockwave、影片、脚本、模板、库 9 种类别,显示在“资源”面板的左侧。“模板”列表显示模板文件,方便用户在多个页面上重复使用同一页面布局;“库”列表显示定义的库项目。

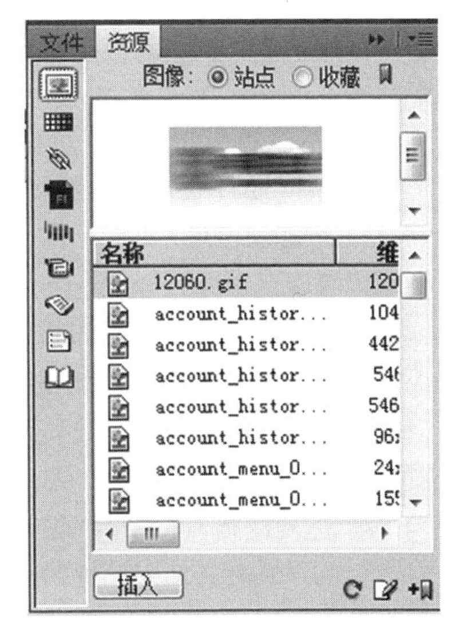

图 9-1-11　“资源”面板

二、库

库是存储重复使用的页面元素的集合,是一种特殊的 Dreamweaver 文件,可以用来存放诸如文本、图像等网页元素,库文件也称为库项目,扩展名为.lbi。一般情况下,先将经常重复使用或更新的页面元素创建成库项目,需要时将库项目插入网页中。当修改库项目时,所有包含该项目的页面都将被更新。因此,使用库项目可大大提高网页制作者的工作效率。

在 Dreamweaver 中使用库项目的前提条件是,必须为当前要制作的网站创建一个站点,库文件夹"Library"位于站点根文件夹下,是自动创建的,不能对其进行修改,主要用于存放每个独立的库项目,如图 9-1-12所示。

图 9-1-12　站点下的库文件夹 Library

三、模板

模板是制作具有相同版式和风格的网页文档的基础文档,扩展名为.dwt。模板的功能在于可以一次更新多个页面,并使网站拥有更统一的风格。如果要制作大量相同或相似的网页时,只需在设计好页面布局之后将它保存为模板页面,然后利用模板创建相同布局的网页,并且可以通过修改模板来立即更新所有基于该模板的页面中的相应元素。因为从模板创建的页面与该模板保持着链接状态。这样,就能大大提高设计者的工作效率。

与库项目一样,创建模板之前首先要创建站点,因为模板是保存在站点中的,在应用模板时也要在站点中进行选择。如果没有创建站点,在保存模板时会先提示创建站点。创建的模板文件保存在网站根文件夹下的"Templates"文件夹内,"Templates"文件夹是自动生成的,不能对其进行修改,如图 9-1-13 所示。

Dreamweaver CS6 中共有四种类型的模板区域。

1. 可编辑区域

可编辑区域是基于模板的文档中的未锁定区域,这是模板用户可以编辑的部分。模板创作者可以将模板的任何区域指定为可编辑的。要让模板生效,它应该至少包含一个可编辑区域;否则,将无法编辑基于该模板的页面。

图 9-1-13　站点下的模板文件夹 Templates

2. 重复区域

重复区域是文档中设置为重复的部分。在基于模板的文档中,模板用户可以根据需要,使用重复区域控制选项添加或删除重复区域副本。可在模板中插入两种类型的重复区域,即重复区域和重复表格。

(1) 重复表格是指包含重复行的表格格式的可编辑区域,可以定义表格的属性并设置哪些单元格可编辑。重复表格可以被包含在重复区域内,但不能被包含在可编辑区域内。另外,不能将选定的区域变成重复表格,只能插入重复表格。

(2) 重复区域是指可以在模板中复制任意次数的指定区域。重复区域不是可编辑区域,若要使重复区域中的内容可编辑,必须在重复区域内插入可编辑区域或重复表格。重复区域可以包含整张表格或单独的表格单元格。如果选定 td 标签,则重复区域中包括单元格周围的区域;如果未选定 td 标签,则重复区域将只包括单元格中的内容。在一个重复区域内可以继续插入另一个重复区域。被定义为重复区域的部分都可以被重复使用。

3. 可选区域

可选区域是在模板中满足一定条件才显示的区域。可选区域能控制模板中的内容在特定的页面中显示与否。可选区域是通过一个以"if"打头的条件语句进行控制的。通过这个条件语句,可以控制用模板生成的页面中的可选区域可见与否。

4. 可编辑标签属性

在模板中解锁标签属性,以便该属性可以在基于模板的页面中编辑。

拓展实践

运用模板制作"许愿树"页面,效果如图 9-1-14 所示。

图 9-1-14 "许愿树"页面效果图

操作提示:(1) 执行"文件"/"新建"命令,打开"新建文档"对话框,选择"模板中的页"选项卡,选择"站点 ekela"/"moban"选项,然后勾选对话框右下角的"当模板改变时更新页面"复选框,以确保模板改变时更新基于模板的页面,如图 9-1-15 所示。

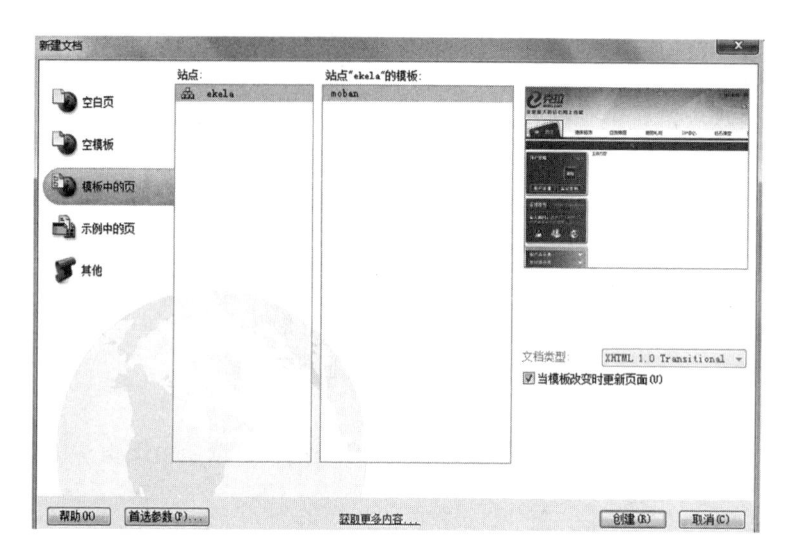

图 9-1-15 **"新建文档"对话框**

(2) 单击 创建(R) 按钮,打开文档,并将文档保存为"VowTree. html",生成的网页效果如图 9-1-16 所示。

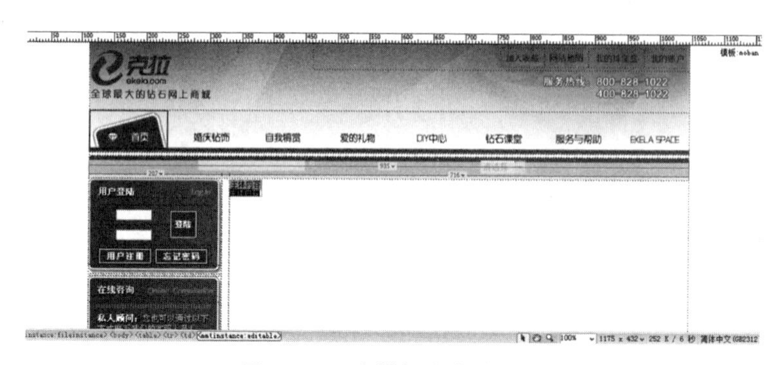

图 9-1-16 **由模板生成的网页**

(3) 将"主体内容"可编辑区域中的文本删除,利用所学知识完成网页的制作。

(4) 保存文档并在浏览器中预览效果。

综合实战篇

制作欢乐买网站

实训目标

项目十主要向读者介绍网站开发前的基础知识，除项目一所述内容外，做为网站开发人员，还应具备一些互联网网络相关知识，如应了解域名概念、虚拟主机概念等，这些概念在将网站发布到互联网上时会使用到。本部分的目标是使用 Dreamweaver 软件，结合 HTML、CSS 相关技术完成欢乐买网站，练习网页制作的相关技术。

能力目标

- 能够使用 Div + CSS 布局制作网页。
- 能够使用模板统一网站风格。
- 能够合理设计和制作详细页面。

任务一　准备工作

实训目标

- 完成对欢乐买网站的技术分析。
- 完成对网站制作步骤的制定。

能力目标

- 能够运用所学知识对网站进行技术分析。
- 能够运用所学知识制定网站开发步骤。

技术支持

1. 案例概述

随着互联网的发展，网上购物已是一种非常普及的消费方式。网上购物具有足不出户就可随意比货、比价等特点,同时网上商品低廉的价格更是吸引人们的一大优势。随着网上支付、物流快递业的飞速发展,网上购物变得更加安全、快捷。

本案例实现了一个网上商城——欢乐买网。欢乐买网是一个综合性的网上商城,其商品包括图书和日用百货等。商城包括用户注册登录、新闻动态、商品分类、商品信息、购物车、留言本等功能。

2. 实现技术分析

欢乐买网站中大多数页面采用了相同的顶部及底部设计,因此在制作时可以使用模板或库实现。网站页面的布局工整规律,制作时可以采用 Div+CSS 布局,部分内容可以采用层布局和框架布局。对于网站中文本和特殊效果可以采用 CSS 样式表来完成。

制作欢乐买网站需要使用到的技术包括:

(1) 网页模板技术。

(2) 表格排版。

(3) 层、样式表布局。

(4) 框架布局。

(5) 表单。

3. 网站页面制作步骤

网站页面从功能结构上可以划分为以下几个模块。

① 网站首页。

② 商品模块:包括商品列表页、商品详情页、购物车页面。

③ 新闻模块:包括新闻列表页、新闻详情页。

④ 用户模块:包括用户注册页、登录页。

⑤ 留言版模块。

网站页面在设计上风格整体统一,因此在制作网页前应先制作网站模板,在模板中设计网站顶部和底部的内容,然后再应用模板制作其他页面。网站页面制作步骤按首页—商品模块—新闻模块—用户模块—留言版模块的顺序进行编写。页面制作步骤及命名参考如下:

① 制作网站模板,文件名为 index. dwt。

② 制作网站首页,文件名为 index. html。

③ 制作商品列表页,文件名为 product_list. html。

④ 制作商品详细页面,文件名为 product_news. html。

⑤ 制作用户注册页,文件名为 login. html 和 register. html。

任务二 制作网站模板

实训目标

➢ 完成欢乐买网站模板的制作。

能力目标

- 能够理解网站模板的作用。
- 能够创建并应用模板。

操作引导

1. 创建站点

执行“站点”/“新建站点”,在命令“站点设置对象”对话框中的“站点名称”文本框中输入“欢乐买”,并指定站点文件夹,如图 10-2-1 所示。

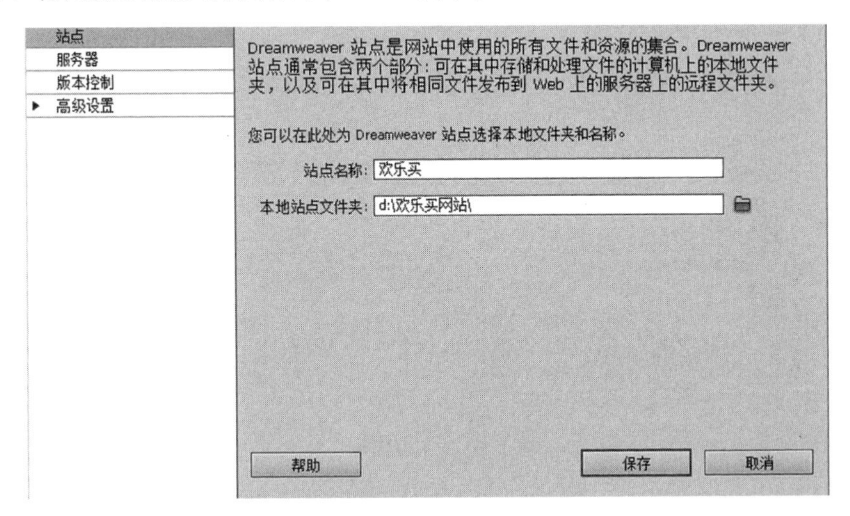

图 10-2-1 创建站点

2. 准备素材

将素材文件夹中所有内容拷贝到站点文件夹中。

3. 创建模板

执行“文件”/“新建”命令,弹出“新建文档”对话框,选择“空模板”/“HTML 模板”/“<无>”创建模板,如图 10-2-2 所示。

4. 模板页面的制作

仔细分析网站页面布局结构,可以得知,网站中大部分页面采用的是“上中下”三栏式结构布局,其中页面中间部分是变化部分。因此,需要在模板中间插入可编辑区域。模板页面的制作步骤如下:

(1) 实现模板页的布局。首先在模板页面顶部插入 Div 元素,命名为“top”。设计并制作网站版块导航,设置 ID 样式“#top”宽度为 1 000 像素(图 10-2-3)。

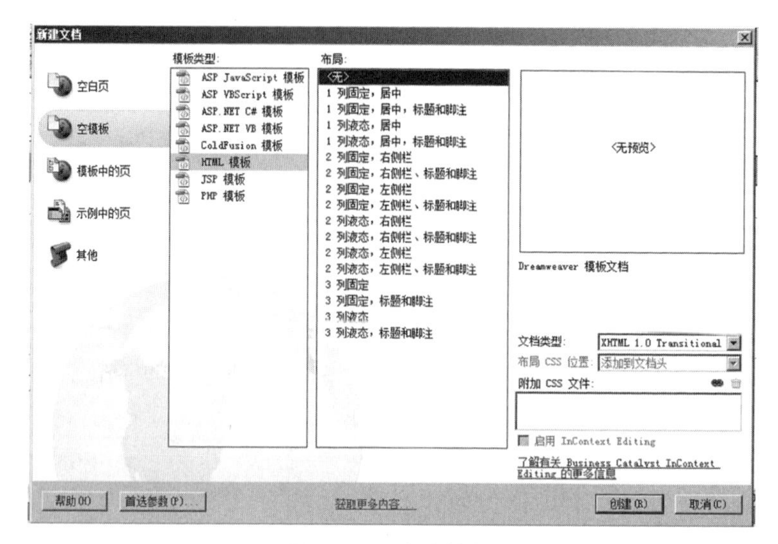

图 10-2-2　新建模板

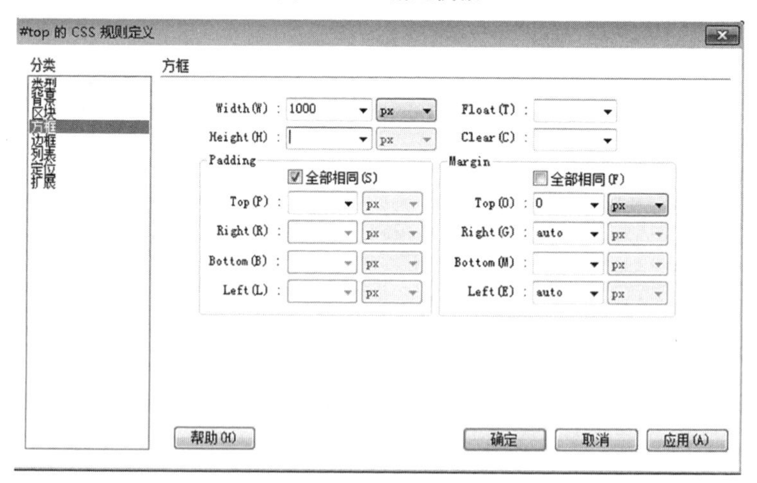

图 10-2-3　设置 top 属性值

（2）在下方插入一个 Div，命名为“menu”，作为商品分类快捷链接部分，设置 ID 样式“#menu”的宽度为 100%，对齐方式设置为居中。

（3）将光标定位在“menu”之后，插入新的 Div，命名为“temp”，执行“插入”/“模板对象”/“可编辑区域”命令，将可编辑区域插入该 Div 中。

（4）在下方插入 Div，命名为“foot”，设置宽度为 1 000 像素，设置对齐方式为居中。

（5）保存模板。执行“文件”/“保存”命令或使用快捷键【Ctrl】+【S】，保存模板到站点中，命名为“index. dut”。

（6）填充导航部分内容，按效果图所示，从素材 images 文件夹中找到 LOGO 和导航菜单图片，插入顶部单元格中，效果如图 10-2-4 所示。

图 10-2-4　模板导航部分

(7) 填充快捷链接部分内容。设置其单元格内容水平居中对齐,单元格背景色为#FB8838,并向其中填入文本。执行"格式"/"CSS 样式"/"新建"命令,新建类样式,名称为". nav"。在". nav"样式中定义字体大小为 12 像素、行高为 30 像素、字体颜色为白色、高度为 30 像素,将". nav"类样式应用到"menu"中。代码如下所示:

```
.nav {
 font-family:Verdana, Geneva, sans-serif;
 font-size:12px;
 color:#FFF;
 background-color:#FB8838;
 height:30px;
 line-height:30px;
}
```

完成效果如图 10-2-5 所示。

图 10-2-5　快捷链接部分

(8) 填充底部版权内容。设置单元格内容水平居中对齐,并填入文本。

(9) 设置页面属性。执行"修改"/"页面属性"命令,在弹出的"页面属性"对话框中设置页面字体大小为 12px。模板页最终完成效果如图 10-2-6 所示。

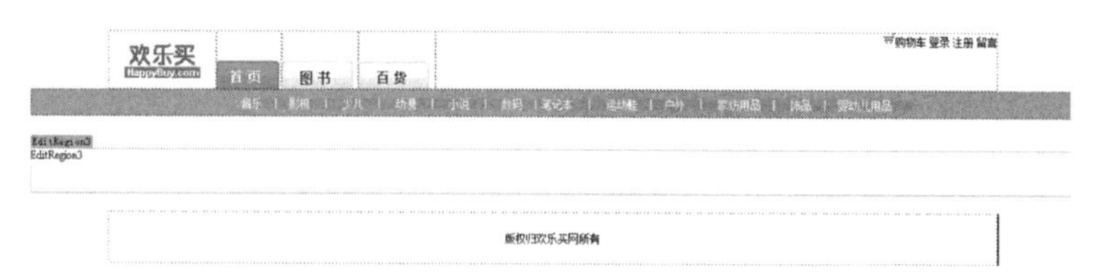

图 10-2-6　模板页最终完成效果

任务三　制作网站首页

实训目标

➢ 完成对欢乐买网站首页的结构分析。
➢ 完成欢乐买网站首页的制作。

能力目标

➢ 能够分析网页的布局结构。
➢ 能够使用 Div + CSS 进行网页布局。

案例效果

制作的欢乐买网站首页效果图如图 10-3-1 所示。

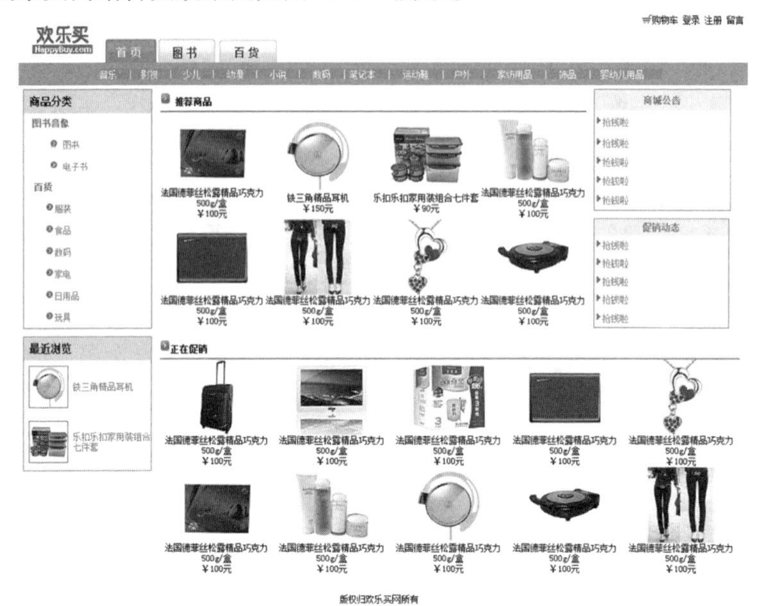

图 10-3-1　欢乐买首页效果图

操作引导

1. 创建首页文件

执行“文件”/“新建”命令，在“新建文档”对话框中，选择“模板中的页”/“欢乐买”/“index”，单击“创建”按钮，并将文件保存为“index. html”，操作步骤如图 10-3-2 所示。

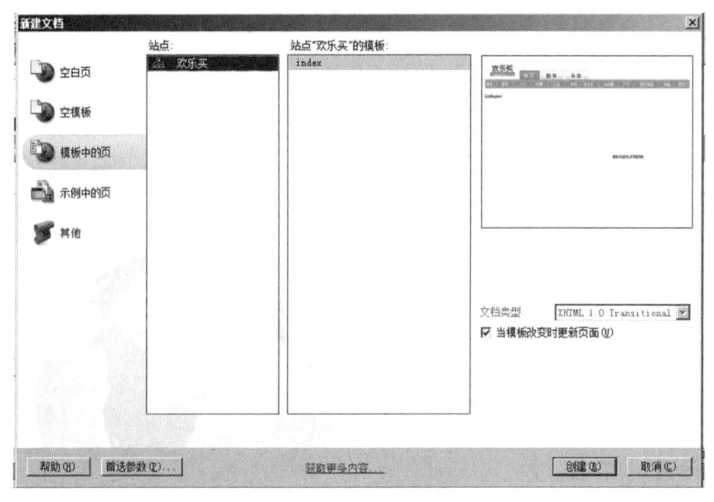

图 10-3-2　新建首页

2．完成首页布局

首页主体部分总体采用两栏式结构，其右侧又可划分为两列，因此可以采用如下 Div 结构布局，其结构如图 10-3-3 所示。

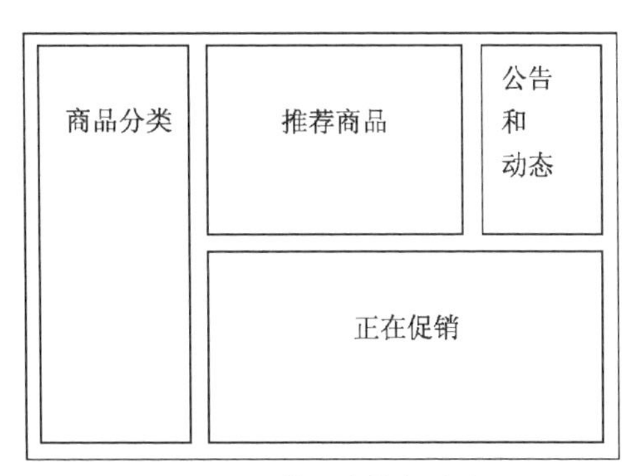

图 10-3-3　首页主体部分布局

3．填充首页各部分内容

完成首页总体布局后，各部分内容可以采用表格嵌套形式制作。首页布局最终设计效果图如图 10-3-4 所示。

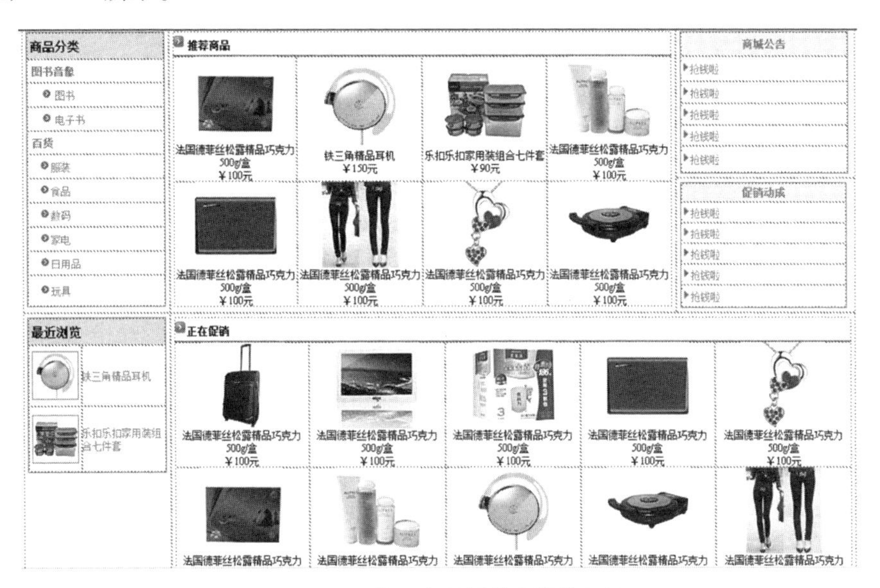

图 10-3-4　首页布局最终设计效果图

任务四　制作商品列表页及详情页

实训目标

➢ 完成欢乐买网站商品列表页的制作。

➢ 完成欢乐买网站商品详细页的制作。

能力目标

➢ 能够分析商品列表页和详细页的布局结构。
➢ 能够使用 Div + CSS 进行页面布局和制作。

效果展示

制作的欢乐买商品列表页效果图详细页效果图分别如图 10-4-1、图 10-4-2 所示。

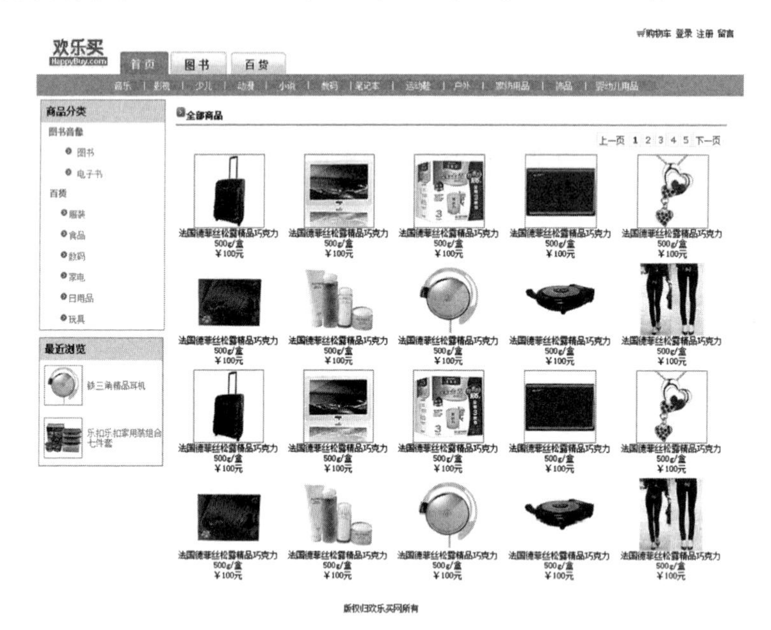

图 10-4-1　欢乐买商品列表页效果图

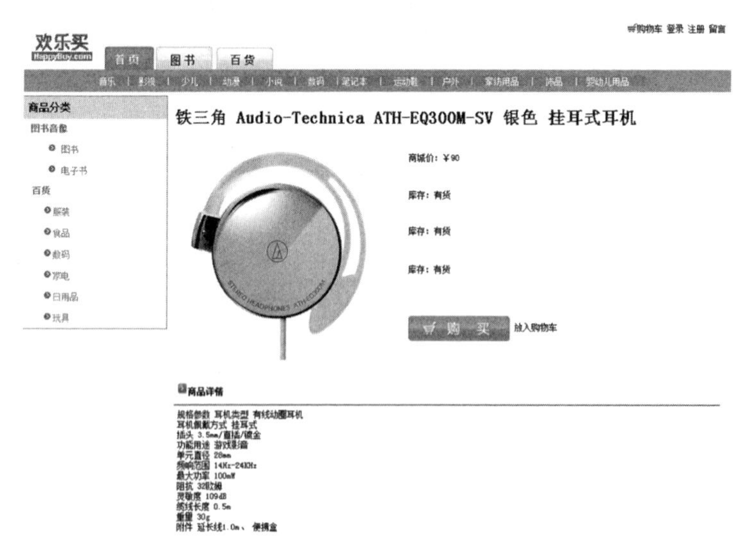

图 10-4-2　欢乐买商品详细页效果图

操作引导

一、制作商品列表页

1．分析页面结构

商品分类页采用两栏式结构，其左侧部分与首页左侧相同，此部分内容可以重复。右侧为商品列表，这部分可以复用首页推荐商品部分的设计。商品分类页总体布局如图 10-4-3 所示。

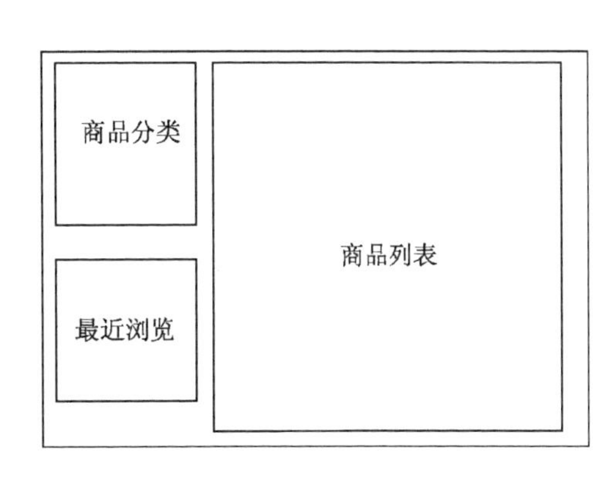

图 10-4-3　商品分类页总体布局

2．创建商品列表页面

执行“文件”/“新建”命令，在弹出的“新建”对话框中选择模板“index”，应用此模板新建商品详情页，并保存为“product_list. html”。

3．设置样式

设置第 1 行下划线效果。创建类样式，保存名称为“. line”，设置底部边框属性（颜色值为#F60、线型为实线、边框粗细为 2px），将样式应用到单元格中。

4．完成页面布局

重用首页中左侧商品分类和最近浏览部分到商品列表页中，在列表页面右侧空白处插入 Div，并使用列表和样式实现，效果如图 10-4-4 所示。

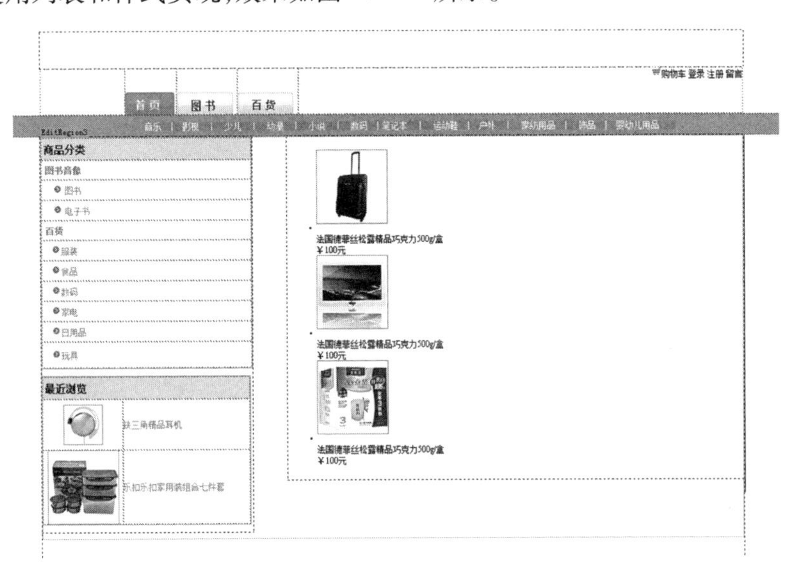

图 10-4-4　商品列表页布局

商品列表页最终布局效果如图 10-4-5 所示。

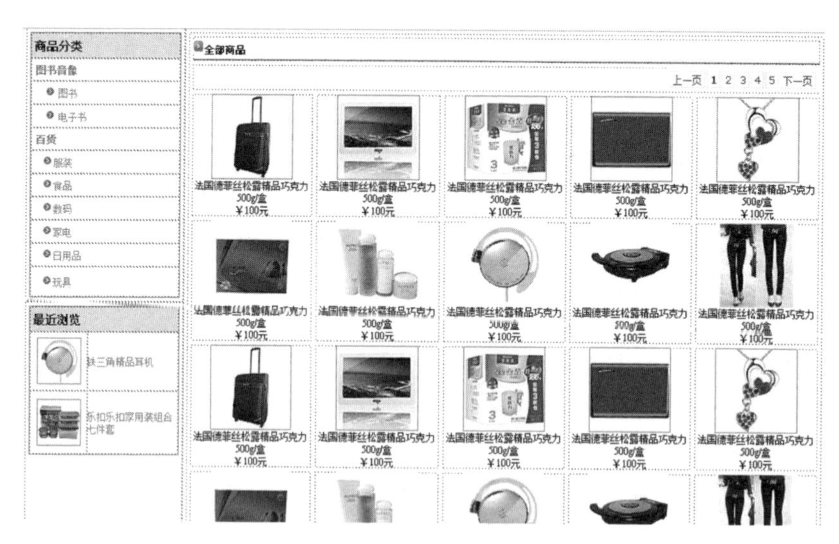

图 10-4-5　商品列表页最终布局效果

二、制作商品详细页

1．创建页面，完成整体布局

应用模板“index. dut”新建商品详细页，并保存为“product_news. html”。商品详细页的布局仍然采用两栏式，在可编辑区域中插入 1 行 2 列的表格。详细页左侧内容与首页相同，此部分内容可以重复使用。

2．完成主体布局

在网页右侧依次插入两个表格，首先插入一个 6 行 2 列的表格，其中第 2 行第 1 列的单元格为跨 5 行，此表格用于显示商品的规格信息，然后插入一个 2 行 1 列的表格用于显示商品的详细资料，效果如图 10-4-6 所示。

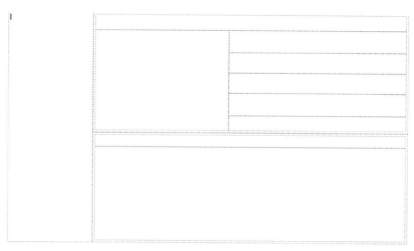

图 10-4-6　商品详细页布局

3. 设置样式

根据效果图，将图片和文本填充到表格中，其中商品标题字体为一级标题 H1，购买为提交按钮，创建类样式“.btn_buy”应用到购买按钮，配置样式属性为：设置背景图片属性为“images/buy.jpg”，宽度为 144 像素，高度为 36 像素，边框为 0 像素，样式代码如下所示：

```
.btn_buy {
    background-image:url(images/buy.jpg);
    background-repeat:no-repeat;
    height:36px;
    width:144px;
    border:0px;
}
```

商品详细页布局效果图如图 10-4-7 所示。

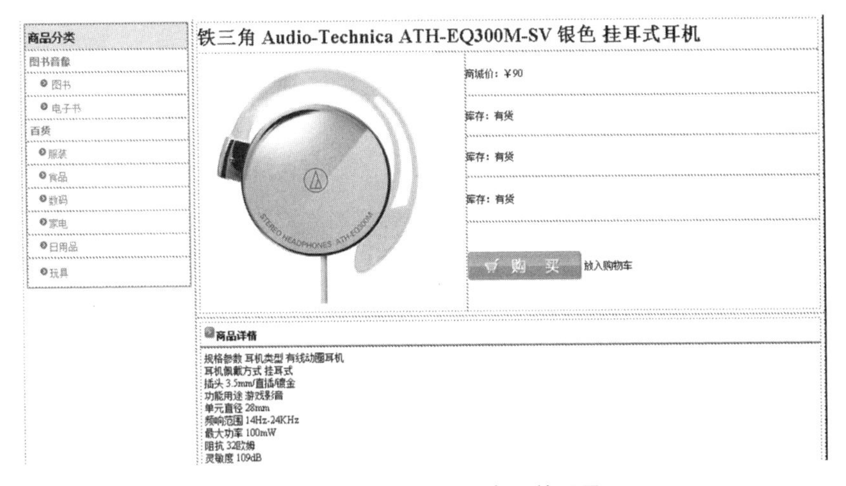

图 10-4-7　商品详细页布局效果图

任务五　制作用户登录及注册页

实训目标

- ➢ 完成对欢乐买网站用户登录页的制作。
- ➢ 完成欢乐买网站用户注册页的制作。

能力目标

- ➢ 能够使用表单元素制作表单页面。

效果展示

用户登录页效果图和用户注册页效果图分别如图 10-5-1 和图 10-5-2 所示。

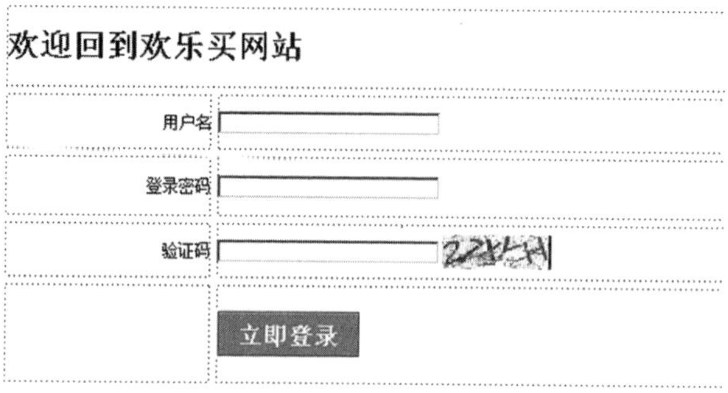

图 10-5-1　用户登录页

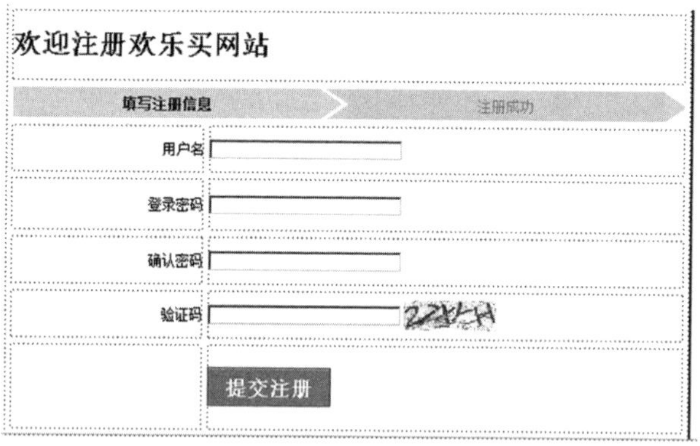

图 10-5-2　用户注册页

操作引导

1. 创建页面

根据模板创建登录页和注册页,分别保存为“login. html”和“register. html”。

2. 制作登录页

首先插入表单标签 form,并设置其“action”属性指定接收此表单数据的页面和“method”属性指定表单提交方式。然后在页面中添加一个 5 行 2 列的表格,并按效果图填充相应文本和图片。页面中“提交注册”为提交按钮,其应用样式代码如下所示:

```
. btn_login {
    background-image:url(images/denglu. jpg);
    height:35px;
    width:110px;
    border:0px;
```

}

3．制作注册页

步骤参考制作登录页面。

技术支持

（1）登录页和注册页是两个典型的表单页面，客户端通过表单向服务端提交数据，网站通过表单获取用户个人信息，以实现和用户的交互。一个网页中可以存在多个表单，以向服务端提交多种类型信息。在制作表单页面布局时，需注意将表单元素存放在表单标签 form 中，若表单元素不在表单标签中，则用户录入数据无法提交到服务端，且表单标签不允许嵌套。

（2）表单元素应设置名称属性，即"name"属性。在客户端向服务端提交数据后，服务端为区分提交的数据，则根据表单元素的名称属性进行区分和获取，且一些服务端动态语言在根据名称获取数据时是区分名称大小写的。

（3）常用表单元素包括：文本框（<input type="text"/>）、密码框（<input type="password"/>）、单选按钮（<input type="radio"/>）、复选框（<input type="checkbox"/>）、下拉列表框（<select>标签）、文件域（<input type="file"/>）、按钮（提交按钮：<input type="submit"/>，重置按钮：<input type="reset"/>，普通按钮：<input type="button"/>）。

附录A Dreamweaver CS6 部分菜单的快捷键

菜 单 命 令	快 捷 键
文件（F）	
新建（N）	【Ctrl】+【N】
打开（O）	【Ctrl】+【O】
在框架中打开（M）	【Ctrl】+【Shift】+【O】
关闭（C）	【Ctrl】+【W】
保存（S）	【Ctrl】+【S】
另存为（A）	【Ctrl】+【Shift】+【S】
检查链接（L）	【Shift】+【F8】
退出（X）	【Ctrl】+【Q】
编辑（E）	
撤消（U）	【Ctrl】+【Z】
重做（R）	【Ctrl】+【Y】或【Ctrl】+【Shift】+【Z】
剪切（T）	【Ctrl】+【X】或【Shift】+【Del】
拷贝（C）	【Ctrl】+【C】或【Ctrl】+【Ins】
粘贴（P）	【Ctrl】+【V】或【Shift】+【Ins】
清除（A）	【Delete】
全选（L）	【Ctrl】+【A】
选择父标签（G）	【Ctrl】+【[】
选择子标签（H）	【Ctrl】+【]】
查找和替换（F）	【Ctrl】+【F】
查找下一个（N）	【F3】
缩进代码（I）	【Ctrl】+【Shift】+【 > 】
凸出代码（O）	【Ctrl】+【Shift】+【 < 】
平衡大括弧（B）	【Ctrl】+【'】

续表

菜 单 命 令	快 捷 键
编辑(E)	
启动外部编辑器(E)	【Ctrl】+【E】
首选参数(S)	【Ctrl】+【U】
查看(V)	
切换视图(S)	【Ctrl】+【-】
文件头内容(H)	【Ctrl】+【Shift】+【H】
扩展表格模式(E)	【F6】
布局模式(L)	【Ctrl】+【F6】
可视化助理(V)	【Ctrl】+【Shift】+【I】
标尺(R)	【Ctrl】+【Alt】+【R】
显示网格(S)	【Ctrl】+【Alt】+【G】
靠齐到网格(N)	【Ctrl】+【Alt】+【Shift】+【G】
播放插件(P)	【Ctrl】+【Alt】+【P】
停止插件(S)	【Ctrl】+【Alt】+【X】
播放全部插件(A)	【Ctrl】+【Alt】+【Shift】+【P】
插入(I)	
标签(G)	【Ctrl】+【E】
图像(I)	【Ctrl】+【Alt】+【I】
表格(T)	【Ctrl】+【Alt】+【T】
命名锚记(N)	【Ctrl】+【Alt】+【A】
修改(M)	
页面属性(P)	【Ctrl】+【J】
快速标签编辑器(Q)	【Ctrl】+【T】
创建链接(L)	【Ctrl】+【L】
移除链接(R)	【Ctrl】+【Shift】+【L】
选择表格(S)(光标在表格中)	【Ctrl】+【A】(连按两次)
合并单元格(M)	【Ctrl】+【Alt】+【W】
拆分单元格(P)	【Ctrl】+【Alt】+【S】
插入行(N)	【Ctrl】+【M】
插入列(C)	【Ctrl】+【Shift】+【A】
删除行(D)	【Ctrl】+【Shift】+【M】

续表

菜 单 命 令	快 捷 键
修改(M)	
删除列(E)	【Ctrl】+【Shift】+【-】
增加列宽(A)	【Ctrl】+【Shift】+【]】
减少列宽(U)	【Ctrl】+【Shift】+【[】
格式(O)	
缩进(I)	【Ctrl】+【Alt】+【]】
凸出(O)	【Ctrl】+【Alt】+【[】
检查拼写(K)	【Shift】+【F7】
对齐>左对齐(L)	【Ctrl】+【Shift】+【Alt】+【L】
对齐>居中(C)	【Ctrl】+【Shift】+【Alt】+【C】
对齐>右对齐(R)	【Ctrl】+【Shift】+【Alt】+【R】
加粗选定文本(B)	【Ctrl】+【B】
倾斜选定文本(I)	【Ctrl】+【I】
命令(C)	
开始录制(R)	【Ctrl】+【Shift】+【X】
站点(S)	
获取	【Ctrl】+【Shift】+【D】
取出	【Ctrl】+【Shift】+【Alt】+【D】
上传	【Ctrl】+【Shift】+【U】
存回	【Ctrl】+【Shift】+【Alt】+【U】
检查整个站点中的链接(W)	【Ctrl】+【F8】
窗口(W)	
插入(I)	【Ctrl】+【F2】
属性(P)	【Ctrl】+【F3】
CSS 样式(C)	【Shift】+【F11】
层(L)	【F2】
行为(E)	【Shift】+【F4】
代码片断(N)	【Shift】+【F9】
参考(F)	【Shift】+【F1】
数据库(D)	【Ctrl】+【Shift】+【F10】
绑定(B)	【Ctrl】+【F10】

续表

菜 单 命 令	快 捷 键
窗口(W)	
服务器行为(O)	【Ctrl】+【F9】
组件(S)	【Ctrl】+【F7】
文件(F)	【F8】
资源(A)	【F11】
标签检查器(T)	【F9】
结果(R)	【F7】
历史记录(H)	【Shift】+【F10】
框架(M)	【Shift】+【F2】
代码检查器(D)	【F10】
时间轴(T)	【Alt】+【F9】
隐藏面板(P)	【F4】
帮助(H)	
使用 Dreamweaver(V)	【F1】
参考(F)	【Shift】+【F1】
Dreamweaver 支持中心(C)	【Ctrl】+【F1】
其他	
在主浏览器中预览(P)	【F12】
插入 Flash 影片(F)	【Ctrl】+【Alt】+【F】
插入 Shockwave 和 Director 影片(S)	【Ctrl】+【Alt】+【D】

附录B HTML5常用标签列表

标　记	名称或意义	作　用
	文件标记	
<HTML>	文件宣告	让浏览器认出并正确处理 HTML 文件
<HEAD>	开头	提供文件整体描述信息
<TITLE>	标题	定义文件标题,将显示于浏览器顶端
<BODY>	主体	设计文件格式及内容所在
	排版标记	
<!--注解-->	说明标记	为文件加上说明,但不被显示
<P>	段落标记	为字、图、表格等之间留下一空白行
 	换行标记	令字、图、表格显示于下一行
<HR>	水平线	插入一水平线
<CENTER>	居中	令字、图、表格等显示于中间
<PRE>	预设格式	令文件按原代码的排列方式显示
<Div>	定位标记	设定字、图、表格等的摆放位置
<NOBR>	不换行	令文字不因太长而换行
<HEADER>	页面头部	定义页面的头部(页眉)
<NAV>	导航链接	定义导航栏
<FOOTER>	页面尾部	定义页面的尾部(页脚)
<SECTION>	内容区块	定义文档中的节、区段
<ASIDE>	内容辅助	定义其所处内容之外的内容(辅助内容)
	字体标记	
<STRONG>	加重语气	产生字体加粗 Bold 的效果
<B>	粗体标记	产生字体加粗的效果
<EM>	强调标记	字体出现斜体效果
<I>	斜体标记	字体出现斜体效果

续表

标　　记	名称或意义	作　　用
字体标记		
<TT>	等宽字体	Courier 字体,字母宽度相同
<U>	加下划线	加下划线
<Hi>	i 级标题标记	将字体设置为 i 级标题,i = 1 ~ 6,级数越高,字越小
<FONT>	字体标记	设定字体、大小、颜色
<BASEFONT>	基准字体标记	设定所有字体、大小、颜色
<STRIKE>	加删除线	为文字加删除线
<CODE>	程式码	字体稍微加宽,如 <TT>
<KBD>	键盘字	字体稍微加宽,单一空白
<SAMP>	范例	字体稍微加宽,如 <TT>
<VAR>	变量	斜体效果
<CITE>	斜体标记	斜体效果
<BLOCKQUOTE>	向右缩排	文字向右缩排
<DFN>	述语定义	斜体效果
<ADDRESS>	地址标记	斜体效果
<SUB>	下标字	文字下标
<SUP>	上标字	文字上标
清单标记		
<OL>	顺序清单	清单项目将以数字、字母顺序排列
<UL>	无序清单	清单项目将以实心圆点作为符号排列
<LI>	清单项目	清单中的项目,一个标记一行
<MENU>	选项清单	可用 type 参数指定项目符号
<DL>	定义清单	清单分两层出现
<DT>	定义条目	清单项标题
<DD>	定义内容	清单项内容
表格标记		
<TABLE>	表格标记	设定该表格的各项参数
<CAPTION>	表格标题	合并成一列填入表格标题
<TR>	表格列	设定该表格的列
<TD>	表格栏	设定该表格的栏
<TH>	表格标头	相当于 <TD>,但其内文字字体会变粗

续表

标　记	名称或意义	作　用
表格标记		
<THEAD>	表格表头内容	设定表格中的表头内容
<TBODY>	表格主体内容	设定表格中的主体内容
<TFOOT>	表格表注内容	设定表格中表注内容（脚注）
<FORM>	表单标记	决定该表单的运作模式
<TEXTAREA>	文字框	提供文字输入栏
<INPUT>	输入标记	决定输入形式
<OUTPUT>	输出标记	表示不同类型的输出
<SELECT>	选择标记	建立弹出卷动清单
<OPTION>	选项	每一个清单选项
图形标记		
<IMG>	图形标记	用来插入图形及设定图形属性
<CANVAS>	图形标记	用来在页面中绘制图形
链接标记		
<A>	链接标记	加入链接
<BASE>	基准标记	可将相对 URL 转绝对及指定链接
框架标记		
<IFRAME>	页内框架	于网页中插入框架
影像地图		
<MAP>	影像地图名称	设定影像地图名称
<AREA>	链接区域	设定各链接区域
多媒体		
<BGSOUND>	背景声音	令背景播放音乐或声音
<EMBED>	多媒体	加入声音、音乐或影像
其他标记		
<MARQUEE>	走马灯	令文字走动
<BLINK>	闪烁文字	令文字闪烁
<ISINDEX>	页内寻找器	可输入关键字寻找该页
<META>	开头说明	提供关于此页的信息给浏览器
<LINK>	关系定义	定义该文件与其他 URL 的关系

网页设计与制作实用项目教程

WANGYE SHEJI YU ZHIZUO SHIYONG XIANGMU JIAOCHENG

（第二版）

苏大出版天猫旗舰店

ISBN 978-7-5672-3164-1

定价：40.00元